运筹与管理科学丛书 34

图 矩 阵

——理论和应用

卜长江 周 江 孙丽珠 著

科 学 出 版 社

北 京

内 容 简 介

本书主要介绍图矩阵的理论和应用这一领域的若干研究专题，整理了图矩阵的基本性质和一些经典结果，同时也包括了同行专家和作者近年来的一些研究成果和进展. 全书共 9 章，介绍了矩阵论基础知识、图的邻接矩阵和拉普拉斯矩阵的基本理论及其应用、图的星集与线星集、图的谱刻画、图的生成树计数、图的电阻距离、图的状态转移以及图矩阵与网络中心性等内容.

本书可作为高年级本科生和研究生的学习用书，也可以为工程领域的研究人员提供理论参考.

图书在版编目(CIP)数据

图矩阵：理论和应用/卜长江，周江，孙丽珠著. —北京：科学出版社，2021.7

ISBN 978-7-03-069289-4

Ⅰ. ①图… Ⅱ. ①卜… ②周… ③孙… Ⅲ. ①矩阵 Ⅳ. ①O151.21

中国版本图书馆 CIP 数据核字（2021）第 127373 号

责任编辑：李 欣／责任校对：杨聪敏
责任印制：吴兆东／封面设计：陈 敬

科学出版社 出版
北京东黄城根北街 16 号
邮政编码：100717
http://www.sciencep.com

北京中石油彩色印刷有限责任公司 印刷
科学出版社发行 各地新华书店经销
*
2021 年 7 月第 一 版 开本：B5(720 × 1000)
2021 年10月第二次印刷 印张：13 3/4
字数：275 000

定价：98.00 元

(如有印装质量问题，我社负责调换)

《运筹与管理科学丛书》序

运筹学是运用数学方法来刻画、分析以及求解决策问题的科学. 运筹学的例子在我国古已有之, 春秋战国时期著名军事家孙膑为田忌赛马所设计的排序就是一个很好的代表. 运筹学的重要性同样在很早就被人们所认识, 汉高祖刘邦在称赞张良时就说道:“运筹帷幄之中, 决胜千里之外.”

运筹学作为一门学科兴起于第二次世界大战期间, 源于对军事行动的研究. 运筹学的英文名字 Operational Research 诞生于 1937 年. 运筹学发展迅速, 目前已有众多的分支, 如线性规划、非线性规划、整数规划、网络规划、图论、组合优化、非光滑优化、锥优化、多目标规划、动态规划、随机规划、决策分析、排队论、对策论、物流、风险管理等.

我国的运筹学研究始于 20 世纪 50 年代, 经过半个世纪的发展, 运筹学研究队伍已具相当大的规模. 运筹学的理论和方法在国防、经济、金融、工程、管理等许多重要领域有着广泛应用, 运筹学成果的应用也常常能带来巨大的经济和社会效益. 由于在我国经济快速增长的过程中涌现出了大量迫切需要解决的运筹学问题, 因而进一步提高我国运筹学的研究水平、促进运筹学成果的应用和转化、加快运筹学领域优秀青年人才的培养是我们当今面临的十分重要、光荣, 同时也是十分艰巨的任务. 我相信,《运筹与管理科学丛书》能在这些方面有所作为.

《运筹与管理科学丛书》可作为运筹学、管理科学、应用数学、系统科学、计算机科学等有关专业的高校师生、科研人员、工程技术人员的参考书, 同时也可作为相关专业的高年级本科生和研究生的教材或教学参考书. 希望该丛书能越办越好, 为我国运筹学和管理科学的发展做出贡献.

袁亚湘

2007 年 9 月

前　言

图与矩阵之间有自然的一一对应关系, 图的邻接矩阵、拉普拉斯矩阵、无符号拉普拉斯矩阵等都是常见的图的矩阵表示. 经过几十年的理论发展, 图矩阵的特征值、秩、行列式和广义逆在许多图论问题研究中起到了重要作用, 在复杂网络、量子物理学、化学等领域有广泛应用. 图矩阵已经成为代数图论的一个有力的研究工具.

近十年来作者一直从事图矩阵的理论和应用研究工作, 取得了丰富的研究成果. 本书主要是向读者介绍这一领域的若干研究专题, 整理了图矩阵的基本性质和一些经典结果, 同时也包括了同行专家和作者近年来的一些成果和进展. 部分内容已经在哈尔滨工程大学的研究生课程上多次讲解. 本书可作为高年级本科生和研究生的学习用书, 也可以为工程领域的研究人员提供理论参考.

全书共 9 章, 内容涵盖了图矩阵领域的一些基本理论和研究成果. 第 1 章主要介绍了图矩阵理论需要用到的矩阵论基础知识. 第 2 章和第 3 章分别介绍了图的邻接矩阵和拉普拉斯矩阵的理论及其应用, 包括图矩阵特征值在图的二部性、连通性、独立数、团数、通路计数等方面的应用. 第 4 章介绍了图的特征值的星集以及图的拉普拉斯特征值的线星集的基本理论. 第 5 章介绍了同谱图的构造方法以及图的谱唯一性. 第 6 章介绍了图的生成树计数的矩阵方法, 包括加权图的矩阵树定理和 Schur 补约化公式. 第 7 章介绍了图的电阻距离的基本理论. 第 8 章和第 9 章介绍了图矩阵在量子自旋网络和网络中心性中的应用.

本书是在国家自然科学基金 (项目编号: 12071097, 11601102, 11801115) 和中央高校基本科研业务费的资助下完成的. 本书的出版得到科学出版社的大力支持和帮助, 在此表示诚挚的谢意.

我们衷心感谢同行专家对我们的大力支持, 感谢科学出版社的责任编辑精心的编辑加工.

由于作者水平有限, 本书难免有不当之处, 敬请读者批评指正.

作　者

2020 年 9 月

目　　录

第 1 章　矩阵论基础

这一章主要介绍矩阵分解、矩阵特征值理论、实对称矩阵、非负矩阵、矩阵广义逆、分块矩阵与 Schur 补等基础知识, 为后续章节提供理论基础.

1.1　矩阵分解

令 $\mathbb{C}^{m\times n}$ 和 $\mathbb{R}^{m\times n}$ 分别表示复数域 $\mathbb{C}$ 和实数域 $\mathbb{R}$ 上所有 $m\times n$ 矩阵的集合, $\mathbb{C}^n$ 和 $\mathbb{R}^n$ 分别表示 n 维复向量空间和 n 维实向量空间. 令 I 和 I_n 分别表示单位阵和 n 阶单位阵, 令 $\mathrm{rank}(A)$ 表示矩阵 A 的秩. 首先介绍矩阵的等价分解.

引理 1.1[21]　对任意 $A\in\mathbb{C}^{m\times n}$, 存在非奇异矩阵 $P\in\mathbb{C}^{m\times m}, Q\in\mathbb{C}^{n\times n}$ 使得

$$A=P\begin{pmatrix} I_r & 0\\ 0 & 0\end{pmatrix}Q,$$

其中 $r=\mathrm{rank}(A)$.

对于 $A\in\mathbb{C}^{m\times n}$, 令 $A^\top$ 和 A^* 分别表示 A 的转置和共轭转置. 设 $\mathrm{rank}(A)=r$ 并且 $\lambda_1,\ \lambda_2,\cdots,\lambda_r$ 是 AA^* 的非零特征值. 由于 AA^* 是半正定的, 因此 $\lambda_1,\lambda_2,\cdots,\lambda_r>0$. 称 $\sqrt{\lambda_1},\sqrt{\lambda_2},\cdots,\sqrt{\lambda_r}$ 为 A 的奇异值.

对于 $A\in\mathbb{C}^{n\times n}$, 如果 $AA^*=A^*A=I_n$, 则称 A 为酉矩阵, 也简称为酉阵. 实的酉阵即为正交阵. 下面介绍矩阵的奇异值分解.

引理 1.2[21]　对任意 $A\in\mathbb{C}^{m\times n}$, 存在酉阵 $U\in\mathbb{C}^{m\times m}, V\in\mathbb{C}^{n\times n}$ 使得

$$A=U\begin{pmatrix} \Delta & 0\\ 0 & 0\end{pmatrix}V,$$

其中 Δ 为正对角阵, 其对角元素为 A 的奇异值.

由方阵的 Jordan 标准形可得到下面的引理, 即方阵的核心–幂零分解.

引理 1.3[126]　对任意 $A\in\mathbb{C}^{n\times n}$, 存在非奇异矩阵 $P\in\mathbb{C}^{n\times n}$ 使得

$$A=P\begin{pmatrix} \Delta & 0\\ 0 & N\end{pmatrix}P^{-1},$$

其中 Δ 可逆, N 是幂零阵.

下面是方阵的 Schur 引理.

引理 1.4[82] 对任意 $A \in \mathbb{C}^{n\times n}$, 存在酉阵 $U \in \mathbb{C}^{n\times n}$ 使得 $A = UBU^*$, 其中 B 是上三角阵.

由 Schur 引理可得到实对称矩阵的如下性质.

引理 1.5 对任意实对称矩阵 A, 存在正交阵 P 使得 $A = PBP^\top$, 其中 B 是实的对角矩阵.

引理 1.5 中的分解形式既是实对称矩阵 A 的核心–幂零分解, 也是 A 的奇异值分解. 下面介绍实对称矩阵的谱分解.

引理 1.6[41] 任意实对称矩阵 A 有谱分解

$$A = \theta_1 P_1 + \cdots + \theta_m P_m,$$

其中 $\theta_1, \cdots, \theta_m$ 是 A 的所有相异特征值, P_i 表示 θ_i 的特征子空间上的正交投影矩阵, 并且 $P_1, \cdots, P_m$ 满足

$$\sum_{i=1}^{m} P_i = I, \quad P_i^2 = P_i = P_i^\top \ (i = 1, \cdots, m),$$

$$P_i P_j = 0 \ (i \neq j).$$

最后介绍整数矩阵的 Smith 标准形.

引理 1.7[16] 设 A 是一个 n 阶整数矩阵, 则存在行列式为 ± 1 的整数矩阵 P, Q 和整数 $s_1, \cdots, s_n$ 使得

$$PAQ = \mathrm{diag}(s_1, \cdots, s_n),$$

其中 $s_1, \cdots, s_n$ 满足如下性质:

(1) s_i 能整除 s_{i+1} $(i = 1, \cdots, \mathrm{rank}(A) - 1)$, 并且 $s_i = 0$ $(i > \mathrm{rank}(A))$.

(2) $\prod_{i=1}^{k} s_i$ 是 A 的所有 k 阶子式的最大公因数 $(k = 1, \cdots, \mathrm{rank}(A))$.

1.2 矩阵特征值

对于 $A = (a_{ij}) \in \mathbb{C}^{n\times n}$, 令 $R_i(A) = \sum_{j\neq i} |a_{ij}|$ 表示 A 的第 i 行所有非对角元的模和, $\sigma(A)$ 表示 A 的所有特征值的集合. 下面是 1931 年 Geršgorin 给出的矩阵特征值包含集, 即特征值的 Geršgorin 圆盘定理.

定理 1.8[64] 令矩阵 $A = (a_{ij}) \in \mathbb{C}^{n\times n}$, 则

$$\sigma(A) \subseteq G = \bigcup_{i=1}^{n} \{z \in \mathbb{C} : |z - a_{ii}| \leqslant R_i(A)\}.$$

证明 设 λ 是 A 的任意特征值, $x=(x_1,\cdots,x_n)^\top\in\mathbb{C}^n$ 为 λ 对应的特征向量, 并且令 $|x_i|=\max\limits_{1\leqslant j\leqslant n}|x_j|$. 由特征方程 $Ax=\lambda x$ 可得

$$(\lambda-a_{ii})x_i=\sum_{j\neq i}a_{ij}x_j.$$

由于 $|x_i|=\max\limits_{1\leqslant j\leqslant n}|x_j|>0$, 因此

$$|\lambda-a_{ii}|\,|x_i|\leqslant R_i(A)\,|x_i|,$$
$$|\lambda-a_{ii}|\leqslant R_i(A).$$

故 $\sigma(A)\subseteq G$. □

令 $\det(A)$ 表示方阵 A 的行列式. 对于 $A=(a_{ij})\in\mathbb{C}^{n\times n}$, 如果 $|a_{ii}|\geqslant R_i(A)$ ($|a_{ii}|>R_i(A)$) 对所有 i 都成立, 则称 A 对角占优 (强对角占优). 由定理 1.8 可得到以下两个推论.

推论 1.9 如果 $A=(a_{ij})\in\mathbb{C}^{n\times n}$ 是强对角占优矩阵, 则 $\det(A)\neq 0$.

推论 1.10 设 $A=(a_{ij})\in\mathbb{R}^{n\times n}$ 是具有非负对角元素的实对称矩阵. 如果 A 对角占优 (强对角占优), 则 A 半正定 (正定).

下面是一个改进型的特征值包含集.

定理 1.11 设矩阵 $A=(a_{ij})\in\mathbb{C}^{n\times n}$ 的每一行都至少有一个非对角的非零元素, 则

$$\sigma(A)\subseteq B=\bigcup_{i\neq j,a_{ij}\neq 0}\{z\in\mathbb{C}:|z-a_{ii}||z-a_{jj}|\leqslant R_i(A)R_j(A)\}\subseteq G,$$

其中 G 是定理 1.8 中定义的集合.

证明 设 λ 是 A 的任意特征值. 当 λ 等于 A 的某个对角元素时有 $\lambda\in B$. 下面考虑 λ 不等于 A 的任意对角元素的情况. 令 $x=(x_1,\cdots,x_n)^\top\in\mathbb{C}^n$ 为 λ 对应的特征向量, 由特征方程 $Ax=\lambda x$ 可得

$$(\lambda-a_{kk})x_k=\sum_{r\neq k}a_{kr}x_r\ (k=1,\cdots,n).$$

令 x_i 是模最大的分量, 则 $|x_i|>0$. 由于 λ 不等于 A 的任意对角元素, 因此存在分量 x_j $(j\neq i)$ 使得 $a_{ij}\neq 0$ 且

$$|x_i|\geqslant|x_j|=\max_{k\neq i,a_{ik}\neq 0}|x_k|>0.$$

因此

$$|\lambda-a_{ii}|\,|x_i|\leqslant R_i(A)\,|x_j|,$$

$$|\lambda - a_{jj}|\,|x_j| \leqslant R_i(A)\,|x_i|\,,$$
$$|\lambda - a_{ii}|\,|\lambda - a_{jj}| \leqslant R_i(A)R_i(A).$$

故 $\sigma(A) \subseteq B$.

接下来证明 $B \subseteq G$. 对任意 $z \in B$, 如果 $z \notin G$, 则

$$|z - a_{ii}| > R_i(A)\ (i = 1, \cdots, n).$$

此时对任意 $i \neq j$, 有

$$|\lambda - a_{ii}|\,|\lambda - a_{jj}| > R_i(A)R_i(A),$$

与 $z \in B$ 矛盾. 因此 $z \in G$, 即 $B \subseteq G$. □

由定理 1.11可得到以下两个推论.

推论 1.12 设矩阵 $A = (a_{ij}) \in \mathbb{C}^{n\times n}$ 的每一行都至少有一个非对角的非零元素. 如果对任意 $a_{ij} \neq 0\ (i \neq j)$ 均有 $|a_{ii}||a_{jj}| > R_i(A)R_j(A)$, 则 $\det(A) \neq 0$.

推论 1.13 设 $A = (a_{ij}) \in \mathbb{R}^{n\times n}$ 是具有非负对角元素的对称矩阵, 且每一行都至少有一个非对角的非零元素. 如果对任意 $a_{ij} \neq 0\ (i \neq j)$ 均有 $a_{ii}a_{jj} > R_i(A)R_j(A)$, 则 A 正定.

设 V 和 E 分别是有向图 $\mathcal{D}$ 的顶点集和弧集. 对于 $u \in V$, 它的出邻域表示为

$$N_u(\mathcal{D}) = \{v \in V : uv \in E\}\,.$$

$\mathcal{D}$ 的有向路是由互不相同的顶点构成的序列 $i_0, i_1, \cdots, i_k$, 其中 $i_{p-1}i_p \in E\ (p = 1, \cdots, k-1)$. $\mathcal{D}$ 的有向圈是一个顶点序列 $j_1, j_2, \cdots, j_k, j_{k+1} = j_1$, 其中 $j_1, j_2, \cdots, j_k$ 是互不相同的顶点, 并且 $j_q j_{q+1} \in E\ (q = 1, \cdots, k)$. 对于 $\mathcal{D}$ 的任意两个顶点 u 和 v, 如果从 u 到 v 和从 v 到 u 都存在有向道路, 则称 $\mathcal{D}$ 是强连通的. 如果 $\mathcal{D}$ 的每个顶点都属于 $\mathcal{D}$ 的某个有向圈, 则称 $\mathcal{D}$ 弱连通.

矩阵 $A = (a_{ij}) \in \mathbb{C}^{n\times n}$ 的伴随有向图 $\mathcal{D}(A)$ 具有顶点集 $V = \{1, 2, \cdots, n\}$ 和弧集 $E = \{ij | a_{ij} \neq 0, i \neq j\}$. 令 $C(A)$ 表示 $\mathcal{D}(A)$ 的所有有向圈的集合.

1982 年, Brualdi 利用矩阵的伴随有向图给出了如下特征值包含集.

定理 1.14[17] 设 $A = (a_{ij}) \in \mathbb{C}^{n\times n}$, 并且 $\mathcal{D}(A)$ 弱连通, 则

$$\sigma(A) \subseteq D = \bigcup_{\gamma \in C(A)} \left\{ z \in \mathbb{C} : \prod_{i\in\gamma} |z - a_{ii}| \leqslant \prod_{i\in\gamma} R_i(A) \right\} \subseteq G,$$

其中 G 是定理 1.8 中定义的集合.

证明 设 λ 是 A 的任意特征值. 由于 $\mathcal{D}(A)$ 弱连通, 因此当 λ 等于 A 的某个对角元素时有 $\lambda \in D$. 下面考虑 λ 不等于 A 的任意对角元素的情况. 令 $x=(x_1,\cdots,x_n)^\top \in \mathbb{C}^n$ 为 λ 对应的特征向量, 令 Γ_0 为 $\mathcal{D}(A)$ 的导出子图, 其顶点集是所有满足 $x_i \neq 0$ 的顶点 i 的集合. 由特征方程 $Ax=\lambda x$ 可得

$$(\lambda - a_{ii})x_i = \sum_{j\neq i} a_{ij}x_j \ (i=1,\cdots,n). \tag{1.1}$$

由于 $\lambda \neq a_{ii}$, 由等式 (1.1) 可知, 对 Γ_0 的每个顶点 i, $N_i(\Gamma_0)$ 非空. Γ_0 中存在一个有向圈 $\gamma=\{i_1,\cdots,i_p,i_{p+1}=i_1\}$ 使得对任意 $k\in N_{i_j}(\Gamma_0)$, 有

$$\left|x_{i_{j+1}}\right| \geqslant |x_k| \ (j=1,\cdots,p).$$

由等式 (1.1) 可得

$$\left|\lambda - a_{i_j i_j}\right|\left|x_{i_j}\right| \leqslant R_{i_j}(A)\left|x_{i_{j+1}}\right| \ (j=1,\cdots,p).$$

因此

$$\prod_{j=1}^{p}\left|\lambda - a_{i_j i_j}\right| \prod_{j=1}^{p}\left|x_{i_j}\right| \leqslant \prod_{j=1}^{p} R_{i_j}(A) \prod_{j=1}^{p}\left|x_{i_{j+1}}\right|.$$

由于 $i_{p+1}=i_1$ 并且 $x_{i_j}\neq 0$ $(j=1,\cdots,p)$, 因此

$$\prod_{i\in\gamma}|\lambda - a_{ii}| \leqslant \prod_{i\in\gamma} R_i(A),$$

即 $\sigma(A)\subseteq D$.

接下来证明 $D\subseteq G$. 对任意 $z\in D$, 如果 $z\notin G$, 则对任意 i 均有

$$|\lambda - a_{ii}| > R_i(A).$$

此时对任意 $\gamma\in C(A)$, 有

$$\prod_{i\in\gamma}|z-a_{ii}| > \prod_{i\in\gamma} R_i(A),$$

与 $z\in D$ 矛盾. 因此 $z\in G$, 即 $D\subseteq G$. □

由定理 1.14 可以得到关于矩阵非奇异性的如下判定条件.

推论 1.15[17] *设 $A=(a_{ij})\in\mathbb{C}^{n\times n}$, 并且 $\mathcal{D}(A)$ 弱连通. 如果对 $C(A)$ 中的每一个有向圈 γ, 都有 $\prod_{i\in\gamma}|a_{ii}| > \prod_{i\in\gamma}R_i(A)$, 则 $\det(A)\neq 0$.*

证明 假设 $\det(A)=0$, 则 0 是 A 的特征值. 由定理 1.14 可知, 存在 $\gamma\in C(A)$ 使得

$$\prod_{i\in\gamma}|a_{ii}| \leqslant \prod_{i\in\gamma} R_i(A),$$

与 $\prod_{i\in\gamma}|a_{ii}| > \prod_{i\in\gamma}R_i(A)$ 矛盾. 因此 $\det(A)\neq 0$. □

由定理 1.14 还可以得到关于矩阵正定性的如下判定条件.

推论 1.16　设 $A=(a_{ij})\in\mathbb{R}^{n\times n}$ 是具有非负对角元素的对称矩阵, 并且 $\mathcal{D}(A)$ 弱连通. 如果对每个 $\gamma\in C(A)$, 都有 $\prod_{i\in\gamma}a_{ii}>\prod_{i\in\gamma}R_i(A)$, 则 A 正定.

证明　假设 A 不是正定阵, 则 A 有一个特征值 $\lambda\leqslant 0$. 由定理 1.14 可知, 存在 $\gamma\in C(A)$ 使得

$$\prod_{i\in\gamma}|\lambda-a_{ii}|\leqslant\prod_{i\in\gamma}R_i(A).$$

由于 $\lambda\leqslant 0$ 并且 A 的所有对角元素非负, 因此

$$\prod_{i\in\gamma}a_{ii}\leqslant\prod_{i\in\gamma}R_i(A),$$

与 $\prod_{i\in\gamma}a_{ii}>\prod_{i\in\gamma}R_i(A)$ 矛盾. 故 A 是正定阵. □

定理 1.17[17]　设 $A=(a_{ij})\in\mathbb{C}^{n\times n}$, 并且 $\mathcal{D}(A)$ 强连通. 如果对 $C(A)$ 中的每一个有向圈 γ 都有 $\prod_{i\in\gamma}|a_{ii}|\geqslant\prod_{i\in\gamma}R_i(A)$, 并且至少有一个有向圈使得不等式严格成立, 则 $\det(A)\neq 0$.

证明　由于 $\mathcal{D}(A)$ 强连通并且 $\prod_{i\in\gamma}|a_{ii}|\geqslant\prod_{i\in\gamma}R_i(A)$ $(\gamma\in C(A))$, 因此 A 的所有对角元素均不为零. 假设 $\det(A)=0$, 即 0 是 A 的特征值. 令 $x=(x_1,\cdots,x_n)^{\top}\in\mathbb{C}^n$ 为特征值 0 对应的特征向量, 令 Γ_0 为 $\mathcal{D}(A)$ 的诱导子图, 其顶点集是所有满足 $x_i\neq 0$ 的顶点 i 的集合. 由定理 1.14 的证明可知, Γ_0 有一个有向圈 $\gamma_1=\{i_1,\cdots,i_p,i_{p+1}=i_1\}$ 满足

$$\prod_{i\in\gamma_1}|a_{ii}|\leqslant\prod_{i\in\gamma_1}R_i(A),$$

并且对任意 $k\in N_{i_j}(\Gamma_0)$ 均有

$$\left|x_{i_{j+1}}\right|\geqslant|x_k|\ \ (j=1,\cdots,p).$$

由于 $\prod_{i\in\gamma_1}|a_{ii}|\geqslant\prod_{i\in\gamma_1}R_i(A)$, 因此

$$\prod_{i\in\gamma_1}|a_{ii}|=\prod_{i\in\gamma_1}R_i(A).$$

由定理 1.14 的证明可知, 对每个 $k\in N_{i_j}(\mathcal{D}(A))$ 均有

$$|x_k|=\left|x_{i_{j+1}}\right|\ \ (j=1,\cdots,p).$$

由于对某个 $\gamma\in C(A)$ 有 $\prod_{i\in\gamma}|a_{ii}|>\prod_{i\in\gamma}R_i(A)$, 因此 $\mathcal{D}(A)$ 至少有一个顶点不在 γ_1 中. 由于 $\mathcal{D}(A)$ 强连通, 因此 γ_1 的某个顶点 i_j 到 γ_1 外的某个顶点 v 有弧.

由于 $\left|x_{i_{j+1}}\right| = |x_v|$, 因此 Γ_0 有一个不同于 γ_1 的有向圈 γ_2 满足

$$\prod_{i\in\gamma_2} |a_{ii}| = \prod_{i\in\gamma_2} R_i(A),$$

并且对每个 $i \in \gamma_2$ 和 $j, k \in N_i(\mathcal{D}(A))$, 均有 $|x_j| = |x_k|$. 继续上述过程可知, 对 $\mathcal{D}(A)$ 的每个顶点 i 和 $j, k \in N_i(\mathcal{D}(A))$, 均有 $|x_j| = |x_k|$. 因此对每个 $\gamma \in C(A)$, 均有

$$\prod_{i\in\gamma} |a_{ii}| = \prod_{i\in\gamma} R_i(A),$$

与已知矛盾. 故 $\det(A) \neq 0$. □

推论 1.18 设 $A = (a_{ij}) \in \mathbb{R}^{n\times n}$ 是具有非负对角元素的对称矩阵, 并且 $\mathcal{D}(A)$ 强连通. 如果对每个 $\gamma \in C(A)$, 都有 $\prod_{i\in\gamma} a_{ii} \geqslant \prod_{i\in\gamma} R_i(A)$, 并且至少有一个有向圈使得不等式严格成立, 则 A 是正定的.

证明 假设 A 不是正定阵, 则由定理 1.17 可知, A 有一个特征值 $\lambda < 0$. 由定理 1.14 可知, 存在 $\gamma \in C(A)$ 使得

$$\prod_{i\in\gamma} |\lambda - a_{ii}| \leqslant \prod_{i\in\gamma} R_i(A).$$

由于 $\lambda < 0$ 并且 A 的所有对角元素非负, 因此

$$\prod_{i\in\gamma} a_{ii} < \prod_{i\in\gamma} R_i(A),$$

与 $\prod_{i\in\gamma} a_{ii} \geqslant \prod_{i\in\gamma} R_i(A)$ 矛盾. 故 A 是正定阵. □

方阵 A 的特征值由其特征多项式 $\det(xI - A)$ 的所有零点构成, 特征多项式在谱理论的研究中起到了重要作用. A 的特征多项式的系数可由 A 的主子式生成, 即下面的定理.

定理 1.19[82] 设 A 是 n 阶方阵, 则

$$\det(xI - A) = x^n + \sum_{k=1}^{n} (-1)^k S_k x^{n-k},$$

其中 S_k 表示 A 的所有 k 阶主子式之和.

证明 由行列式的定义直接计算 $\det(xI - A)$ 中 x^{n-k} 项的系数可证明结论成立. □

方阵 A 的所有对角元素之和称为 A 的迹, 记为 $\mathrm{tr}(A)$. 由定理 1.19 可得到如下推论.

推论 1.20 设 A 是 n 阶方阵并且 $\lambda_1, \cdots, \lambda_n$ 是 A 的全体特征值, 则

$$\operatorname{tr}(A) = \lambda_1 + \cdots + \lambda_n, \quad \det(A) = \lambda_1 \cdots \lambda_n.$$

矩阵乘积 AB 和 BA 的特征多项式有如下关系.

定理 1.21 设 A 和 B 分别是 $m \times n$ 矩阵和 $n \times m$ 矩阵, 则

$$\det(xI_m - AB) = x^{m-n} \det(xI_n - BA).$$

证明 令 $C = \begin{pmatrix} BA & 0 \\ A & 0 \end{pmatrix}$, $D = \begin{pmatrix} 0 & 0 \\ A & AB \end{pmatrix}$, 则

$$C = \begin{pmatrix} I & B \\ 0 & I \end{pmatrix} D \begin{pmatrix} I & -B \\ 0 & I \end{pmatrix}.$$

因此 C 和 D 相似, 它们有相同的特征多项式. 直接计算可得

$$x^n \det(xI_m - AB) = \det(xI - D) = \det(xI - C) = x^m \det(xI_n - BA). \qquad \square$$

由定理 1.21 可得到如下推论.

推论 1.22 设 A 和 B 分别是 $m \times n$ 矩阵和 $n \times m$ 矩阵, 则 AB 和 BA 有相同的非零特征值, 并且非零特征值的代数重数也相同.

下面是著名的 Hamilton-Cayley 定理.

定理 1.23 设方阵 A 的特征多项式为 $f(x)$, 则 $f(A) = 0$.

证明 设 $\lambda_1, \cdots, \lambda_s$ 是 A 的所有相异特征值, 其对应代数重数为 $m_1, \cdots, m_s$, 则

$$f(x) = (x - \lambda_1)^{m_1} \cdots (x - \lambda_s)^{m_s}.$$

存在可逆矩阵 P 使得 $A = PBP^{-1}$, 其中 B 是上三角矩阵. 由于 $f(A) = f(PBP^{-1}) = Pf(B)P^{-1}$, 因此 $f(A) = 0$ 等价于 $f(B) = 0$. 直接计算可得

$$f(B) = (B - \lambda_1 I)^{m_1} \cdots (B - \lambda_s I)^{m_s} = 0. \qquad \square$$

由 Hamilton-Cayley 定理可得到如下推论.

推论 1.24 设 A 是非奇异矩阵, 则 A^{-1} 是 A 的多项式.

证明 设 A 的特征多项式为

$$f(x) = x^n + a_{n-1}x^{n-1} + \cdots + a_1 x + a_0.$$

由定理 1.23 可得

$$f(A) = A^n + a_{n-1}A^{n-1} + \cdots + a_1 A + a_0 I = 0.$$

由于 $|a_0| = |\det(A)| \neq 0$, 因此

$$A^{-1} = -a_0^{-1}(A^{n-1} + a_{n-1}A^{n-2} + \cdots + a_1 I)$$

是 A 的多项式. □

1.3 实对称矩阵

由于实对称矩阵的特征值都是实数, 因此其特征值可以从大到小排序. 对于一个 $n \times n$ 的实对称矩阵 A, 令 $\lambda_1(A) \geqslant \lambda_2(A) \geqslant \cdots \geqslant \lambda_n(A)$ 表示 A 的所有特征值, 即 $\lambda_i(A)$ 表示 A 的第 i 大特征值. A 关于非零实向量 x 的瑞利商为

$$\frac{x^\top Ax}{x^\top x}.$$

设 $x_1, \cdots, x_n$ 分别是 $\lambda_1(A), \cdots, \lambda_n(A)$ 的单位实特征向量, 并且 $x_1, \cdots, x_n$ 两两正交. 如果 $x = \sum_{i=1}^n c_i x_i \neq 0$, 则

$$\frac{x^\top Ax}{x^\top x} = \frac{\sum_{i=1}^n c_i^2 \lambda_i(A)}{\sum_{i=1}^n c_i^2}.$$

令 $\langle x_{i_1}, \cdots, x_{i_k} \rangle$ 表示向量 $x_{i_1}, \cdots, x_{i_k}$ 生成的线性子空间. 由以上论述可得到如下结论.

定理 1.25[16] 设 A 是 n 阶实对称矩阵, $x_1, \cdots, x_n$ 分别是 $\lambda_1(A), \cdots, \lambda_n(A)$ 的单位实特征向量, 并且 $x_1, \cdots, x_n$ 两两正交. 以下命题成立:

(1) 如果非零实向量 $x \in \langle x_1, \cdots, x_i \rangle$, 则

$$\lambda_i(A) \leqslant \frac{x^\top Ax}{x^\top x},$$

取等号当且仅当 x 是 $\lambda_i(A)$ 的特征向量.

(2) 如果非零实向量 $x \in \langle x_1, \cdots, x_{i-1} \rangle^\perp$, 则

$$\lambda_i(A) \geqslant \frac{x^\top Ax}{x^\top x},$$

取等号当且仅当 x 是 $\lambda_i(A)$ 的特征向量.

由定理 1.25 可得到如下推论.

推论 1.26 设 A 是 n 阶实对称矩阵, 则

$$\lambda_1(A)=\max_{x\in\mathbb{R}^n}\frac{x^\top Ax}{x^\top x},\quad \lambda_n(A)=\min_{x\in\mathbb{R}^n}\frac{x^\top Ax}{x^\top x}.$$

如果 $x\in\mathbb{R}^n$ 满足 $\lambda_1(A)=\dfrac{x^\top Ax}{x^\top x}$, 则 x 是 $\lambda_1(A)$ 对应的特征向量. 如果 $x\in\mathbb{R}^n$ 满足 $\lambda_n(A)=\dfrac{x^\top Ax}{x^\top x}$, 则 x 是 $\lambda_n(A)$ 对应的特征向量.

下面是实对称矩阵特征值的交错性质.

定理 1.27[16] 设 A 是 n 阶实对称矩阵, S 是 $n\times m$ 实矩阵并且 $S^\top S=I$, $B=S^\top AS$, 则

$$\lambda_{n-m+i}(A)\leqslant\lambda_i(B)\leqslant\lambda_i(A)\ (i=1,\cdots,m).$$

证明 设 $x_1,\cdots,x_n$ 分别是 $\lambda_1(A),\cdots,\lambda_n(A)$ 的单位特征向量, 并且 $x_1,\cdots,x_n$ 两两正交. 设 $y_1,\cdots,y_m$ 分别是 $\lambda_1(B),\cdots,\lambda_m(B)$ 的单位特征向量, 并且 $y_1,\cdots,y_m$ 两两正交. 对于 $i\in\{1,\cdots,m\}$, 令 z_i 是子空间

$$\langle y_1,\cdots,y_i\rangle\cap\langle S^\top x_1,\cdots,S^\top x_{i-1}\rangle^\perp$$

中的一个非零向量, 则 $Sz_i\in\langle x_1,\cdots,x_{i-1}\rangle^\perp$. 由定理 1.25 可得

$$\lambda_i(A)\geqslant\frac{(Sz_i)^\top A(Sz_i)}{(Sz_i)^\top(Sz_i)}=\frac{z_i^\top Bz_i}{z_i^\top z_i}\geqslant\lambda_i(B).$$

以上证明应用到 $-A$ 和 $-B$ 上可得

$$\lambda_{n-m+i}(A)\leqslant\lambda_i(B).$$

□

一个分块矩阵的每个子块的行和的算术平均值构成的矩阵称为该分块矩阵的商矩阵.

定理 1.28[16] 设 n 阶实对称矩阵 A 有如下分块表示

$$A=\begin{pmatrix}A_{11}&A_{12}&\cdots&A_{1m}\\A_{12}^\top&A_{22}&\cdots&A_{2m}\\\vdots&\vdots&&\vdots\\A_{1m}^\top&A_{2m}^\top&\cdots&A_{mm}\end{pmatrix}.$$

该分块表示的商矩阵 $B=(b_{ij})_{m\times m}$, 其中 b_{ij} 是子块 A_{ij} 的所有行和的算术平均值. 那么 B 的特征值都是实数, 且 A 和 B 的特征值满足定理 1.27 中的交错不等式.

在定理 1.27 中, 如果 $S=\begin{pmatrix} I \\ 0 \end{pmatrix}$, 则 B 是 A 的主子阵. 因此实对称矩阵及其主子阵的特征值具有如下交错不等式.

定理 1.29 设 A 是 n 阶实对称矩阵. 如果 B 是 A 的 m 阶主子阵, 则

$$\lambda_{n-m+i}(A) \leqslant \lambda_i(B) \leqslant \lambda_i(A)\ (i=1,\cdots,m).$$

由上述交错不等式可得到下面的不等式.

定理 1.30 设 A 是 n 阶实对称矩阵, 并且其对角元为 $d_1 \geqslant \cdots \geqslant d_n$, 则

$$\sum_{i=1}^{s} \lambda_i(A) \geqslant \sum_{i=1}^{s} d_i\ (s=1,\cdots,n).$$

证明 设 B 是将 A 的对角元 $d_{s+1},\cdots,d_n$ 对应的行列删去得到的主子阵, 由定理 1.29 可得

$$\sum_{i=1}^{s} \lambda_i(A) \geqslant \sum_{i=1}^{s} \lambda_i(B) = \sum_{i=1}^{s} d_i. \qquad \square$$

特征值的交错性质在图论和组合设计中的应用见文献 [78].

下面是实对称矩阵特征值的 Weyl 不等式.

定理 1.31[121] 设 A 和 B 是两个 n 阶实对称矩阵. 对任意 $1 \leqslant i \leqslant n$ 和 $1 \leqslant j \leqslant n$, 我们有

$$\lambda_i(A)+\lambda_j(B) \geqslant \lambda_{i+j-1}(A+B)\ (i+j \leqslant n+1),$$
$$\lambda_i(A)+\lambda_j(B) \leqslant \lambda_{i+j-n}(A+B)\ (i+j \geqslant n+1).$$

两个不等式取等号的充分必要条件都是不等式中三个特征值有一个共同的特征向量.

仅有一个正特征值的实对称矩阵有如下性质.

定理 1.32[97] 设 $A \in \mathbb{R}^{n\times n}$ 是具有 1 个正特征值和 $n-1$ 个负特征值的实对称矩阵. 对于正向量 $x \in \mathbb{R}^n$ 和任意向量 $y \in \mathbb{R}^n$, 我们有

$$(x^\top Ay)^2 \geqslant (x^\top Ax)(y^\top Ay),$$

取等号当且仅当存在常数 λ 使得 $y=\lambda x$.

秩为 r 的矩阵一定有一个 r 阶的非奇异子矩阵. 对于实对称矩阵有如下更强的结果.

定理 1.33 设 A 是秩为 r 的实对称矩阵, 则 A 有一个 r 阶的非奇异主子阵.

证明 存在置换阵 P 使得

$$A = P \begin{pmatrix} B & C \\ C^\top & D \end{pmatrix} P^\top,$$

其中行块 $\begin{pmatrix} B & C \end{pmatrix}$ 是秩为 r 的行满秩矩阵. 故 $C^\top$ 的每个行向量都是 B 的行向量的线性组合. 由于 B 实对称, 因此 C 的每个列向量都是 B 的列向量的线性组合. 由于行块 $\begin{pmatrix} B & C \end{pmatrix}$ 是秩为 r 的行满秩矩阵, 因此 B 是 A 的一个秩为 r 的 r 阶主子阵. □

1.4 非负矩阵

如果矩阵 A 的所有元素非负, 则称 A 为非负矩阵. 非负矩阵在图论、概率统计、复杂网络等领域都有重要应用. Berman 和 Plemmons 的专著 [7] 给出了非负矩阵理论全面的概述.

方阵 A 的特征值的模的最大值 $\rho(A) = \max\{|\lambda| : \lambda \in \sigma(A)\}$ 称为 A 的谱半径. 非负矩阵的谱半径有如下性质.

定理 1.34 设 $A \in \mathbb{R}^{n\times n}$ 是非负矩阵, 则 $\rho(A)$ 是 A 的特征值, 并且对应 $\rho(A)$ 有一个非负特征向量.

如果一个可逆方阵的每行每列都恰有一个元素为 1, 其余元素都为 0, 则称该方阵为置换阵. 对于 $A \in \mathbb{C}^{n\times n}$, 我们称 A 是可约的, 如果存在置换阵 P 使得

$$A = P \begin{pmatrix} A_1 & 0 \\ A_2 & A_3 \end{pmatrix} P^\top,$$

其中 A_1, A_3 是方阵. 若 A 不是可约的, 则称 A 不可约.

下面给出非负矩阵理论的重要定理, 即 Perron-Frobenius 定理.

定理 1.35 $A = (a_{ij}) \in \mathbb{R}^{n\times n}$ 是不可约非负矩阵, 则

(1) $\rho(A) > 0$ 是 A 的特征值, 且 $\rho(A)$ 有一个正特征向量;

(2) $\rho(A)$ 的代数重数与几何重数均为 1;

(3) 如果 A 的特征值 λ 有一个非负特征向量, 则 $\lambda = \rho(A)$.

不可约非负矩阵有如下有向图刻画.

定理 1.36 设 $A \in \mathbb{R}^{n\times n}$ 是非负矩阵, 则 A 不可约当且仅当伴随有向图 $\mathcal{D}(A)$ 强连通.

令 $r_i(A)$ 表示矩阵 $A = (a_{ij})$ 的第 i 行的行和, 即 $r_i(A) = \sum_{j=1}^{n} a_{ij}$. 下面的定理用行和给出了非负矩阵谱半径的界.

定理 1.37 设 A 是 n 阶不可约非负矩阵, 则

$$\min_{1\leqslant i\leqslant n} r_i(A) \leqslant \rho(A) \leqslant \max_{1\leqslant i\leqslant n} r_i(A),$$

不等式两侧取等号的充分必要条件都是 $r_1(A) = \cdots = r_n(A)$.

证明 设 x 是对应 $\rho(A)$ 的正特征向量, 令

$$x_u = \max_{1\leqslant k\leqslant n} x_k, \quad x_v = \min_{1\leqslant k\leqslant n} x_k.$$

由 $Ax = \rho(A)x$ 可得

$$\rho(A)x_u = \sum_{k=1}^n a_{uk}x_k \leqslant r_i(A)x_u,$$
$$\rho(A)x_v = \sum_{k=1}^n a_{vk}x_k \geqslant r_j(A)x_v.$$

因此

$$\min_{1\leqslant i\leqslant n} r_i(A) \leqslant \rho(A) \leqslant \max_{1\leqslant i\leqslant n} r_i(A).$$

如果 $\rho(A) = \max_{1\leqslant i\leqslant n} r_i(A)$, 则对任意 $a_{uk} \neq 0$ 均有 $x_k = x_u$. 由于 A 不可约, 根据定理 1.36可得 $x_1 = \cdots = x_n$. 由 $Ax = \rho(A)x$ 可知 A 的所有的行和都相等. 如果 $\rho(A) = \min_{1\leqslant i\leqslant n} r_i(A)$, 则类似可证 A 的所有的行和都相等.

如果 A 的所有行和都相等, 则全 1 列向量是 A 的特征向量. 由 Perron-Frobenius 定理可知此时 A 的谱半径等于行和. □

令 $\mathbb{R}^n_{++}$ 表示所有正的 n 维列向量的集合. 下面是定理 1.37的一个推广.

定理 1.38 设 $A = (a_{ij})$ 是 n 阶不可约非负矩阵, 则对任意 $x \in \mathbb{R}^n_{++}$, 有

$$\min_{1\leqslant i\leqslant n} \frac{(Ax)_i}{x_i} \leqslant \rho(A) \leqslant \max_{1\leqslant i\leqslant n} \frac{(Ax)_i}{x_i}.$$

证明 对于 $x = (x_1, \cdots, x_n)^\top \in \mathbb{R}^n_{++}$, 令 $P = \mathrm{diag}(x_1, \cdots, x_n)$, $B = P^{-1}AP$. 显然 $\rho(A) = \rho(B)$. B 的第 i 行的行和为

$$r_i(B) = \sum_{j=1}^n a_{ij}x_jx_i^{-1} = \frac{(Ax)_i}{x_i}.$$

由定理 1.37 可知

$$\min_{1\leqslant i\leqslant n} \frac{(Ax)_i}{x_i} \leqslant \rho(A) \leqslant \max_{1\leqslant i\leqslant n} \frac{(Ax)_i}{x_i}.$$ □

下面是非负矩阵谱半径的 Collatz-Wielandt 定理.

定理 1.39　设 $A \in \mathbb{R}^{n\times n}$ 是不可约非负矩阵, 则

$$\min_{x\in\mathbb{R}^n_{++}} \max_{1\leqslant i\leqslant n} \frac{(Ax)_i}{x_i} = \rho(A) = \max_{x\in\mathbb{R}^n_{++}} \min_{1\leqslant i\leqslant n} \frac{(Ax)_i}{x_i}.$$

证明　由定理 1.35 可知, 存在 $x \in \mathbb{R}^n_{++}$ 使得 $Ax = \rho(A)x$. 由定理 1.38 可知

$$\min_{x\in\mathbb{R}^n_{++}} \max_{1\leqslant i\leqslant n} \frac{(Ax)_i}{x_i} = \rho(A) = \max_{x\in\mathbb{R}^n_{++}} \min_{1\leqslant i\leqslant n} \frac{(Ax)_i}{x_i}. \qquad \square$$

设 V 和 E 分别是有向图 $\mathcal{D}$ 的顶点集和弧集. 对于 $u \in V$, 令 $N_u(\mathcal{D}) = \{v \in V : uv \in E\}$. 令 $C(A)$ 表示矩阵 A 的伴随有向图 $\mathcal{D}(A)$ 的所有有向圈的集合.

定理 1.40　设 $A = (a_{ij}) \in \mathbb{R}^{n\times n}$ 是不可约非负矩阵, 则

$$\min_{\gamma\in C(A)} \left(\prod_{i\in\gamma} r_i(A)\right)^{\frac{1}{|\gamma|}} \leqslant \rho(A) \leqslant \max_{\gamma\in C(A)} \left(\prod_{i\in\gamma} r_i(A)\right)^{\frac{1}{|\gamma|}}.$$

证明　谱半径 $\rho(A)$ 有一个正特征向量 $x = (x_1, x_2, \cdots, x_n)^\top$. $\mathcal{D}(A)$ 中存在一个有向圈 $\gamma_1 = \{i_1, \cdots, i_p, i_{p+1} = i_1\}$ 使得对任意 $k \in N_{i_j}(\mathcal{D}(A))$, 有

$$x_{i_{j+1}} \geqslant x_k \ (j = 1, \cdots, p).$$

由 $Ax = \rho(A)x$ 可得

$$\rho(A)x_{i_j} = \sum_{k=1}^n a_{i_jk}x_k \leqslant \left(\sum_{k=1}^n a_{i_jk}\right) x_{i_{j+1}} = r_{i_j}(A)x_{i_{j+1}},$$

其中 $j = 1, 2, \cdots, p$. 故

$$\rho(A)^p \prod_{j=1}^p x_{i_j} \leqslant \prod_{j=1}^p r_{i_j}(A)x_{i_{j+1}},$$

$$\rho(A) \leqslant \left(\prod_{j=1}^p r_{i_j}(A)\right)^{\frac{1}{p}} = \left(\prod_{i\in\gamma_1} r_i(A)\right)^{\frac{1}{|\gamma_1|}}.$$

$\mathcal{D}(A)$ 中存在一个有向圈 $\gamma_2 = \{t_1, t_2, \cdots, t_s, t_{s+1} = t_1\}$ 使得对任意 $k \in N_{t_j}(\mathcal{D}(A))$, 有 $x_{t_{j+1}} \leqslant x_k \ (j = 1, \cdots, s)$. 类似前面的证明可得

$$\rho(A) \geqslant \left(\prod_{i\in\gamma_2} r_i(A)\right)^{\frac{1}{|\gamma_2|}}.$$

因此

$$\min_{\gamma\in C(A)}\left(\prod_{i\in\gamma}r_i(A)\right)^{\frac{1}{|\gamma|}}\leqslant\rho(A)\leqslant\max_{\gamma\in C(A)}\left(\prod_{i\in\gamma}r_i(A)\right)^{\frac{1}{|\gamma|}}.\qquad\square$$

定理 1.41 设 $A=(a_{ij})\in\mathbb{R}^{n\times n}$ 是不可约非负矩阵, 则对任意 $x\in\mathbb{R}^n_{++}$, 有

$$\min_{\gamma\in C(A)}\left(\prod_{i\in\gamma}\frac{(Ax)_i}{x_i}\right)^{\frac{1}{|\gamma|}}\leqslant\rho(A)\leqslant\max_{\gamma\in C(A)}\left(\prod_{i\in\gamma}\frac{(Ax)_i}{x_i}\right)^{\frac{1}{|\gamma|}}.$$

证明 对于 $x=(x_1,\cdots,x_n)^\top\in\mathbb{R}^n_{++}$, 令 $P=\operatorname{diag}(x_1,\cdots,x_n)$, $B=P^{-1}AP$. 显然 $\rho(A)=\rho(B)$. B 的第 i 行的行和为

$$r_i(B)=\sum_{j=1}^n a_{ij}x_jx_i^{-1}=\frac{(Ax)_i}{x_i}.$$

由定理 1.40可知

$$\min_{\gamma\in C(A)}\left(\prod_{i\in\gamma}\frac{(Ax)_i}{x_i}\right)^{\frac{1}{|\gamma|}}\leqslant\rho(A)\leqslant\max_{\gamma\in C(A)}\left(\prod_{i\in\gamma}\frac{(Ax)_i}{x_i}\right)^{\frac{1}{|\gamma|}}.\qquad\square$$

下面是有向图形式的 Collatz-Wielandt 定理.

定理 1.42[17] 设 $A\in\mathbb{R}^{n\times n}$ 是不可约非负矩阵, 则

$$\min_{x\in\mathbb{R}^n_{++}}\max_{\gamma\in C(A)}\left(\prod_{i\in\gamma}\frac{(Ax)_i}{x_i}\right)^{\frac{1}{|\gamma|}}=\rho(A)=\max_{x\in\mathbb{R}^n_{++}}\min_{\gamma\in C(A)}\left(\prod_{i\in\gamma}\frac{(Ax)_i}{x_i}\right)^{\frac{1}{|\gamma|}}.$$

证明 由定理 1.35可知, 存在 $x\in\mathbb{R}^n_{++}$ 使得 $Ax=\rho(A)x$. 由定理 1.41 可知

$$\min_{x\in\mathbb{R}^n_{++}}\max_{\gamma\in C(A)}\left(\prod_{i\in\gamma}\frac{(Ax)_i}{x_i}\right)^{\frac{1}{|\gamma|}}=\rho(A)=\max_{x\in\mathbb{R}^n_{++}}\min_{\gamma\in C(A)}\left(\prod_{i\in\gamma}\frac{(Ax)_i}{x_i}\right)^{\frac{1}{|\gamma|}}.\qquad\square$$

下面用矩阵乘积的行和给出非负矩阵谱半径的界.

定理 1.43[47] 设 A 是 n 阶不可约非负矩阵, B 是行和都大于零的 n 阶非负矩阵, 则

$$\min_{1\leqslant i\leqslant n}\frac{r_i(AB)}{r_i(B)}\leqslant\rho(A)\leqslant\max_{1\leqslant i\leqslant n}\frac{r_i(AB)}{r_i(B)}.$$

证明 令 $(M)_{ij}$ 表示矩阵 M 的 (i,j) 位置元素. 经计算我们有

$$r_i(AB)=\sum_{j=1}^n\sum_{k=1}^n(A)_{ik}(B)_{kj}=\sum_{k=1}^n(A)_{ik}r_k(B).$$

令 $x=(x_1,\cdots,x_n)^\top$, 其中 $x_i=r_i(B)$, 则

$$\frac{(Ax)_i}{x_i}=\frac{r_i(AB)}{r_i(B)}.$$

由定理 1.38可得

$$\min_{1\leqslant i\leqslant n}\frac{r_i(AB)}{r_i(B)}\leqslant\rho(A)\leqslant\max_{1\leqslant i\leqslant n}\frac{r_i(AB)}{r_i(B)}.$$ □

在定理 1.43中取 $B=A^k$ 可得到如下推论.

推论 1.44[104]　设 A 是 n 阶不可约非负矩阵, 则

$$\min_{1\leqslant i\leqslant n}\frac{r_i(A^{k+1})}{r_i(A^k)}\leqslant\rho(A)\leqslant\max_{1\leqslant i\leqslant n}\frac{r_i(A^{k+1})}{r_i(A^k)}.$$

我们用符号 $B\leqslant A$ 表示 $A-B$ 是非负矩阵.

定理 1.45　设 $A\in\mathbb{R}^{n\times n}$ 是不可约非负矩阵, 如果非负矩阵 B 满足 $B\leqslant A$ 且 $B\neq A$, 则 $\rho(B)<\rho(A)$.

如果 B 是方阵 A 的主子阵且 $B\neq A$, 则称 B 是 A 的真主子阵.

定理 1.46　设 $A\in\mathbb{R}^{n\times n}$ 是不可约非负矩阵, 如果 B 是 A 的真主子阵, 则 $\rho(B)<\rho(A)$.

对于 $A\in\mathbb{R}^{n\times n}$, 如果 A 的所有非对角元素都小于等于零, 则称 A 是一个 Z 矩阵. Z 矩阵 A 可以写成 $A=sI-B$, 其中 $s>0$ 并且 B 是一个非负矩阵. 如果 $s\geqslant\rho(B)$, 则称 A 是一个 M 矩阵. 显然, A 是非奇异 M 矩阵当且仅当 $s>\rho(B)$. 如果 $s=\rho(B)$, 则称 A 是奇异 M 矩阵.

非奇异 M 矩阵有如下判定准则.

定理 1.47　设 A 是一个 Z 矩阵, 则以下命题等价.

(1) A 是非奇异 M 矩阵.

(2) A 的所有对角元素大于零, 并且存在正对角阵 D 使得 $D^{-1}AD$ 严格对角占优.

(3) A 的所有实特征值是正的.

(4) A 非奇异并且 A^{-1} 非负.

一般 M 矩阵有如下判定准则.

定理 1.48　设 A 是一个 Z 矩阵, 则以下命题等价.

(1) A 是 M 矩阵.

(2) A 的所有对角元素非负, 并且存在正对角阵 D 使得 $D^{-1}AD$ 对角占优.

(3) A 的所有实特征值非负.

(4) 对任意 $\epsilon>0$, $A+\epsilon I$ 是非奇异 M 矩阵.

奇异 M 矩阵有如下性质.

定理 1.49 设 A 是不可约奇异 M 矩阵, 则 A 的所有真主子阵都是非奇异 M 矩阵.

1982 年, Brualdi 给出了 M 矩阵的有向图刻画.

定理 1.50[17] 设 $A=(a_{ij})\in\mathbb{R}^{n\times n}$ 是一个 Z 矩阵并且 $\mathcal{D}(A)$ 弱连通, 则以下命题成立.

(1) A 是非奇异 M 矩阵当且仅当 A 的所有对角元素大于零, 并且存在正数 $x_1,\cdots,x_n$ 使得

$$\prod_{i\in\gamma}a_{ii}>\prod_{i\in\gamma}x_i^{-1}\sum_{j\neq i}|a_{ij}|x_j\ (\gamma\in C(A)).\tag{1.2}$$

(2) A 是 M 矩阵当且仅当 A 的所有对角元素非负, 并且存在正数 $x_1,\cdots,x_n$ 使得

$$\prod_{i\in\gamma}a_{ii}\geqslant\prod_{i\in\gamma}x_i^{-1}\sum_{j\neq i}|a_{ij}|x_j\ (\gamma\in C(A)).$$

证明 如果 A 是非奇异 M 矩阵, 则由定理 1.47 可知, A 的所有对角元素大于零, 并且存在正对角阵 $D=\mathrm{diag}(x_1,\cdots,x_n)$ 使得 $D^{-1}AD$ 严格对角占优. 因此

$$a_{ii}>x_i^{-1}\sum_{j\neq i}|a_{ij}|x_j\ (i=1,\cdots,n).$$

因此 (1.2) 成立. 如果 A 的所有对角元素大于零并且 (1.2) 成立, 则令 $B=D^{-1}AD$, 其中 $D=\mathrm{diag}(x_1,\cdots,x_n)$. 由于 $\mathcal{D}(A)$ 弱连通, 因此 $\mathcal{D}(B)$ 也弱连通. 由 (1.2) 和定理 1.14可知, B 的所有实特征值是正的. 由定理 1.47 可知 A 是非奇异 M 矩阵. 因此 (1) 成立.

由定理 1.48 可知, A 是 M 矩阵当且仅当 $A+\epsilon I$ 是非奇异 M 矩阵, 其中 ϵ 是任意正数. 由 (1) 成立可知 (2) 成立. □

对于 $A=(a_{ij})\in\mathbb{C}^{n\times n}$, 它的比较矩阵是一个 Z 矩阵, $M(A)=(m_{ij})$, 其中 $m_{ij}=|a_{ij}|$(如果 $i=j$), $m_{ij}=-|a_{ij}|$ (如果 $i\neq j$). 如果 $M(A)$ 是一个 M 矩阵 (非奇异 M 矩阵), 则 A 称为一个 H 矩阵 (非奇异 H 矩阵). 由定理 1.47 可得如下结论.

推论 1.51 矩阵 A 是非奇异 H 矩阵当且仅当 A 的所有对角元素非零, 并且存在正对角阵 D 使得 $D^{-1}AD$ 严格对角占优.

由定理 1.48可得如下结论.

推论 1.52 矩阵 A 是 H 矩阵当且仅当存在正对角阵 D 使得 $D^{-1}AD$ 对角占优.

由定理 1.50可得如下结论.

推论 1.53 设矩阵 $A=(a_{ij})\in\mathbb{C}^{n\times n}$ 满足 $\mathcal{D}(A)$ 弱连通, 则以下命题成立.

(1) A 是非奇异 H 矩阵当且仅当 A 的所有对角元素非零, 并且存在正数 $x_1,\cdots,x_n$ 使得

$$\prod_{i\in\gamma}|a_{ii}|>\prod_{i\in\gamma}x_i^{-1}\sum_{j\neq i}|a_{ij}|x_j\ (\gamma\in C(A)).$$

(2) A 是 H 矩阵当且仅当存在正数 $x_1,\cdots,x_n$ 使得

$$\prod_{i\in\gamma}|a_{ii}|\geqslant\prod_{i\in\gamma}x_i^{-1}\sum_{j\neq i}|a_{ij}|x_j\ (\gamma\in C(A)). \tag{1.3}$$

定理 1.54 设 A 是 H 矩阵并且 $\mathcal{D}(A)$ 弱连通, 则 A 的所有对角元素非零.

证明 由推论 1.53可知, 存在正数 $x_1,\cdots,x_n$ 使得 (1.3) 成立. 由于 $\mathcal{D}(A)$ 弱连通, 因此 $\mathcal{D}(A)$ 的每个顶点都属于某个 $\gamma\in C(A)$, 并且 (1.3) 的右边大于零. 故 A 的所有对角元素非零. □

定理 1.55 设 $A=(a_{ij})\in\mathbb{C}^{n\times n}$ 是不可约矩阵, 如果对每个 $\gamma\in C(A)$ 均有

$$\prod_{i\in\gamma}|a_{ii}|\geqslant\prod_{i\in\gamma}R_i(A),$$

并且至少有一个有向圈使得不等式严格成立, 则 A 是非奇异 H 矩阵.

证明 由定理 1.14 可知, 比较矩阵 $M(A)$ 的所有实特征值是非负的. 由定理 1.17 可推出 $M(A)$ 非奇异. 由定理 1.47 可知, $M(A)$ 是非奇异 M 矩阵, 因此 A 是非奇异 H 矩阵. □

对于 $A=(a_{ij})\in\mathbb{C}^{n\times n}$ 和 $\alpha\subseteq\{1,\cdots,n\}$, 令 $A[\alpha]$ 表示 A 的关于 α 的主子阵, 其中 $A[\alpha]$ 的行指标集和列指标集都是 α.

定理 1.56 设 $A=(a_{ij})\in\mathbb{C}^{n\times n}$ 是 H 矩阵并且 $\mathcal{D}(A)$ 弱连通. 如果 $A[\alpha]$ ($|\alpha|<n$) 是 A 的一个不可约主子阵, 并且在 $\mathcal{D}(A)$ 中从某点 $i\in\alpha$ 到某点 $j\in\{1,\cdots,n\}\backslash\alpha$ 有弧, 则 $A[\alpha]$ 是非奇异 H 矩阵.

证明 由推论 1.53可知, 存在正数 $x_1,\cdots,x_n$ 使得 (1.3) 成立. 令 $B=D^{-1}AD$, 其中 $D=\operatorname{diag}(x_1,\cdots,x_n)$, 则 $(B)_{ij}=a_{ij}x_i^{-1}x_j$. 由于 $A[\alpha]$ 不可约, 因此 $B[\alpha]$ 也不可约. 由 (1.3) 可得

$$\prod_{i\in\gamma}|(B)_{ii}|\geqslant\prod_{i\in\gamma}R_i(B)\ (\gamma\in C(B)=C(A)).$$

因此

$$\prod_{i\in\gamma}|(B[\alpha])_{ii}|\geqslant\prod_{i\in\gamma}R_i(B[\alpha])\ (\gamma\in C(B[\alpha])=C(A[\alpha])).$$

在 $\mathcal{D}(A)$ 中从某点 $i \in \alpha$ 到某点 $j \in \{1, \cdots, n\} \backslash \alpha$ 有弧, 因此至少有一个 $\gamma \in C(B[\alpha])$ 使得 $\prod_{i\in\gamma} |(B[\alpha])_{ii}| > \prod_{i\in\gamma} R_i(B[\alpha])$. 由定理 1.55 可知, $B[\alpha] = D[\alpha]^{-(m-1)} A[\alpha] D[\alpha]$ 是非奇异 H 矩阵, 即 $M(B[\alpha]) = D[\alpha]^{-(m-1)} M(A[\alpha]) D[\alpha]$ 是非奇异 M 矩阵. 由定理 1.47可知, $M(A[\alpha])$ 是非奇异 M 矩阵, 即 $A[\alpha]$ 是非奇异 H 矩阵. □

设 $A = (a_{ij})$ 和 $B = (b_{ij})$ 是两个 n 阶矩阵, 它们的 Hadamard 积 $A \circ B$ 是一个 n 阶矩阵, 其元素为 $(A \circ B)_{ij} = a_{ij} b_{ij}$. A 和 B 的 Fan 积 $A \star B$ 是一个 n 阶矩阵, 并且 $(A \star B)_{ij} = -a_{ij} b_{ij}$ 如果 $i \neq j$, $(A \star B)_{ij} = a_{ij} b_{ij}$ 如果 $i = j$. 下面的定理说明 H 矩阵在 Hadamard 积和 Fan 积下是封闭的.

定理 1.57 设 $A = (a_{ij})$ 和 $B = (b_{ij})$ 是两个 n 阶 H 矩阵, 则 $A \circ B$ 和 $A \star B$ 都是 H 矩阵. 如果 A 是非奇异 H 矩阵并且 $\mathcal{D}(B)$ 弱连通, 则 $A \circ B$ 和 $A \star B$ 都是非奇异 H 矩阵.

证明 由推论 1.52 可知, 存在正对角阵 $D = \mathrm{diag}(d_1, \cdots, d_n)$ 和 $F = \mathrm{diag}(f_1, \cdots, f_n)$ 使得 $D^{-1}AD$ 和 $F^{-1}BF$ 都是对角占优的. 对于 $i = 1, \cdots, n$, 我们有

$$|a_{ii}| \geqslant \sum_{j \neq i} |a_{ij}| d_i^{-1} d_j \tag{1.4}$$

并且

$$|b_{ii}| \geqslant \sum_{j \neq i} |b_{ij}| f_i^{-1} f_j. \tag{1.5}$$

因此对于 $i = 1, \cdots, n$, 我们有

$$|a_{ii} b_{ii}| \geqslant \sum_{j \neq i} |a_{ij} b_{ij}| (d_i f_i)^{-1} d_j f_j. \tag{1.6}$$

故 $(DF)^{-1}(A \circ B)DF$ 和 $(DF)^{-1}(A \star B)DF$ 都是对角占优的. 由推论 1.53 可知 $A \circ B$ 和 $A \star B$ 都是 H 矩阵.

如果 A 是非奇异 H 矩阵, 则不等式 (1.4) 严格成立. 如果 $\mathcal{D}(B)$ 弱连通, 则由定理 1.54可知, $b_{ii} \neq 0 (i = 1, \cdots, n)$. 由 (1.4) 和 (1.5) 可知, 不等式 (1.6) 严格成立. 因此 $(DF)^{-1}(A \circ B)DF$ 和 $(DF)^{-1}(A \star B)DF$ 是严格对角占优的. 故 $A \circ B$ 和 $A \star B$ 都是非奇异 H 矩阵. □

1.5 矩阵广义逆

广义逆的概念最早由 Fredholm 于 1903 年提出, 这种广义逆称为 Fredholm 积分算子广义逆[62]. Hurwitz 于 1912 年利用有限维 Fredholm 积分算子的零空间

给出了此类广义逆的一个简单的代数表征[87]. Hilbert 在讨论广义 Green 函数时提出了微分算子的广义逆[81].

1920 年, 在美国数学会通报上, Moore 利用投影算子定义了一种矩阵广义逆[106]. 后来在 1955 年, Penrose 用矩阵方程的形式给出了它的等价定义[112]. 下面是 Penrose 给出的广义逆定义.

定义 1.1[126] 设 $A \in \mathbb{C}^{m\times n}$, 如果 $X \in \mathbb{C}^{n\times m}$ 满足下面四个矩阵方程

$$AXA = A, \quad XAX = X, \quad (AX)^* = AX, \quad (XA)^* = XA,$$

则称 X 是 A 的 Moore-Penrose 逆 (M-P 逆), 记为 A^+.

显然, 若 A 为可逆方阵, 则 $A^{-1} = A^+$. 因此 M-P 逆是逆阵的推广. 下面给出 M-P 逆的存在性与唯一性.

定理 1.58[6] 对任意 $A \in \mathbb{C}^{m\times n}$, A^+ 存在且唯一.

证明 由矩阵的奇异值分解知, 存在酉阵 U 和 V 使得

$$A = U\begin{pmatrix} \Delta & 0 \\ 0 & 0 \end{pmatrix} V,$$

其中 Δ 为可逆的正对角阵. 令 $X = V^*\begin{pmatrix} \Delta^{-1} & 0 \\ 0 & 0 \end{pmatrix} U^*$, 下面证明 X 满足 M-P 逆定义的四个矩阵方程. 经计算可得

$$\begin{aligned}
AXA &= U\begin{pmatrix} I & 0 \\ 0 & 0 \end{pmatrix} U^*U\begin{pmatrix} \Delta & 0 \\ 0 & 0 \end{pmatrix} V = U\begin{pmatrix} \Delta & 0 \\ 0 & 0 \end{pmatrix} V = A,\\
XAX &= V^*\begin{pmatrix} I & 0 \\ 0 & 0 \end{pmatrix} VV^*\begin{pmatrix} \Delta^{-1} & 0 \\ 0 & 0 \end{pmatrix} U^* = V^*\begin{pmatrix} \Delta^{-1} & 0 \\ 0 & 0 \end{pmatrix} U^* = X,\\
(AX)^* &= \left(U\begin{pmatrix} I & 0 \\ 0 & 0 \end{pmatrix} U^*\right)^* = U\begin{pmatrix} I & 0 \\ 0 & 0 \end{pmatrix} U^* = AX,\\
(XA)^* &= \left(V^*\begin{pmatrix} I & 0 \\ 0 & 0 \end{pmatrix} V\right)^* = V^*\begin{pmatrix} I & 0 \\ 0 & 0 \end{pmatrix} V = XA.
\end{aligned}$$

因此 A^+ 存在.

下面证明 A^+ 的唯一性. 假设 X_1 和 X_2 都是 A 的 M-P 逆, 则

$$\begin{aligned}
X_1 &= X_1AX_1 = X_1(AX_2A)X_1\\
&= X_1(AX_2)(AX_1) = X_1(AX_2)^*(AX_1)^*\\
&= X_1(AX_1AX_2)^* = X_1(AX_2)^* = X_1AX_2
\end{aligned}$$

$$
\begin{aligned}
&= X_1AX_2AX_2 = (X_1A)^*(X_2A)^*X_2 \\
&= (X_2AX_1A)^*X_2 = (X_2A)^*X_2 = X_2AX_2 = X_2.
\end{aligned}
$$

因此 A^+ 存在且唯一. □

由矩阵的奇异值分解可以得到 M-P 逆的如下简洁表示.

定理 1.59 设 $A \in \mathbb{C}^{m\times n}$ 的奇异值分解为 $A = U\begin{pmatrix}\Delta & 0\\ 0 & 0\end{pmatrix}V$, 其中 U, V 为酉阵, Δ 为可逆的正对角阵, 则

$$
A^+ = V^*\begin{pmatrix}\Delta^{-1} & 0\\ 0 & 0\end{pmatrix}U^*.
$$

由定理 1.59 可得到 M-P 逆的如下性质.

定理 1.60 设 $A \in \mathbb{C}^{m\times n}$, 则

(1) $(A^+)^+ = A$.

(2) $(A^*)^+ = (A^+)^*$.

(3) $(\lambda A)^+ = \lambda^{-1}A^+$, $0 \neq \lambda \in \mathbb{C}$.

(4) $(A^*A)^+ = A^+(A^*)^+$, $(AA^*)^+ = (A^*)^+A^+$.

(5) $(PAQ)^+ = Q^*A^+P^*$, 其中 $P \in \mathbb{C}^{m\times m}, Q \in \mathbb{C}^{n\times n}$ 为酉阵.

(6) 若 A 列满秩, 则 $A^+A = I_n$; 若 A 行满秩, 则 $AA^+ = I_m$.

下面给出矩阵 {1}-逆的定义.

定义 1.2[126] 对于一个矩阵 A, 如果矩阵 X 满足 $AXA = A$, 则称 X 是 A 的 {1}-逆, 记为 $A^{(1)}$.

如果 A 可逆, 则 $A^{(1)}$ 等于其逆阵 A^{-1}. 如果 A 不可逆, 则它有无限多个 {1}-逆. 显然 A^+ 是 A 的一个 {1}-逆.

定理 1.61[126] 设 $A = PBQ$, 其中 P, Q 是非奇异矩阵, 则 $A^{(1)} = Q^{-1}B^{(1)}P^{-1}$.

由矩阵的等价分解可以得到 {1}-逆的如下简洁表示.

定理 1.62 设 $A \in \mathbb{C}^{m\times n}$ 的等价分解为 $PAQ = \begin{pmatrix}I_r & 0\\ 0 & 0\end{pmatrix}$, 其中 P, Q 为非奇异矩阵, 则

$$
A^{(1)} = Q\begin{pmatrix}I_r & X\\ Y & Z\end{pmatrix}P,
$$

其中 X, Y, Z 是任意矩阵.

证明 设 $M = Q\begin{pmatrix} M_1 & X \\ Y & Z \end{pmatrix}P$ 是 A 的一个 $\{1\}$-逆, M_1 为 r 阶方阵, 则

$$AMA = P^{-1}\begin{pmatrix} I_r & 0 \\ 0 & 0 \end{pmatrix}Q^{-1}Q\begin{pmatrix} M_1 & X \\ Y & Z \end{pmatrix}PP^{-1}\begin{pmatrix} I_r & 0 \\ 0 & 0 \end{pmatrix}Q^{-1}$$
$$= P^{-1}\begin{pmatrix} M_1 & 0 \\ 0 & 0 \end{pmatrix}Q^{-1} = P^{-1}\begin{pmatrix} I_r & 0 \\ 0 & 0 \end{pmatrix}Q^{-1} = A.$$

因此 $M_1 = I_r$, X, Y, Z 是任意矩阵. □

由定理 1.62可得到满秩矩阵的 $\{1\}$-逆的如下性质.

定理 1.63[6] 如果矩阵 A 列满秩, 则 $A^{(1)}A = I$. 如果矩阵 A 行满秩, 则 $AA^{(1)} = I$.

如果线性方程组 $Ax = b$ 有解, 则称它是相容的. 相容线性方程组的通解可由系数矩阵的 $\{1\}$-逆来表示.

定理 1.64[126] 相容线性方程组 $Ax = b$ 的通解为

$$x = A^{(1)}b + (I - A^{(1)}A)u,$$

其中 u 是任意列向量.

1958 年, M. P. Drazin[51] 在研究结合环的代数结构时提出了一种伪逆的概念, 后来学者们把 M. P. Drazin 提出的这种伪逆称为 Drazin 逆. 为了介绍矩阵 Drazin 逆的概念, 首先引入 Drazin 指标的定义.

定义 1.3[6] 设 $A \in \mathbb{C}^{n\times n}$, 使得 $\operatorname{rank}(A^k) = \operatorname{rank}(A^{k+1})$ 成立的最小的非负整数 k 称为 A 的 Drazin 指标, 记为 $\operatorname{ind}(A)$.

下面是矩阵 Drazin 逆的定义.

定义 1.4[6] 设 $A \in \mathbb{C}^{n\times n}$, $\operatorname{ind}(A) = k$. 如果 $X \in \mathbb{C}^{n\times n}$ 满足

$$A^kXA = A^k, \quad XAX = X, \quad AX = XA,$$

则称 X 是 A 的 Drazin 逆, 记为 A^D.

下面给出 Drazin 逆的存在性与唯一性.

定理 1.65[6] 对任意 $A \in \mathbb{C}^{n\times n}$, A^D 存在且唯一.

证明 设 A 的核心–幂零分解为

$$A = P\begin{pmatrix} \Delta & 0 \\ 0 & N \end{pmatrix}P^{-1},$$

其中 Δ 可逆, $N^k = 0$, $N^{k-1} \neq 0$. 根据 Drazin 指标的定义, 有 $k = \operatorname{ind}(A) =$

ind(N). 令 $X = P\begin{pmatrix}\Delta^{-1} & 0\\ 0 & 0\end{pmatrix}P^{-1}$, 下面证明 X 是 A 的 Drazin 逆. 经计算可得

$$\begin{aligned}
A^kXA &= P\begin{pmatrix}\Delta^{k} & 0\\ 0 & 0\end{pmatrix}P^{-1}P\begin{pmatrix}\Delta^{-1} & 0\\ 0 & 0\end{pmatrix}P^{-1}P\begin{pmatrix}\Delta & 0\\ 0 & N\end{pmatrix}P^{-1}\\
&= P\begin{pmatrix}\Delta^{k} & 0\\ 0 & 0\end{pmatrix}P^{-1} = A^k,\\
XAX &= P\begin{pmatrix}\Delta^{-1} & 0\\ 0 & 0\end{pmatrix}P^{-1}P\begin{pmatrix}\Delta & 0\\ 0 & N\end{pmatrix}P^{-1}P\begin{pmatrix}\Delta^{-1} & 0\\ 0 & 0\end{pmatrix}P^{-1}\\
&= P\begin{pmatrix}\Delta^{-1} & 0\\ 0 & 0\end{pmatrix}P^{-1} = X,\\
AX &= P\begin{pmatrix}\Delta & 0\\ 0 & N\end{pmatrix}P^{-1}P\begin{pmatrix}\Delta^{-1} & 0\\ 0 & 0\end{pmatrix}P^{-1} = P\begin{pmatrix}I & 0\\ 0 & 0\end{pmatrix}P^{-1}\\
&= P\begin{pmatrix}\Delta^{-1} & 0\\ 0 & 0\end{pmatrix}P^{-1}P\begin{pmatrix}\Delta & 0\\ 0 & N\end{pmatrix}P^{-1} = XA.
\end{aligned}$$

因此 X 是 A 的 Drazin 逆.

下证 A^D 的唯一性. 设 X, Y 都是 A 的 Drazin 逆, 令 $E = AX = XA, F = AY = YA$, 则 $E^2 = E, F^2 = F$. 因此

$$\begin{aligned}
E &= AX = A^kX^k = A^kYAX^k = AYA^kX^k = FAX = FE,\\
F &= YA = Y^kA^k = Y^kA^kXA = YAE = FE.
\end{aligned}$$

故 $E = F$. 所以

$$X = AX^2 = EX = FX = YAX = YE = YF = Y^2A = AY^2 = Y,$$

即 A^D 唯一. □

由矩阵的核心–幂零分解可以得到 Drazin 逆的如下简洁表示.

定理 1.66[6] 设 $A \in \mathbb{C}^{n\times n}$ 的核心–幂零分解为 $A = P\begin{pmatrix}\Delta & 0\\ 0 & N\end{pmatrix}P^{-1}$, 其中 Δ 非奇异, N 幂零, 则

$$A^D = P\begin{pmatrix}\Delta^{-1} & 0\\ 0 & 0\end{pmatrix}P^{-1}.$$

由定理 1.66 可得到 Drazin 逆的如下性质.

定理 1.67　设 $A \in \mathbb{C}^{n\times n}$, 则

(1) $(\lambda A)^D = \lambda^{-1}A^D$, $0 \neq \lambda \in \mathbb{C}$.

(2) $(PAP^{-1})^D = PA^DP^{-1}$, 其中 $P \in \mathbb{C}^{n\times n}$ 为非奇异矩阵.

(3) $(A^D)^r = (A^r)^D$.

(4) $A^D = 0$ 当且仅当 A 是幂零阵.

(5) $\lambda \neq 0$ 是 A 的代数重数为 k 的特征值当且仅当 λ^{-1} 是 A^D 的代数重数为 k 的特征值.

下面证明方阵 A 的 Drazin 逆是 A 的多项式.

定理 1.68　设 $A \in \mathbb{C}^{n\times n}$, 则存在多项式 $f(x)$ 使得 $A^D = f(A)$.

证明　设 A 的核心–幂零分解为

$$A = P\begin{pmatrix} \Delta & 0 \\ 0 & N \end{pmatrix}P^{-1},$$

其中 Δ 非奇异, N 为 k 次幂零阵. 由推论 1.24 可知, 存在多项式 $g(x)$ 使得 $\Delta^{-1} = g(\Delta)$, 因此

$$\begin{aligned} A^k g(A)^{k+1} &= P\begin{pmatrix} \Delta^k & 0 \\ 0 & 0 \end{pmatrix}P^{-1}P\begin{pmatrix} g(\Delta)^{k+1} & 0 \\ 0 & g(N)^{k+1} \end{pmatrix}P^{-1} \\ &= P\begin{pmatrix} \Delta^{-1} & 0 \\ 0 & 0 \end{pmatrix}P^{-1} = A^D. \end{aligned}$$

故 A^D 是 A 的多项式. □

下面介绍矩阵群逆的概念.

定义 1.5[6]　设 $A \in \mathbb{C}^{n\times n}$, 如果 $X \in \mathbb{C}^{n\times n}$ 满足

$$AXA = A, \quad XAX = X, \quad AX = XA,$$

则称 X 是 A 的群逆, 记为 $A^{\#}$.

如果 $A^{\#}$ 存在, 则 $A^{\#}$ 是 A 的一个 $\{1\}$-逆. 下面给出群逆的存在性与唯一性.

定理 1.69[6]　对任意 $A \in \mathbb{C}^{n\times n}$, $A^{\#}$ 存在当且仅当 $\operatorname{rank}(A) = \operatorname{rank}(A^2)$. 若 $A^{\#}$ 存在, 则 $A^{\#}$ 是唯一的.

群逆的名称是由 I. Erdélyi[54] 提出的. 由定理 1.69易知, Drazin 指标不超过 1 的方阵的 Drazin 逆即为群逆. 若 $A \in \mathbb{C}^{n\times n}$ 可逆, 则 $A^D = A^{\#} = A^{-1}$. 由矩阵的核心–幂零分解, 不难得到如下结论.

定理 1.70　对任意 $A \in \mathbb{C}^{n\times n}$, $A^{\#}$ 存在当且仅当存在可逆阵 P 和 Δ 使得

$$A = P\begin{pmatrix} \Delta & 0 \\ 0 & 0 \end{pmatrix}P^{-1}.$$

此时 $A^{\#} = P\begin{pmatrix} \Delta^{-1} & 0 \\ 0 & 0 \end{pmatrix} P^{-1}$.

由定理 1.70 可得到群逆的如下性质.

定理 1.71 设 $A \in \mathbb{C}^{n\times n}$ 并且 $A^{\#}$ 存在, 则

(1) $(\lambda A)^{\#} = \lambda^{-1}A^{\#}$, 其中 $0 \neq \lambda \in \mathbb{C}$.

(2) $(PAP^{-1})^{\#} = PA^{\#}P^{-1}$, 其中 $P \in \mathbb{C}^{n\times n}$ 为非奇异矩阵.

(3) $(A^{\#})^r = (A^r)^{\#}$.

(4) $A^{\#} = 0$ 当且仅当 $A = 0$.

(5) $\operatorname{rank}(A) = \operatorname{rank}(A^{\#})$.

(6) $\lambda \neq 0$ 是 A 的代数重数为 k 的特征值当且仅当 λ^{-1} 是 $A^{\#}$ 的代数重数为 k 的特征值.

由于群逆是一种特殊的 Drazin 逆, 由定理 1.68可得到如下结论.

定理 1.72 设 $A \in \mathbb{C}^{n\times n}$ 并且 $A^{\#}$ 存在, 则存在多项式 $f(x)$ 使得 $A^{\#} = f(A)$.

实对称矩阵的几种广义逆有如下形式.

定理 1.73 如果 A 是实对称矩阵, 则存在正交阵 P 和可逆对角阵 Δ 使得

$$A = P\begin{pmatrix} \Delta & 0 \\ 0 & 0 \end{pmatrix} P^{\top},$$

并且

$$A^{+} = A^{D} = A^{\#} = P\begin{pmatrix} \Delta^{-1} & 0 \\ 0 & 0 \end{pmatrix} P^{\top}$$

是实对称的.

下面是实对称矩阵群逆的一个谱分解表示.

定理 1.74 设实对称矩阵 A 有谱分解 $A = \mu_1 E_1 + \cdots + \mu_m E_m$, 其中 E_i 是特征值 μ_i 的特征子空间上的正交投影阵, 则

$$A^{\#} = \mu_1^{+} E_1 + \cdots + \mu_m^{+} E_m,$$

其中 $\mu_i^{+} = \mu_i^{-1}$ 如果 $\mu_i \neq 0$, $\mu_i^{+} = 0$ 如果 $\mu_i = 0$.

证明 令 $X = \mu_1^{+} E_1 + \cdots + \mu_m^{+} E_m$. 由引理 1.6可得

$$AX = XA, \quad AXA = A, \quad XAX = X.$$

由群逆定义可知 $A^{\#} = X$. □

引理 1.75 设 S 是一个实对称矩阵并且 $Se = 0$, 其中 e 是全 1 列向量, 则

$$S^{\#}e = 0.$$

证明　由于 $Se=0$, 因此

$$S^{\#}e=S^{\#}SS^{\#}e=(S^{\#})^2Se=0. \qquad \square$$

1.6　分块矩阵与 Schur 补

对于分块矩阵 $M=\begin{pmatrix}A & B\\ C & D\end{pmatrix}$, 如果 A 非奇异, 则称 $D-CA^{-1}B$ 为子块 A 对应的 Schur 补. 如果 D 非奇异, 则称 $A-BD^{-1}C$ 为子块 D 对应的 Schur 补. 下面是分块矩阵秩的 Schur 补公式.

定理 1.76[142]　设 $M=\begin{pmatrix}A & B\\ C & D\end{pmatrix}$, 则以下命题成立:

(1) 如果 A 非奇异, 则

$$\operatorname{rank}(M)=\operatorname{rank}(A)+\operatorname{rank}(D-CA^{-1}B).$$

(2) 如果 D 非奇异, 则

$$\operatorname{rank}(M)=\operatorname{rank}(D)+\operatorname{rank}(A-BD^{-1}C).$$

证明　如果 A 非奇异, 则

$$M=\begin{pmatrix}I & 0\\ CA^{-1} & I\end{pmatrix}\begin{pmatrix}A & 0\\ 0 & D-CA^{-1}B\end{pmatrix}\begin{pmatrix}I & A^{-1}B\\ 0 & I\end{pmatrix}.$$

因此

$$\operatorname{rank}(M)=\operatorname{rank}(A)+\operatorname{rank}(D-CA^{-1}B).$$

如果 D 非奇异, 则

$$M=\begin{pmatrix}I & BD^{-1}\\ 0 & I\end{pmatrix}\begin{pmatrix}A-BD^{-1}C & 0\\ 0 & D\end{pmatrix}\begin{pmatrix}I & 0\\ D^{-1}C & I\end{pmatrix}.$$

因此

$$\operatorname{rank}(M)=\operatorname{rank}(D)+\operatorname{rank}(A-BD^{-1}C). \qquad \square$$

令 $\det(A)$ 表示矩阵 A 的行列式. 下面是分块矩阵行列式的 Schur 补公式.

定理 1.77[142]　设 $M=\begin{pmatrix}A & B\\ C & D\end{pmatrix}$ 是一个方阵, 则以下命题成立:

(1) 如果 A 非奇异, 则

$$\det(M)=\det(A)\det(D-CA^{-1}B).$$

(2) 如果 D 非奇异, 则

$$\det(M)=\det(D)\det(A-BD^{-1}C).$$

证明 如果 A 非奇异, 则

$$M=\begin{pmatrix} I & 0 \\ CA^{-1} & I \end{pmatrix}\begin{pmatrix} A & 0 \\ 0 & D-CA^{-1}B \end{pmatrix}\begin{pmatrix} I & A^{-1}B \\ 0 & I \end{pmatrix}.$$

因此

$$\det(M)=\det(A)\det(D-CA^{-1}B).$$

如果 D 非奇异, 则

$$M=\begin{pmatrix} I & BD^{-1} \\ 0 & I \end{pmatrix}\begin{pmatrix} A-BD^{-1}C & 0 \\ 0 & D \end{pmatrix}\begin{pmatrix} I & 0 \\ D^{-1}C & I \end{pmatrix}.$$

因此

$$\det(M)=\det(D)\det(A-BD^{-1}C).$$ □

对于矩阵 E, 令 $E[i_1,\cdots,i_s|j_1,\cdots,j_t]$ 表示取 E 的 $i_1,\cdots,i_s$ 行和 $j_1,\cdots,j_t$ 列得到的子矩阵. 下面是关于 Schur 补子矩阵的行列式恒等式.

定理 1.78[18] 设 $M=\begin{pmatrix} A & B \\ C & D \end{pmatrix}$ 是 n 阶分块矩阵, 其中 $A=M[1,\cdots,k|1,\cdots,k]$ 非奇异. 如果 $k+1\leqslant i_1<\cdots<i_s\leqslant n$ 并且 $k+1\leqslant j_1<\cdots<j_s\leqslant n$, 则

$$\frac{\det(M[1,\cdots,k,i_1,\cdots,i_s|1,\cdots,k,j_1,\cdots,j_s])}{\det(A)}=\det(S[i_1,\cdots,i_s|j_1,\cdots,j_s]),$$

其中 $S=D-CA^{-1}B$.

引理 1.79 设 B 是一个 $n\times m$ 的实矩阵, 并且令 $M=\begin{pmatrix} 0 & B^{\top} \\ B & 0 \end{pmatrix}$. 那么 M 的特征多项式为

$$\det(xI-M)=x^{m-n}\det(x^2I-BB^{\top}).$$

证明 由定理 1.77 可得

$$\begin{aligned}\det(xI-M)&=\det\begin{pmatrix} xI_m & -B^{\top} \\ -B & xI_n \end{pmatrix}=\det(xI_m)\det\left(xI_n-\frac{1}{x}BB^{\top}\right)\\&=x^{m-n}\det(x^2I-BB^{\top}).\end{aligned}$$ □

下面是分块矩阵逆的 Schur 补公式.

定理 1.80[142] 设 $M=\begin{pmatrix} A & B \\ C & D \end{pmatrix}$ 是非奇异矩阵, 则以下命题成立:

(1) 如果 A 非奇异, 则 $S=D-CA^{-1}B$ 非奇异并且

$$M^{-1}=\begin{pmatrix} A^{-1}+A^{-1}BS^{-1}CA^{-1} & -A^{-1}BS^{-1} \\ -S^{-1}CA^{-1} & S^{-1} \end{pmatrix}.$$

(2) 如果 D 非奇异, 则 $R=A-BD^{-1}C$ 非奇异并且

$$M^{-1}=\begin{pmatrix} R^{-1} & -R^{-1}BD^{-1} \\ -D^{-1}CR^{-1} & D^{-1}+D^{-1}CR^{-1}BD^{-1} \end{pmatrix}.$$

证明 如果 A 非奇异, 则由定理 1.77 可知, $S=D-CA^{-1}B$ 非奇异. 由于

$$M=\begin{pmatrix} I & 0 \\ CA^{-1} & I \end{pmatrix}\begin{pmatrix} A & 0 \\ 0 & S \end{pmatrix}\begin{pmatrix} I & A^{-1}B \\ 0 & I \end{pmatrix},$$

因此

$$\begin{aligned} M^{-1}&=\begin{pmatrix} I & -A^{-1}B \\ 0 & I \end{pmatrix}\begin{pmatrix} A^{-1} & 0 \\ 0 & S^{-1} \end{pmatrix}\begin{pmatrix} I & 0 \\ -CA^{-1} & I \end{pmatrix} \\ &=\begin{pmatrix} A^{-1}+A^{-1}BS^{-1}CA^{-1} & -A^{-1}BS^{-1} \\ -S^{-1}CA^{-1} & S^{-1} \end{pmatrix}. \end{aligned}$$

如果 D 非奇异, 则由定理 1.77 可知, $R=A-BD^{-1}C$ 非奇异. 由于

$$M=\begin{pmatrix} I & BD^{-1} \\ 0 & I \end{pmatrix}\begin{pmatrix} R & 0 \\ 0 & D \end{pmatrix}\begin{pmatrix} I & 0 \\ D^{-1}C & I \end{pmatrix},$$

因此

$$\begin{aligned} M^{-1}&=\begin{pmatrix} I & 0 \\ -D^{-1}C & I \end{pmatrix}\begin{pmatrix} R^{-1} & 0 \\ 0 & D^{-1} \end{pmatrix}\begin{pmatrix} I & -BD^{-1} \\ 0 & I \end{pmatrix} \\ &=\begin{pmatrix} R^{-1} & -R^{-1}BD^{-1} \\ -D^{-1}CR^{-1} & D^{-1}+D^{-1}CR^{-1}BD^{-1} \end{pmatrix}. \end{aligned}$$

□

利用 Schur 补可以给出分块矩阵 {1}-逆的如下表达式.

定理 1.81 设 $M=\begin{pmatrix} A & B \\ B^{\top} & C \end{pmatrix}$ 是一个实对称矩阵, 则以下命题成立:

(1) 如果 A 非奇异, 则

$$N_1 = \begin{pmatrix} A^{-1} + A^{-1}BS^{\#}B^{\top}A^{-1} & -A^{-1}BS^{\#} \\ -S^{\#}B^{\top}A^{-1} & S^{\#} \end{pmatrix}$$

是 M 的一个对称 $\{1\}$-逆, 其中 $S = C - B^{\top}A^{-1}B$.

(2) 如果 C 非奇异, 则

$$N_2 = \begin{pmatrix} R^{\#} & -R^{\#}BC^{-1} \\ -C^{-1}B^{\top}R^{\#} & C^{-1} + C^{-1}B^{\top}R^{\#}BC^{-1} \end{pmatrix}$$

是 M 的一个对称 $\{1\}$-逆, 其中 $R = A - BC^{-1}B^{\top}$.

证明 如果 A 非奇异, 则 $S = C - B^{\top}A^{-1}B$ 是对称的, 此时 $S^{\#}$ 存在并且也是对称的. 由于

$$M = \begin{pmatrix} I & 0 \\ B^{\top}A^{-1} & I \end{pmatrix}\begin{pmatrix} A & 0 \\ 0 & S \end{pmatrix}\begin{pmatrix} I & A^{-1}B \\ 0 & I \end{pmatrix},$$

根据定理 1.61 可知

$$\begin{aligned} N_1 &= \begin{pmatrix} I & -A^{-1}B \\ 0 & I \end{pmatrix}\begin{pmatrix} A^{-1} & 0 \\ 0 & S^{\#} \end{pmatrix}\begin{pmatrix} I & 0 \\ -B^{\top}A^{-1} & I \end{pmatrix} \\ &= \begin{pmatrix} A^{-1} + A^{-1}BS^{\#}B^{\top}A^{-1} & -A^{-1}BS^{\#} \\ -S^{\#}B^{\top}A^{-1} & S^{\#} \end{pmatrix} \end{aligned}$$

是 M 的一个对称 $\{1\}$-逆.

如果 C 非奇异, 则 $R = A - BC^{-1}B^{\top}$ 是对称的, 此时 $R^{\#}$ 存在并且也是对称的. 由于

$$M = \begin{pmatrix} I & BC^{-1} \\ 0 & I \end{pmatrix}\begin{pmatrix} R & 0 \\ 0 & C \end{pmatrix}\begin{pmatrix} I & 0 \\ C^{-1}B^{\top} & I \end{pmatrix},$$

根据定理 1.61 可知

$$\begin{aligned} N_2 &= \begin{pmatrix} I & 0 \\ -C^{-1}B^{\top} & I \end{pmatrix}\begin{pmatrix} R^{\#} & 0 \\ 0 & C^{-1} \end{pmatrix}\begin{pmatrix} I & -BC^{-1} \\ 0 & I \end{pmatrix} \\ &= \begin{pmatrix} R^{\#} & -R^{\#}BC^{-1} \\ -C^{-1}B^{\top}R^{\#} & C^{-1} + C^{-1}B^{\top}R^{\#}BC^{-1} \end{pmatrix} \end{aligned}$$

是 M 的一个对称 $\{1\}$-逆. □

对于一个方阵 A, 如果 $A^{\#}$ 存在, 则令 A^{π} 表示幂等阵 $I-AA^{\#}$. 为了给出分块矩阵群逆的 Schur 补公式, 需要使用如下引理.

引理 1.82 令 $M=\begin{pmatrix} A & B \\ C & D \end{pmatrix} \in \mathbb{C}^{m\times m}$, 其中 $A\in\mathbb{C}^{n\times n}$ 可逆. 若 $S=D-CA^{-1}B$ 的群逆存在并且 $R=A^2+BS^{\pi}C$ 可逆, 则

$$CAR^{-1}=CA^{-1}-DS^{\pi}CR^{-1}, \quad R^{-1}AB=A^{-1}B-R^{-1}BS^{\pi}D.$$

证明 通过计算我们有

$$\begin{aligned} CA^{-1}&=CA^{-1}I_n=CA^{-1}(A^2R^{-1}+BS^{\pi}CR^{-1})=CAR^{-1}+(D-S)S^{\pi}CR^{-1}\\ &=CAR^{-1}+DS^{\pi}CR^{-1},\\ A^{-1}B&=I_nA^{-1}B=(R^{-1}A^2+R^{-1}BS^{\pi}C)A^{-1}B=R^{-1}AB+R^{-1}BS^{\pi}(D-S)\\ &=R^{-1}AB+R^{-1}BS^{\pi}D. \end{aligned}$$

所以结论成立. □

下面是分块矩阵群逆的 Schur 补公式.

定理 1.83[19] 设 $M=\begin{pmatrix} A & B \\ C & D \end{pmatrix}$ 是一个方阵, 其中 A 非奇异且 $S=D-CA^{-1}B$ 的群逆存在, 则 $M^{\#}$ 存在当且仅当 $R=A^2+BS^{\pi}C$ 非奇异. 如果 $M^{\#}$ 存在, 则

$$M^{\#}=\begin{pmatrix} X & Y \\ Z & W \end{pmatrix},$$

其中

$$\begin{aligned} X&=AR^{-1}(A+BS^{\#}C)R^{-1}A,\\ Y&=AR^{-1}(A+BS^{\#}C)R^{-1}BS^{\pi}-AR^{-1}BS^{\#},\\ Z&=S^{\pi}CR^{-1}(A+BS^{\#}C)R^{-1}A-S^{\#}CR^{-1}A,\\ W&=S^{\pi}CR^{-1}(A+BS^{\#}C)R^{-1}BS^{\pi}-S^{\#}CR^{-1}BS^{\pi}-S^{\pi}CR^{-1}BS^{\#}+S^{\#}. \end{aligned}$$

证明 因为 A 可逆, 由定理 1.76可得

$$\operatorname{rank}(M)=\operatorname{rank}(A)+\operatorname{rank}(S).$$

经计算可得 $M^2=\begin{pmatrix} A^2+BC & AB+BD \\ CA+DC & CB+D^2 \end{pmatrix}$, 因此

$$\operatorname{rank}(M^2)=\operatorname{rank}\begin{pmatrix} A^2+BC & AB+BD \\ CA+DC-CA^{-1}(A^2+BC) & CB+D^2-CA^{-1}(AB+BD) \end{pmatrix}$$

$$
\begin{aligned}
&= \operatorname{rank}\begin{pmatrix} A^2+BC & AB+BD \\ SC & SD \end{pmatrix} \\
&= \operatorname{rank}\begin{pmatrix} A^2+BC & AB+BD-(A^2+BC)A^{-1}B \\ SC & SD-SCA^{-1}B \end{pmatrix} \\
&= \operatorname{rank}\begin{pmatrix} A^2+BC & BS \\ SC & S^2 \end{pmatrix}.
\end{aligned}
$$

由于 $S^\#$ 存在, 因此

$$
\begin{aligned}
\operatorname{rank}(M^2) &= \operatorname{rank}\begin{pmatrix} A^2+BC-BSS^\#C & BS \\ SC-S^2S^\#C & S^2 \end{pmatrix} \\
&= \operatorname{rank}\begin{pmatrix} R & BS \\ 0 & S^2 \end{pmatrix} = \operatorname{rank}\begin{pmatrix} R & BS-BS^\#S^2 \\ 0 & S^2 \end{pmatrix} \\
&= \operatorname{rank}\begin{pmatrix} R & 0 \\ 0 & S^2 \end{pmatrix}.
\end{aligned}
$$

故 $\operatorname{rank}(M^2)=\operatorname{rank}(R)+\operatorname{rank}(S^2)$.

由于 $M^\#$ 存在当且仅当 $\operatorname{rank}(M)=\operatorname{rank}(M^2)$, 因此 $M^\#$ 存在的充分必要条件为 $\operatorname{rank}(A)=\operatorname{rank}(R)$, 即 $M^\#$ 存在当且仅当 R 可逆.

令 $E=\begin{pmatrix} X & Y \\ Z & W \end{pmatrix}$. 下面证明 $E=M^\#$. 经计算可得

$$
ME=\begin{pmatrix} AX+BZ & AY+BW \\ CX+DZ & CY+DW \end{pmatrix},
$$

$$
EM=\begin{pmatrix} XA+YC & XB+YD \\ ZA+WC & ZB+WD \end{pmatrix},
$$

$$
\begin{aligned}
AX+BZ &= A^2R^{-1}\left(A+BS^\#C\right)R^{-1}A+BS^\pi CR^{-1}\left(A+BS^\#C\right)R^{-1}A \\
&\quad -BS^\#CR^{-1}A \\
&= \left(A^2R^{-1}+BS^\pi CR^{-1}\right)\left(A+BS^\#C\right)R^{-1}A-BS^\#CR^{-1}A \\
&= I_n\left(A+BS^\#C\right)R^{-1}A-BS^\#CR^{-1}A \\
&= AR^{-1}A,
\end{aligned}
$$

$$
AY+BW=\left(A^2R^{-1}+BS^\pi CR^{-1}\right)\left(A+BS^\#C\right)R^{-1}BS^\pi+BS^\#
$$

$$
\begin{aligned}
&-(A^2R^{-1}+BS^{\pi}CR^{-1})BS^{\#}-BS^{\#}CR^{-1}BS^{\pi}\\
&=\left(A+BS^{\#}C\right)R^{-1}BS^{\pi}+BS^{\#}-BS^{\#}-BS^{\#}CR^{-1}BS^{\pi}\\
&=AR^{-1}BS^{\pi}.
\end{aligned}
$$

由引理 1.82 得到

$$
\begin{aligned}
CX+DZ=&CAR^{-1}\left(A+BS^{\#}C\right)R^{-1}A+DS^{\pi}CR^{-1}\left(A+BS^{\#}C\right)R^{-1}A\\
&-DS^{\#}CR^{-1}A\\
=&(CA^{-1}-DS^{\pi}CR^{-1})\left(A+BS^{\#}C\right)R^{-1}A-DS^{\#}CR^{-1}A\\
&+DS^{\pi}CR^{-1}\left(A+BS^{\#}C\right)R^{-1}A\\
=&CA^{-1}\left(A+BS^{\#}C\right)R^{-1}A-DS^{\#}CR^{-1}A\\
=&S^{\pi}CR^{-1}A,
\end{aligned}
$$

$$
\begin{aligned}
CY+DW=&CAR^{-1}\left(A+BS^{\#}C\right)R^{-1}BS^{\pi}-CAR^{-1}BS^{\#}-DS^{\pi}CR^{-1}BS^{\#}\\
&+DS^{\#}+DS^{\pi}CR^{-1}\left(A+BS^{\#}C\right)R^{-1}BS^{\pi}-DS^{\#}CR^{-1}BS^{\pi}\\
=&CA^{-1}\left(A+BS^{\#}C\right)R^{-1}BS^{\pi}-CA^{-1}BS^{\#}-DS^{\#}CR^{-1}BS^{\pi}+DS^{\#}\\
=&S^{\pi}CR^{-1}BS^{\pi}+SS^{\#},
\end{aligned}
$$

$$
\begin{aligned}
XA+YC=&AR^{-1}\left(A+BS^{\#}C\right)R^{-1}A^2+AR^{-1}\left(A+BS^{\#}C\right)R^{-1}BS^{\pi}C\\
&-AR^{-1}BS^{\#}C\\
=&AR^{-1}\left(A+BS^{\#}C\right)(R^{-1}A^2+R^{-1}BS^{\pi}C)-AR^{-1}BS^{\#}C\\
=&AR^{-1}\left(A+BS^{\#}C\right)I_n-AR^{-1}BS^{\#}C\\
=&AR^{-1}A.
\end{aligned}
$$

由引理 1.82 得到

$$
\begin{aligned}
XB+YD=&AR^{-1}\left(A+BS^{\#}C\right)R^{-1}AB+AR^{-1}\left(A+BS^{\#}C\right)R^{-1}BS^{\pi}D\\
&-AR^{-1}BS^{\#}D\\
=&AR^{-1}\left(A+BS^{\#}C\right)A^{-1}B-AR^{-1}BS^{\#}D\\
=&AR^{-1}BS^{\pi},
\end{aligned}
$$

$$
\begin{aligned}
ZA+WC=&S^{\pi}CR^{-1}\left(A+BS^{\#}C\right)(R^{-1}A^2+R^{-1}BS^{\pi}C)-S^{\pi}CR^{-1}BS^{\#}C\\
&+S^{\#}C-S^{\#}C(R^{-1}A^2+R^{-1}BS^{\pi}C)\\
=&S^{\pi}CR^{-1}\left(A+BS^{\#}C\right)-S^{\pi}CR^{-1}BS^{\#}C+S^{\#}C-S^{\#}C\\
=&S^{\pi}CR^{-1}A,\\
ZB+WD=&S^{\pi}CR^{-1}(A+BS^{\#}C)R^{-1}AB+S^{\pi}CR^{-1}\left(A+BS^{\#}C\right)R^{-1}BS^{\pi}D\\
&-S^{\#}CR^{-1}BS^{\pi}D-S^{\pi}CR^{-1}BS^{\#}D+S^{\#}D-S^{\#}CR^{-1}AB\\
=&S^{\pi}CR^{-1}\left(A+BS^{\#}C\right)A^{-1}B-S^{\#}CA^{-1}B-S^{\pi}CR^{-1}BS^{\#}D+S^{\#}D\\
=&S^{\pi}CR^{-1}BS^{\pi}+SS^{\#}.
\end{aligned}
$$

因此

$$
ME=EM=\begin{pmatrix} AR^{-1}A & AR^{-1}BS^{\pi} \\ S^{\pi}CR^{-1}A & S^{\pi}CR^{-1}BS^{\pi}+SS^{\#} \end{pmatrix},
$$

$$
MEM=\begin{pmatrix} A & B \\ C & D \end{pmatrix}\begin{pmatrix} AR^{-1}A & AR^{-1}BS^{\pi} \\ S^{\pi}CR^{-1}A & S^{\pi}CR^{-1}BS^{\pi}+SS^{\#} \end{pmatrix},
$$

$$
EME=\begin{pmatrix} AR^{-1}A & AR^{-1}BS^{\pi} \\ S^{\pi}CR^{-1}A & S^{\pi}CR^{-1}BS^{\pi}+SS^{\#} \end{pmatrix}\begin{pmatrix} X & Y \\ Z & W \end{pmatrix}.
$$

由引理 1.82 可知 $MEM=M, EME=E$, 因此 $E=M^{\#}$. □

引理 1.84 [142] 设分块矩阵 $M=\begin{pmatrix} A & B \\ B^{\top} & C \end{pmatrix}$ 是实对称的半正定阵, 则 $A^{\pi}B=0,\ BC^{\pi}=0$.

对于两个矩阵 $A=(a_{ij})_{m\times n}$ 和 $B=(b_{ij})_{p\times q}$, 它们的克罗内克积 $A\otimes B$ 是将 A 的每个元素替换为 $a_{ij}B$ 得到的 $mp\times nq$ 矩阵, 即 $A\otimes B$ 是如下 $m\times n$ 分块矩阵

$$
A\otimes B=\begin{pmatrix} a_{11}B & \cdots & a_{1n}B \\ \vdots & & \vdots \\ a_{m1}B & \cdots & a_{mn}B \end{pmatrix}.
$$

克罗内克积满足结合律, 即 $(A\otimes B)\otimes C=A\otimes(B\otimes C)$. 因此多个矩阵的克罗内克积 $A_1\otimes\cdots\otimes A_k$ 不需要规定运算顺序.

例 1.1 设 $A=\begin{pmatrix}1 & 2 & 0\\ -1 & 0 & 1\end{pmatrix}$, 则 $A\otimes B=\begin{pmatrix}B & 2B & 0\\ -B & 0 & B\end{pmatrix}$.

下面给出克罗内克积的一些基本性质.

引理 1.85 矩阵的克罗内克积满足如下性质.

(1) $(A\otimes B)^*=A^*\otimes B^*$.

(2) $\operatorname{rank}(A\otimes B)=\operatorname{rank}(A)\operatorname{rank}(B)$.

(3) 如果 A 和 B 都是方阵, 则 $\operatorname{tr}(A\otimes B)=\operatorname{tr}(A)\operatorname{tr}(B)$.

(4) 如果乘积 AC 和 BD 都存在, 则 $(A\otimes B)(C\otimes D)=AC\otimes BD$.

(5) 如果 A 和 B 都非奇异, 则 $(A\otimes B)^{-1}=A^{-1}\otimes B^{-1}$.

第 2 章　图的邻接矩阵

图的邻接矩阵是研究图结构、图参数和图性质的重要工具, 在图的二部性、独立数、团数、通路计数和中心性等方面有广泛应用. 本章主要介绍图的邻接矩阵的基本理论.

2.1　图　的　谱

一个无向图 G 由其顶点集 $V(G)$ 和边集 $E(G)$ 构成, 其中 $E(G)$ 的元素都是 $V(G)$ 的二元子集. 如果 G 的两个顶点 u, v 之间有边相连, 则称 u 和 v 邻接. 有限图是指顶点集和边集都是有限集的图. 如果一条边的两个顶点是同一顶点, 则该边称为自环. 若两个顶点之间有多条边相连, 则称这些边为重边. 没有重边和自环的图称为简单图. 如无特殊说明, 本书所涉及的图均为有限的简单无向图.

令 $(A)_{ij}$ 表示矩阵 A 的 (i,j) 位置元素. 对于一个具有 n 个顶点的图 G, 它的邻接矩阵 A_G 是一个 $n \times n$ 对称矩阵, 其元素定义为

$$(A_G)_{ij} = \begin{cases} 1, & ij \in E(G), \\ 0, & ij \notin E(G). \end{cases}$$

由于图的结构和它的邻接矩阵在置换意义下是一一对应的, 因此用邻接矩阵可以很方便地在计算机中存储一个图. 邻接矩阵 A_G 的特征值 (谱、特征多项式) 称为图 G 的特征值 (谱、特征多项式). 由于邻接矩阵是实对称的, 因此图的特征值都是实数.

例 2.1　图 2.1 中图 G 的邻接矩阵为

$$A_G = \begin{pmatrix} 0 & 1 & 0 & 0 & 1 \\ 1 & 0 & 1 & 0 & 0 \\ 0 & 1 & 0 & 1 & 1 \\ 0 & 0 & 1 & 0 & 1 \\ 1 & 0 & 1 & 1 & 0 \end{pmatrix}.$$

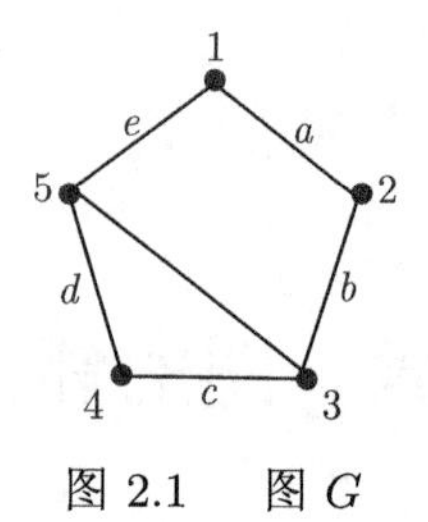

图 2.1　图 G

图 G 的点边交替序列

$$W = v_1e_1v_2\cdots v_ke_kv_{k+1} \quad (e_i = v_iv_{i+1} \in E(G), i = 1, \cdots, k)$$

称为 G 的一条长度为 k 的通路. 如果 $v_1 = v_{k+1}$, 则称 W 是一个闭通路. 如果 W 中没有重复的顶点, 则称 W 为 G 的一条道路. 如果 $v_1, v_2, \cdots, v_k$ 是不同的顶点且 $v_{k+1} = v_1$, 则称 W 为 G 的一个圈. 令 P_n 和 C_n 分别表示顶点数为 n 的道路和圈.

图中长度为 k 的通路个数可由邻接矩阵的 k 次幂得到.

定理 2.1　对任意图 G, $(A_G^k)_{ij}$ 等于 G 中从点 i 到点 j 长度为 k 的通路个数.

证明　当 $k=1$ 时结论显然成立. 直接计算可得

$$(A_G^{r+1})_{ij} = \sum_{ik\in E(G)} (A_G^r)_{kj}.$$

利用数学归纳法可证明结论成立. □

对于 n 个顶点的图 G, 令 $\lambda_1(G) \geqslant \lambda_2(G) \geqslant \cdots \geqslant \lambda_n(G)$ 表示 G 的全体特征值. 对于整数 $k \geqslant 0$, 所有特征值的 k 次幂的和 $\sum_{i=1}^n \lambda_i^k(G)$ 称为图 G 的 k 阶谱矩, 记为 $S_k(G)$. 图的谱矩与闭通路个数有如下关系.

定理 2.2　对任意图 G, $S_k(G)$ 等于 G 中长度为 k 的闭通路个数.

证明　显然 $S_k(G)$ 等于迹 $\mathrm{tr}(A_G^k)$. 由定理 2.1 可知 $S_k(G)$ 等于图中长度为 k 的闭通路个数. □

本书用 $\mu^{(m)}$ 表示特征值 μ 的重数为 m. 令 K_n 表示 n 个顶点的完全图, 下面的例子给出了完全图的谱和闭通路个数.

例 2.2　完全图 K_n 的特征值为

$$n-1, \quad (-1)^{(n-1)}.$$

由定理 2.2 可知, K_n 中长度为 k 的闭通路个数为

$$(n-1)^k + (-1)^k(n-1).$$

如果图 H 满足 $V(H) \subseteq V(G), E(H) \subseteq E(G)$, 则称 H 是 G 的子图. 令 $N_H(G)$ 表示图 G 中同构于图 H 的子图数量, $w_k(F)$ 表示包含图 F 的所有边且长度为 k 的闭通路个数, 并且定义集合 $\mathcal{F}_k = \{F : w_k(F) > 0\}$. 由于 G 的一个长度为 k 的闭通路覆盖的子图一定属于集合 $\mathcal{F}_k$, 因此 G 的闭通路个数可表示为[11, 13]

$$S_k(G) = \sum_{H\in\mathcal{F}_k} w_k(H)N_H(G). \tag{2.1}$$

令 U_4, U_5, B_4, B_5 表示图 2.2 中的四个图, 由等式 (2.1) 可得到如下结果.

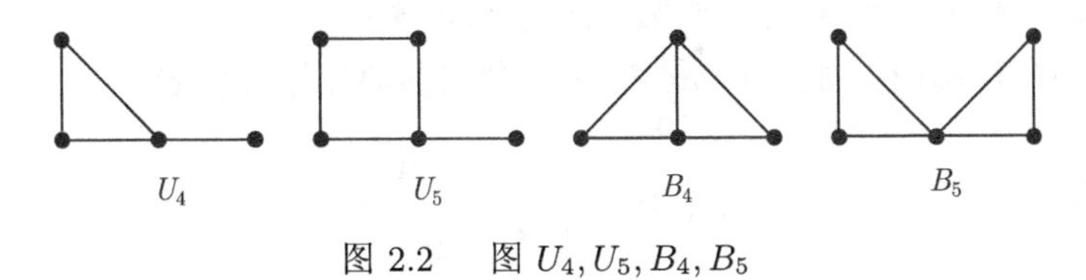

图 2.2 图 U_4, U_5, B_4, B_5

定理 2.3 对于任意图 G, 我们有

$$\begin{aligned}
&S_0(G)=|V(G)|,\\
&S_1(G)=0,\\
&S_2(G)=2|E(G)|,\\
&S_3(G)=6N_{C_3}(G),\\
&S_4(G)=2N_{P_2}(G)+4N_{P_3}(G)+8N_{C_4}(G),\\
&S_5(G)=30N_{C_3}(G)+10N_{U_4}(G)+10N_{C_5}(G),\\
&S_6(G)=2N_{P_2}(G)+12N_{P_3}(G)+24N_{C_3}(G)+40N_{C_4}(G)+6N_{P_4}(G)\\
&\qquad\quad +12N_{K_{1,3}}(G)+36N_{B_4}(G)+24N_{B_5}(G)+12N_{U_5}(G)+12N_{C_6}(G),
\end{aligned}$$

其中 $K_{1,3}$ 表示 4 个顶点的星.

长度为奇数的圈称为奇圈. 图 G 中最短奇圈的长度称为 G 的奇围长. 下面的定理说明图的奇围长以及长度等于奇围长的圈的个数可由谱确定, 即同谱图有相同的奇围长并且长度等于奇围长的圈的个数也相同.

定理 2.4 图 G 的奇围长等于 $2k+1$ 当且仅当 $S_{2k+1}(G) \neq 0$ 且 $S_{2l+1}(G) = 0$ $(l = 1, \cdots, k-1)$. 如果 G 的奇围长是 $2k+1$, 则 G 包含 $\dfrac{1}{4k+2}S_{2k+1}(G)$ 个长度为 $2k+1$ 的圈.

证明 图 G 中一个长度为奇数的闭通路至少覆盖了 G 的一个奇圈. 由定理 2.2可知结论成立. □

如果图 G 的顶点集具有二部划分 $V(G) = V_1 \cup V_2$ 使得 G 的每条边都连接 V_1 中的一个点和 V_2 中的一个点, 则称 G 是二部图. 如果 V_1 中任意顶点与 V_2 中任意顶点都邻接, 则称 G 是完全二部图, 记为 K_{n_1,n_2} ($n_1 = |V_1|, n_2 = |V_2|$). 图 G 是二部图当且仅当 G 不含奇圈.

下面给出二部图的谱刻画.

定理 2.5　对于任意图 G, 以下命题等价.

(1) 图 G 是二部图.

(2) 图 G 的谱在实数轴上关于原点对称分布.

(3) 图 G 的所有奇数阶谱矩 $S_{2k+1}(G) = 0$ $(k = 1, 2, \cdots)$.

证明　(1)$\Longrightarrow$(2). 如果 G 是二部图, 则它的邻接矩阵可表示为

$$A(G) = \begin{pmatrix} 0 & B \\ B^\top & 0 \end{pmatrix}.$$

因此

$$\begin{pmatrix} I & 0 \\ 0 & -I \end{pmatrix} \begin{pmatrix} 0 & B \\ B^\top & 0 \end{pmatrix} \begin{pmatrix} I & 0 \\ 0 & -I \end{pmatrix} = -A(G).$$

故 $A(G)$ 和 $-A(G)$ 有相同的谱, 即 G 的谱在实数轴上关于原点对称分布.

(2)$\Longrightarrow$(3). 如果 G 的谱在实数轴上关于原点对称分布, 则

$$S_{2k+1}(G) = 0, \quad k = 1, 2, \cdots.$$

(3)$\Longrightarrow$(1). 如果 $S_{2k+1}(G) = 0$ $(k = 1, 2, \cdots)$, 则由定理 2.2 可知, G 中没有长度为奇数的闭通路. 此时 G 不含奇圈, 即 G 是二部图. □

下面的例子给出了完全二部图的谱.

例 2.3　完全二部图 $K_{m,n}$ 的特征值为

$$\sqrt{mn}, \quad 0^{(m+n-2)}, \quad -\sqrt{mn}.$$

如果图 G 的任意两点间都有道路相连, 则称图 G 连通.

定理 2.6　连通图 G 是二部图当且仅当 $-\lambda_1(G)$ 是 G 的最小特征值.

证明　如果 G 是二部图, 则由定理 2.5 可知, $-\lambda_1(G)$ 是 G 的最小特征值. 下面证明充分性. 如果 $-\lambda_1(G)$ 是 G 的最小特征值, 则 $\lambda_1(G)^2$ 是 $A(G)^2$ 的最大特征值, 并且其重数至少为 2. 由 Perron-Frobenius 定理可知, $A(G)^2$ 是可约的. 因此连通图 G 的顶点集有一个二划分 $U \cup V$ 使得对于任意 $i \in U, j \in V$, 均有 $(A(G)^2)_{ij} = 0$. 由定理 2.1 可知, U 和 V 之间的顶点不存在长度 2 的通路. 因此 U 和 V 的内部都不含边, 即 G 是二部图. □

对于 G 的子图 H 的任意两点 i,j, 如果 $ij \in E(H)$ 当且仅当 $ij \in E(G)$, 则称 H 是 G 的诱导子图. 我们也称 H 是由 G 的顶点子集 $V(H)$ 诱导出的子图. 图 G 的特征值和它的诱导子图的特征值满足如下交错性质.

定理 2.7 设 G 是 n 个顶点的图, H 是 G 的 m 个顶点的诱导子图, 则

$$\lambda_{n-m+i}(G) \leqslant \lambda_i(H) \leqslant \lambda_i(G)\ (i=1,\cdots,m).$$

证明 图 H 的邻接矩阵是图 G 的邻接矩阵的主子阵. 由定理 1.29 可知结论成立. □

对于图 G 的顶点 u, 令 $G-u$ 表示删去点 u 得到的诱导子图. 由定理 2.7 可得到如下推论.

推论 2.8 设 G 是 n 个顶点的图. 对 G 的任意顶点 u, 我们有

$$\lambda_{i+1}(G) \leqslant \lambda_i(G-u) \leqslant \lambda_i(G)\ (i=1,\cdots,n-1).$$

2.2 图的特征多项式

令 $\phi_G(x)=\det(xI-A_G)$ 表示图 G 的特征多项式. 图 G 的一个极大连通子图称为 G 的一个连通分支. 如果 G 不连通, 则 G 的邻接矩阵可写成对角块形式

$$A_G=\operatorname{diag}(A_1,\cdots,A_t),$$

其中 $A_1,\cdots,A_t$ 是 G 的连通分支的邻接矩阵. 因此我们有以下结论.

定理 2.9 设图 G 有 t 个连通分支 $G_1,\cdots,G_t$, 则

$$\phi_G(x)=\prod_{i=1}^{t}\phi_{G_i}(x).$$

每个连通分支是 P_2 或圈的图称为基础图. 如果 H 是 G 的子图并且 $V(H)=V(G)$, 则称 H 是 G 的生成子图. Harary 用基础生成子图给出了图的邻接矩阵行列式的如下组合表示.

定理 2.10[80] 设 G 是有 n 个顶点的图, $\mathcal{H}$ 是 G 的基础生成子图的集合, 则

$$\det(A_G)=(-1)^n\sum_{H\in\mathcal{H}}(-1)^{p(H)}2^{c(H)},$$

其中 $p(H)$ 是 H 的连通分支数量, $c(H)$ 是 H 中圈的数量.

证明 令 $A=A_G=(a_{ij})$ 为图 G 的邻接矩阵, 则

$$\det(A)=\sum_{\sigma\in S_n}\operatorname{sgn}(\sigma)a_{1\sigma(1)}\cdots a_{n\sigma(n)},$$

其中 S_n 是 n 元对称群. 由图的邻接矩阵的定义可知, $a_{1\sigma(1)}\cdots a_{n\sigma(n)}\neq 0$ 当且仅当 $1\sigma(1),\cdots,n\sigma(n)$ 都是图 G 的边. 满足这样条件的置换 σ 可表示为 $\sigma=\pi_1\cdots\pi_t$, 其中 $\pi_1,\cdots,\pi_t$ 是长度至少是 2 的 t 个不相交的循环置换. 置换 $\sigma=\pi_1\cdots\pi_t$ 对应于图 G 的一个基础生成子图 H, 并且 $\mathrm{sgn}(\sigma)=(-1)^{n-p(H)}$. 图 G 的一个基础生成子图 H 可产生 $2^{c(H)}$ 个具有相同符号的置换 σ. □

下面的定理用基础子图给出了图的特征多项式系数的组合表示, 即经典的 Sachs 系数定理.

定理 2.11 设图 G 的特征多项式为 $\phi_G(x)=x^n+c_1x^{n-1}+\cdots+c_{n-1}x+c_n$, 并且令 $\mathcal{H}_i$ 为 G 的 i 个顶点的基础子图的集合, 则

$$c_i=\sum_{H\in\mathcal{H}_i}(-1)^{p(H)}2^{c(H)},\quad i=1,\cdots,n,$$

其中 $p(H)$ 是 H 的连通分支数量, $c(H)$ 是 H 中圈的数量.

证明 由定理 1.19 可知, $(-1)^ic_i$ 等于图 G 的邻接矩阵 A 的所有 i 阶主子式之和. 注意到 A 的一个 i 阶主子式即为其对应 i 个点的诱导子图的邻接矩阵行列式. 由定理 2.10 可得到 c_i 的表达式. □

如果图 G 的一条边 e 包含 G 的一个顶点 u, 则称 u 和 e 关联. 与点 u 关联的边的个数称为 u 的度, 记为 $d_u(G)$. 由 Sachs 系数定理可得到如下推论.

推论 2.12 设图 G 的特征多项式为 $\phi_G(x)=x^n+c_1x^{n-1}+\cdots+c_{n-1}x+c_n$, 则

$$\begin{aligned}
c_1&=0,\\
c_2&=-|E(G)|,\\
c_3&=-2t,\\
c_4&=\frac{|E(G)|(|E(G)|+1)}{2}-\frac{1}{2}\sum_{u\in V(G)}d_u(G)^2-2q,
\end{aligned}$$

其中 t 和 q 分别是图 G 包含的三角形个数和 C_4 子图个数.

下面的定理说明图的奇围长以及长度等于奇围长的圈的个数可由图的特征多项式系数判定.

定理 2.13 设图 G 的特征多项式为 $\phi_G(x)=x^n+c_1x^{n-1}+\cdots+c_{n-1}x+c_n$, 则 G 的奇围长等于 $2k+1$ 当且仅当 $c_{2k+1}\neq 0$ 且 $c_{2l+1}=0$ $(l=1,\cdots,k-1)$. 如果 G 的奇围长是 $2k+1$, 则 G 包含 $-\frac{1}{2}c_{2k+1}$ 个长度为 $2k+1$ 的圈.

证明 奇数个点的基础图一定包含奇圈. 由 Sachs 系数定理可知结论成立. □

由定理 2.13 可得到二部图的如下判定定理.

定理 2.14 设图 G 的特征多项式为 $\phi_G(x) = x^n + c_1x^{n-1} + \cdots + c_{n-1}x + c_n$, 则图 G 是二部图当且仅当 $c_{2k+1} = 0 \left(k = 1, \cdots, \left\lfloor \frac{n-1}{2} \right\rfloor\right)$.

如果 G 的两条边 e, f 有公共顶点, 则称 e 和 f 邻接. 如果 G 的边子集 M 中任意两条边都不邻接, 则称 M 是图 G 的一个匹配.

不含圈的连通图称为树. 树的特征多项式系数与树的匹配有如下关系.

定理 2.15 设树 T 的特征多项式为 $\phi_G(x) = x^n + c_1x^{n-1} + \cdots + c_{n-1}x + c_n$, 则

$$c_{2k} = (-1)^k m_k, \quad k = 1, \cdots, \left\lfloor \frac{n}{2} \right\rfloor,$$

其中 m_k 是树 T 中含有 k 条边的匹配的个数.

证明 由于树不含圈, 因此由 Sachs 系数定理可知结论成立. □

Schwenk 给出了图的特征多项式的如下约化公式, 即用图 G 的子图的特征多项式表示图 G 的特征多项式.

定理 2.16[119] 设 u 是图 G 的一个顶点, $N(u)$ 是 u 的所有邻点的集合, $C(u)$ 是包含点 u 的所有圈的集合, 则

$$\phi_G(x) = x\phi_{G-u}(x) - \sum_{v \in N(u)} \phi_{G-u-v}(x) - 2\sum_{Z \in C(u)} \phi_{G-V(Z)}(x),$$

其中 $V(Z)$ 是圈 Z 的顶点集.

定理 2.17[119] 设 uv 是图 G 的一条边, $C(uv)$ 是包含边 uv 的所有圈的集合, 则

$$\phi_G(x) = \phi_{G-uv}(x) - \phi_{G-u-v}(x) - 2\sum_{Z \in C(uv)} \phi_{G-V(Z)}(x),$$

其中 $V(Z)$ 是圈 Z 的顶点集.

由 Schwenk 公式可得到树的特征多项式的如下约化公式.

推论 2.18 设 w 是树 T 的一个顶点, uv 是树 T 的一条边, 则

$$\begin{aligned}\phi_G(x) &= x\phi_{G-w}(x) - \sum_{w_0 \in N(w)} \phi_{G-w-w_0}(x) \\ &= \phi_{G-uv}(x) - \phi_{G-u-v}(x).\end{aligned}$$

与一个度为 1 的顶点关联的边称为悬挂边. 由 Schwenk 公式可得到具有悬挂边的图的特征多项式的如下约化公式.

推论 2.19 设 G_v 是在图 G 的顶点 v 上加一个悬挂边得到的图, 则

$$\phi_{G_v}(x) = x\phi_G(x) - \phi_{G-v}(x).$$

令 $\mathrm{C}_n^k = \dfrac{n!}{(n-k)!k!}$. 1973 年, Lovász 和 Pelikán 给出了道路 P_n 的特征多项式的如下确切表示.

例 2.4[101] 道路 P_n 的特征多项式为

$$\phi_{P_n}(x) = \sum_{q=0}^{\lfloor \frac{n}{2} \rfloor} (-1)^q \mathrm{C}_{n-q}^q x^{n-2q}.$$

道路 P_n 的特征值为 $2\cos\dfrac{\pi j}{n+1}$ $(j = 1, 2, \cdots, n)$.

一个图的特征多项式的导函数和它的子图的特征多项式有如下关系.

定理 2.20[41] 图 G 的特征多项式 $\phi_G(x)$ 的导数为

$$\frac{d\phi_G(x)}{dx} = \sum_{i \in V(G)} \phi_{G-i}(x).$$

如果已知所有的 $\phi_{G-i}(x)$ $(i \in V(G))$, 则由上述定理可唯一确定 $\phi_G(x)$ 的所有非常数项系数. 1973 年, Cvetković 猜测 $\phi_G(x)$ 可由所有删去单个顶点的子图的特征多项式 $\phi_{G-i}(x)$ $(i \in V(G))$ 唯一确定. 这个猜想也被称为图的特征多项式的重构猜想.

2.3 图的谱半径

图的邻接矩阵是非负矩阵, 非负矩阵的基本理论自然对图的邻接矩阵成立. 由于图 G 的最大特征值 $\lambda_1(G)$ 等于其邻接矩阵的谱半径, 因此 $\lambda_1(G)$ 也被称为图 G 的谱半径. 由于图 G 连通当且仅当它的邻接矩阵不可约, 因此连通图的谱半径有正的特征向量.

令 $\mathbb{R}_{++}^n$ 表示所有正的 n 维列向量的集合. 由 Perron-Frobenius 定理和推论 1.26 可得到如下结论.

定理 2.21 设 G 是 n 个顶点的连通图, A 是 G 的邻接矩阵, 则

$$\lambda_1(G) = 2 \max_{x \in \mathbb{R}_{++}^n} \frac{\sum\limits_{ij \in E(G)} x_i x_j}{x^\top x} = 2 \max_{x \in \mathbb{R}_{++}^n, x^\top x = 1} \sum_{ij \in E(G)} x_i x_j.$$

如果正向量 x 满足 $\lambda_1(G) = 2\dfrac{\sum_{ij \in E(G)} x_i x_j}{x^\top x}$, 则 x 是 $\lambda_1(G)$ 的特征向量.

由非负矩阵的 Perron-Frobenius 定理可得到如下结论.

定理 2.22 如果图 G 的特征值 λ 有正特征向量, 则

$$\lambda = \lambda_1(G).$$

设 $d_1, \cdots, d_n$ 是图 G 的度序列, 则 $\sum_{i=1}^{n} d_i = 2|E(G)|$. 故图 G 的平均度 (顶点度的平均值) 等于 $\dfrac{2|E(G)|}{n}$. 如果图 G 的所有顶点度都相等, 则称 G 是正则图. 下面用顶点度给出图的谱半径的界.

定理 2.23 设图 G 的平均度为 $\overline{d}$, 则

$$\lambda_1(G) \geqslant \overline{d},$$

取等号当且仅当 G 正则.

证明 令 e 为全 1 列向量, 由推论 1.26 可得

$$\lambda_1(G) \geqslant \frac{e^\top A_G e}{e^\top e} = \frac{2|E(G)|}{|V(G)|} = \overline{d},$$

取等号当且仅当 e 是 $\lambda_1(G)$ 的特征向量. 因此 $\lambda_1(G) = \overline{d}$ 当且仅当 G 正则. □

注意到图的邻接矩阵的行和是顶点的度. 由定理 1.37 可得到如下结论.

定理 2.24 设连通图 G 的最大度为 Δ, 则

$$\lambda_1(G) \leqslant \Delta,$$

取等号当且仅当 G 正则.

下面的定理说明图的正则性可由谱确定, 即与正则图同谱的图一定也是正则图.

定理 2.25 设 G 是 n 个顶点的图, 则图 G 是正则的当且仅当

$$n\lambda_1(G) = \sum_{i=1}^{n} \lambda_i(G)^2.$$

证明 设 A 是 G 的邻接矩阵, $d_1 \geqslant \cdots \geqslant d_n$ 是 G 的度序列, 则 A^2 的所有对角元素之和为

$$\sum_{i=1}^{n} \lambda_i(G)^2 = \sum_{i=1}^{n} d_i.$$

由定理 2.23 可得

$$\sum_{i=1}^{n} \lambda_i(G)^2 \leqslant n\lambda_1(G),$$

取等号当且仅当 G 正则. □

对于连通图 G 的两个顶点 u 和 v, G 中连接 u,v 两点的最短道路的长度称为 u 和 v 之间的距离. 图 G 中顶点对之间的最大距离称为 G 的直径. 下面给出图的谱半径、最大度和直径之间的关系.

定理 2.26[33] 设 G 是有 n 个顶点和 m 条边的非正则连通图, Δ 和 D 分别是 G 的最大度和直径, 则

$$\Delta-\lambda_1(G)>\frac{n\Delta-2m}{n\left(D(n\Delta-2m)+1\right)}.$$

证明 设 $x=(x_1,\cdots,x_n)^\top$ 是 $\lambda_1(G)$ 对应的正特征向量, 并且 $\sum_{i=1}^n x_i^2=1$. 令

$$x_u=\max_{i\in V(G)} x_i,\quad x_v=\min_{i\in V(G)} x_i.$$

由于 G 非正则并且 $\sum_{i=1}^n x_i^2=1$, 因此 $x_u^2>\dfrac{1}{n}>x_v^2$ $\left(x_u^2=x_v^2=\dfrac{1}{n}\text{ 时 } G \text{ 正则}\right)$. 由于 $\lambda_1(G)=x^\top A_G x=2\sum_{ij\in E(G)}x_ix_j$, 因此

$$\begin{aligned}\Delta-\lambda_1(G)&=\Delta\sum_{i=1}^n x_i^2-2\sum_{ij\in E(G)}x_ix_j=\sum_{i=1}^n(\Delta-d_i)x_i^2+\sum_{i=1}^n d_ix_i^2-2\sum_{ij\in E(G)}x_ix_j\\&=\sum_{i=1}^n(\Delta-d_i)x_i^2+\sum_{ij\in E(G)}(x_i-x_j)^2\\&>(n\Delta-2m)x_v^2+\sum_{ij\in E(G)}(x_i-x_j)^2.\end{aligned}$$

设 $u_0e_1u_1\cdots u_{r-1}e_ru_r$ 为点 u 到点 v 的最短道路, 其中 $u_0=u,u_r=v$, e_i 是由顶点 u_{i-1} 和 u_i 构成的边. 由柯西–施瓦茨不等式可得

$$\sum_{ij\in E(G)}(x_i-x_j)^2\geqslant\sum_{i=0}^{r-1}(x_{u_i}-x_{u_{i+1}})^2\geqslant\frac{1}{r}\left(\sum_{i=0}^{r-1}(x_{u_i}-x_{u_{i+1}})\right)^2=\frac{1}{r}(x_u-x_v)^2.$$

由 $r\leqslant D$ 可得

$$\Delta-\lambda_1(G)>(n\Delta-2m)x_v^2+\frac{1}{D}(x_u-x_v)^2.$$

上面不等式右端是 x_v 的二次函数, 因此

$$\Delta-\lambda_1(G)>\frac{n\Delta-2m}{D(n\Delta-2m)+1}x_u^2.$$

由 $x_u^2>\dfrac{1}{n}$ 可得

$$\Delta-\lambda_1(G)>\frac{n\Delta-2m}{n\left(D(n\Delta-2m)+1\right)}.$$

□

由推论 1.44 可得到如下结论.

定理 2.27 对任意连通图 G, 我们有

$$\min_{i\in V(G)}\frac{w_{k+1}(i)}{w_k(i)}\leqslant\lambda_1(G)\leqslant\max_{i\in V(G)}\frac{w_{k+1}(i)}{w_k(i)},$$

其中 $w_k(i)$ 表示以 i 为起点的长度为 k 的通路个数.

在定理 2.27 中取 $k=1$ 可得到如下推论.

推论 2.28[59] 对任意连通图 G, 我们有

$$\min_{i\in V(G)}\frac{\sum_{ji\in E(G)}d_j(G)}{d_i(G)}\leqslant\lambda_1(G)\leqslant\max_{i\in V(G)}\frac{\sum_{ji\in E(G)}d_j(G)}{d_i(G)}.$$

由定理 1.11 可得到如下结论.

定理 2.29[8] 设 G 是没有孤立点的图, 则

$$\lambda_1(G)\leqslant\max_{ij\in E(G)}\sqrt{d_i(G)d_j(G)}.$$

如果 H 是图 G 的子图且 $H\neq G$, 则称 H 是 G 的真子图. 由定理 1.45 和定理 1.46 可得到如下结论.

定理 2.30 设 H 是连通图 G 的真子图, 则 $\lambda_1(H)<\lambda_1(G)$.

由上述定理可得到如下推论.

推论 2.31 完全图 K_n 在 n 个顶点的连通图中是谱半径最大的图.

谱半径等于 2 的连通图称为 Smith 图, 图 2.3 给出了所有类型的 Smith 图.

定理 2.32[120] 谱半径小于 2 的连通图都是图 2.3 中Smith图的诱导子图.

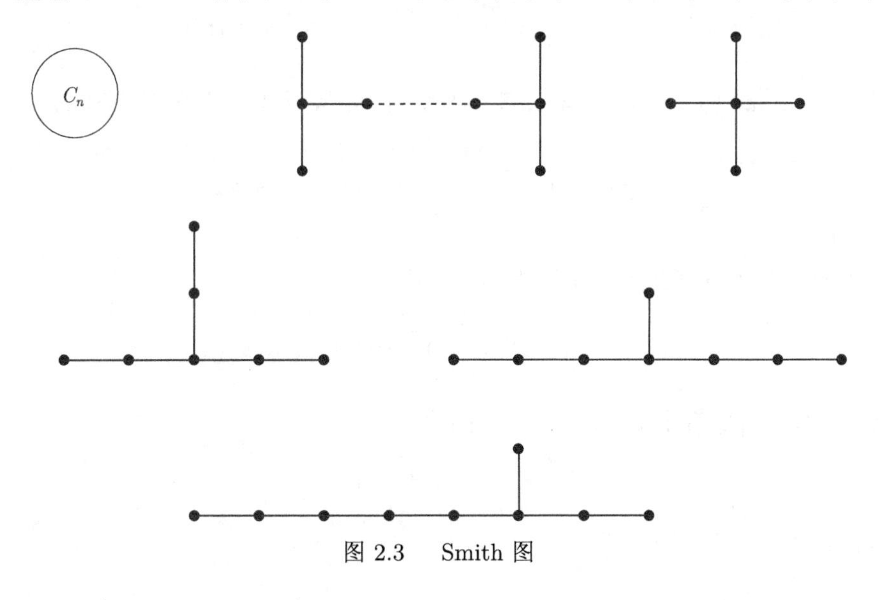

图 2.3 Smith 图

如果连通图 G 的谱半径的正特征向量 x 满足 $x^\top x = 1$, 则称 x 是 G 的主特征向量. 下面的结果说明图的主特征向量分量与经过一个顶点的通路个数密切相关, 能用于研究网络节点的中心性.

定理 2.33[41] 设 G 是一个非二部连通图, 并且令 $x = (x_1, \cdots, x_n)^\top$ 为图 G 的主特征向量.

(1) 对任意顶点 $i \in V(G)$, 我们有

$$\lim_{k\to\infty} \frac{w_k(i)}{w_k(G)} = \frac{x_i}{x_1 + \cdots + x_n},$$

其中 $w_k(i)$ 表示以 i 为起点的长度为 k 的通路个数, $w_k(G)$ 表示图 G 中长度为 k 的通路个数.

(2) 令 $w_k(i,j)$ 表示从点 i 到点 j 长度为 k 的通路个数, 则

$$\lim_{k\to\infty} \frac{w_k(i,j)}{\lambda_1(G)^k x_i x_j} = 1.$$

证明 设 $u_1, \cdots, u_n$ 是特征值 $\lambda_1(G), \cdots, \lambda_n(G)$ 对应的 n 个相互正交的单位特征向量, 则 $u_1 = x$ 且图 G 的邻接矩阵可表示为

$$A = \sum_{i=1}^{n} \lambda_i(G) u_i u_i^\top.$$

令 e 是全 1 向量, 则

$$w_k(G)^{-1} A^k e = (e^\top A^k e)^{-1} A^k e = \frac{\sum_{i=1}^{n} \alpha_i \lambda_i(G)^k u_i}{\sum_{i=1}^{n} \alpha_i^2 \lambda_i(G)^k},$$

其中 $\alpha_i = u_i^\top e$. 由于图 G 是非二部连通图, 因此 $\lambda_1(G) > |\lambda_i(G)|$ $(i = 2, \cdots, n)$, 并且

$$\lim_{k\to\infty} w_k(G)^{-1} A^k e = \alpha_1^{-1} u_1 = (x_1 + \cdots + x_n)^{-1} x.$$

因此 (1) 成立.

从点 i 到点 j 长度为 k 的通路个数等于

$$w_k(i,j) = (A^k)_{ij} = \sum_{t=1}^{n} \lambda_t(G)^k (u_t)_i (u_t)_j.$$

由于 $\lambda_1(G) > |\lambda_i(G)|$ $(i = 2, \cdots, n)$, 因此

$$\lim_{k\to\infty} \frac{w_k(i,j)}{\lambda_1(G)^k x_i x_j} = 1.$$

故 (2) 成立. □

2.4 图参数的特征值界

对于图 G 的一个顶点子集 U, 如果 U 的任意两点都不邻接, 则称 U 是 G 的独立集. 图 G 的最大独立集包含的顶点数称为 G 的独立数, 记为 $\alpha(G)$.

Cvetković 用图的特征值分布给出了 $\alpha(G)$ 的如下界.

定理 2.34[36] 设 n^+ 和 n^- 分别为图 G 的正特征值个数和负特征值个数, 则

$$\alpha(G) \leqslant \min\{n-n^+, n-n^-\},$$

其中 n 是图 G 的顶点数.

证明 图 G 的邻接矩阵有一个 $\alpha(G)$ 阶主子阵是零矩阵. 由特征值的交错性可知, 图 G 至少有 $\alpha(G)$ 个非负特征值和 $\alpha(G)$ 个非正特征值. 因此

$$\alpha(G) \leqslant \min\{n-n^+, n-n^-\}. \qquad \square$$

彼得森图的特征值为 $3, 1^{(5)}, (-2)^{(4)}$, 它的独立数为 4. 完全图 K_n 的特征值为 $n-1, (-1)^{(n-1)}$. 定理 2.34 的界对于完全图和彼得森图取到等号.

下面是 Hoffman 给出的经典结果, 称为独立数的 Hoffman 界.

定理 2.35[16] 设图 G 是 n 个顶点的 d 正则图 $(d \neq 0)$, 则

$$\alpha(G) \leqslant n\frac{-\lambda_n(G)}{d-\lambda_n(G)}.$$

证明 图 G 的邻接矩阵可表示为

$$A = \begin{pmatrix} 0 & B \\ B^\top & C \end{pmatrix},$$

其中左上角是一个 $\alpha(G) \times \alpha(G)$ 的零矩阵. 图 G 的邻接矩阵关于这个分块表示的商矩阵为

$$Q = \begin{pmatrix} 0 & d \\ \dfrac{d\alpha}{n-\alpha} & d - \dfrac{d\alpha}{n-\alpha} \end{pmatrix}.$$

由定理 1.28可知 Q 的两个特征值 $\lambda_1(Q) \geqslant \lambda_2(Q)$ 都是实数, 并且

$$\lambda_1(Q) \leqslant \lambda_1(G) = d, \quad \lambda_2(Q) \geqslant \lambda_n(G).$$

因此

$$\begin{aligned} \frac{d^2\alpha}{n-\alpha} &= -\det(Q) = -\lambda_1(Q)\lambda_2(Q) \leqslant -d\lambda_n(G), \\ \alpha(G) &\leqslant n\frac{-\lambda_n(G)}{d-\lambda_n(G)}. \end{aligned} \qquad \square$$

完全二部图 $K_{n,n}$ 的特征值为 $n, 0^{(2n-2)}, -n$, 它的独立数为 n. 定理 2.35的界对于 $K_{n,n}$ 取到等号.

对于图 G 的一个顶点子集 U, 如果 U 的任意两点都邻接, 则称 U 是 G 的团. 图 G 的最大团包含的顶点数称为 G 的团数, 记为 $\omega(G)$.

下面是团数的 Motzkin-Straus 定理.

定理 2.36[107]　设 A 是图 G 的邻接矩阵, 则

$$1-\frac{1}{\omega(G)}=\max\left\{x^{\top}Ax : x=(x_1,\cdots,x_n)^{\top}\geqslant 0, \sum_{i=1}^{n}x_i=1\right\}.$$

由 Motzkin-Straus 定理可推出团数的如下特征值界.

定理 2.37[108]　设图 G 是有 m 条边的连通图, 则

$$\omega(G)\geqslant\frac{2m}{2m-\lambda_1(G)^2}.$$

证明　设 $y=(y_1,\cdots,y_n)^{\top}$ 是 $\lambda_1(G)$ 对应的单位正特征向量. 由柯西–施瓦茨不等式可得

$$\lambda_1(G)^2=\left(2\sum_{ij\in E(G)}y_iy_j\right)^2\leqslant 4m\sum_{ij\in E(G)}y_i^2y_j^2.$$

由 Motzkin-Straus 定理可得

$$2\sum_{ij\in E(G)}y_i^2y_j^2\leqslant\frac{\omega(G)-1}{\omega(G)}.$$

因此

$$\lambda_1(G)^2\leqslant 2m\frac{\omega(G)-1}{\omega(G)},$$
$$\omega(G)\geqslant\frac{2m}{2m-\lambda_1(G)^2}.$$

□

如果图 G 有一个点集划分 $V(G)=V_1\cup\cdots\cup V_t$ 使得每个 V_i 都是独立集, 则称 G 是 t 可着色的, 即可用 t 种颜色给 G 的顶点着色使得邻接的顶点着不同的颜色. 使得图 G 是 t 可着色的最小正整数 t 称为 G 的色数, 记为 $\chi(G)$.

对于最大度为 Δ 的连通图 G, Brooks 证明了

$$\chi(G)\leqslant\Delta+1,$$

取等号当且仅当 G 是完全图或者奇圈. 由于图的谱半径不超过最大度, 因此下面的定理改进了色数的 Brooks 界.

定理 2.38[135] 连通图 G 的色数满足

$$\chi(G) \leqslant \lambda_1(G) + 1,$$

取等号当且仅当 G 是完全图或者奇圈.

证明 图 G 有一个诱导子图 H 满足 $\chi(G) = \chi(H)$ 且 H 的最小度 $\delta(H) \geqslant \chi(G) - 1$. 由定理 2.30 和定理 2.23 可知

$$\lambda_1(G) \geqslant \lambda_1(H) \geqslant \delta(H) \geqslant \chi(G) - 1.$$

如果 $\chi(G) = \lambda_1(G) + 1$, 则 $G = H$ 是度为 $\chi(G) - 1$ 的正则图. 由 Brooks 定理可知结论成立. □

图的直径和相异特征值个数满足如下关系.

定理 2.39 连通图 G 的直径 D 满足 $D \leqslant m - 1$, 其中 m 是 G 的相异特征值的个数.

证明 由于图 G 的邻接矩阵 A 有 m 个相异特征值, 因此 A 的最小多项式的次数为 m. 故存在常数 $c_0, c_1, \cdots, c_{m-1}$ 使得

$$A^m = \sum_{i=0}^{m-1} c_i A^i.$$

假设图 G 的直径 $D > m - 1$, 则 G 中存在两个距离为 m 的顶点 u 和 v. 由定理 2.1可知 $(A^m)_{uv} > 0$ 并且

$$(A^i)_{uv} = 0, \quad i = 0, 1, \cdots, m - 1.$$

这与等式 $A^m = \sum_{i=0}^{m-1} c_i A^i$ 矛盾. 因此 $D \leqslant m - 1$. □

由定理 2.39可得到以下两个推论.

推论 2.40 连通图 G 有 2 个相异特征值当且仅当 G 是完全图.

推论 2.41 如果连通图 G 有 3 个相异特征值, 则 G 的直径为 2.

对于图 G 的一个顶点子集 U, U 的指示向量 $x = (x_1, \cdots, x_n)^\top$ 是一个 $|V(G)|$ 维列向量, 其中

$$x_i = \begin{cases} 1, & i \in U, \\ 0, & i \notin U. \end{cases}$$

令 $\mathrm{bp}(G)$ 表示划分图 G 的边集所需要的完全二部子图的最小数量.

定理 2.42[73] 设 n^+ 和 n^- 分别为图 G 的正特征值个数和负特征值个数, 则

$$\mathrm{bp}(G) \geqslant \max\{n^+, n^-\}.$$

证明　令 $t = \mathrm{bp}(G)$, 则图 G 的邻接矩阵 A 可表示为

$$A = A_1 + \cdots + A_t,$$

其中 A_i 是一个完全二部子图 G_i 的邻接矩阵 $(i = 1, \cdots, t)$. 设 $U_i \cup V_i$ 是 G_i 的二部划分, 则

$$A_i = u_i v_i^\top + v_i u_i^\top,$$

其中 u_i, v_i 分别是 U_i, V_i 的指示向量.

如果 $t < n^+$, 则 A 的所有正特征值对应的特征向量生成一个 $n^+ > t$ 维线性子空间 W. 线性子空间 W 中存在一个和 $u_1, \cdots, u_t$ 都正交的非零向量 w, 故 $w^\top A w = 0$, 矛盾. 因此 $t \geqslant n^+$. 类似地, 我们也能证明 $t \geqslant n^-$. □

例 2.5[74]　完全图 K_n 有 $n-1$ 个负特征值和 1 个正特征值, 并且 K_n 能分解为 $n-1$ 个边不交的星的并. 由定理 2.42可知

$$\mathrm{bp}(K_n) = n - 1.$$

2.5　最小特征值大于等于 −2 的图

图 G 的线图 $\mathcal{L}(G)$ 以 G 的边集作为其顶点集, 线图 $\mathcal{L}(G)$ 的两个顶点邻接当且仅当它们在图 G 中相应的两条边邻接.

图 G 的其点边关联矩阵 $B = (b_{ie})$ 是一个 $|V(G)| \times |E(G)|$ 矩阵, 其中 $b_{ie} = 1$ 如果点 i 和边 e 关联, $b_{ie} = 0$ 如果 i 和 e 不关联. 直接计算可知

$$B^\top B = 2I + A_{\mathcal{L}(G)}, \tag{2.2}$$

其中 $A_{\mathcal{L}(G)}$ 是线图 $\mathcal{L}(G)$ 的邻接矩阵. 由于 $B^\top B$ 半正定, 因此以下结论成立.

定理 2.43　线图的最小特征值大于等于 -2.

由上述定理, 我们自然想到线图的最小特征值什么时候等于 -2? 特征值 -2 的重数是什么? 为了回答这些问题需要引入如下引理.

引理 2.44　设 G 是有 n 个顶点的连通图, B 是 G 的点边关联矩阵.

(1) 如果 G 是二部图, 则 B 的秩为 $n-1$.

(2) 如果 G 是非二部图, 则 B 的秩为 n.

证明　由点边关联矩阵的定义可知, 向量 x 满足 $B^\top x = 0$ 当且仅当对每条边 $ij \in E(G)$ 均有 $x_i = -x_j$.

如果 G 是二部图, 则线性子空间 $\{x \in \mathbb{R}^n : B^\top x = 0\}$ 是 1 维的, 此时 B 的秩为 $n-1$.

如果 G 是非二部图, 则 $B^\top x = 0$ 没有非零解, 即 B 的秩为 n. □

由等式 (2.2) 和引理 2.44可得到如下结果.

定理 2.45 设 G 是有 n 个顶点 m 条边的连通图.

(1) 如果 G 是二部图, 则 -2 是线图 $\mathcal{L}(G)$ 的重数为 $m-n+1$ 的特征值.

(2) 如果 G 是非二部图, 则 -2 是线图 $\mathcal{L}(G)$ 的重数为 $m-n$ 的特征值.

仅包含一个圈的连通图称为单圈图. 奇单圈图是指包含奇圈的单圈图. 由定理 2.45可得到如下推论.

推论 2.46 设 G 是一个连通图, 则线图 $\mathcal{L}(G)$ 的最小特征值大于 -2 当且仅当 G 是树或者奇单圈图.

线图的最小特征值大于等于 -2, 人们自然想到最小特征值大于等于 -2 的图是否一定是线图. 答案是否定的. 除了线图, 广义线图是另一类最小特征值大于等于 -2 的图. 下面介绍广义线图的定义.

一个悬挂的双边 (2 条边的圈) 称为一个花瓣. 设 $\{1,\cdots,n\}$ 是图 G 的顶点集, 令 $\widehat{G}=G(a_1,\cdots,a_n)$ 表示在图 G 的点 i 接上 a_i 个花瓣得到的多重图, 它的广义线图 $\mathcal{L}(\widehat{G})$ 的顶点集是 $\widehat{G}$ 的边集, $\widehat{G}$ 的两条边在广义线图中邻接当且仅当它们恰好有一个公共点.

下面是文献 [41] 中给出的一个广义线图的例子.

例 2.6 图 2.4 中的图 H 的顶点集为 $\{1,2,3,4\}$, 在点 1 接 1 个花瓣、点 4 接 2 个花瓣得到多重图 $\widehat{H}=H(1,0,0,2)$. 那么 $\mathcal{L}(\widehat{H})$ 是一个广义线图. 由于顶点 a 和 b 在 $\widehat{H}$ 中有两个公共点, 因此顶点 a 和 b 在 $\mathcal{L}(\widehat{H})$ 中不邻接. 由于顶点 h 和 i 在 $\widehat{H}$ 中恰好有一个公共点, 因此顶点 h 和 i 在 $\mathcal{L}(\widehat{H})$ 中邻接.

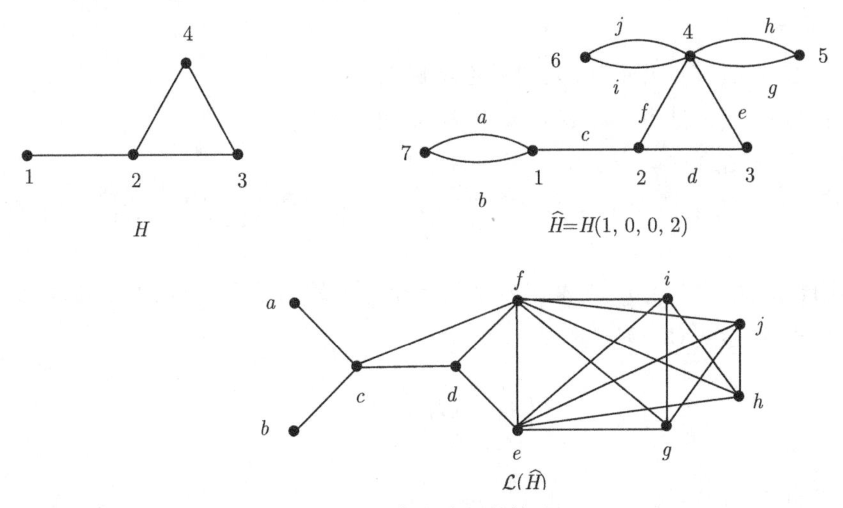

图 2.4 广义线图的构造

设图 G 是有 n 个顶点的图, 多重图 $\widehat{G}=G(a_1,\cdots,a_n)$ 的点边关联矩阵

$C = (c_{ve})$ 的元素定义如下:

(1) 如果 e 和点 v 不关联, 则 $c_{ve} = 0$.

(2) 如果 $v \in V(G)$ 并且边 e 和点 v 关联, 则 $c_{ve} = 1$.

(3) 如果 $v \notin V(G)$ 并且 e, f 都和点 v 关联, 则 $\{c_{ve}, c_{vf}\} = \{-1, 1\}$.

由上述定义可得

$$C^{\top}C = A(\mathcal{L}(\widehat{G})) + 2I,$$

其中 $A(\mathcal{L}(\widehat{G}))$ 是广义线图 $\mathcal{L}(\widehat{G})$ 的邻接矩阵. 由于 $C^{\top}C$ 是半正定矩阵, 因此我们有如下结论.

定理 2.47　广义线图的最小特征值大于等于 -2.

如果一个连通图不是线图或广义线图并且它的最小特征值大于等于 -2, 则称该图为例外图. 由例外图的定义自然有以下结论.

定理 2.48　最小特征值大于等于 -2 的连通图由线图、广义线图和例外图构成.

1976 年, Cameron 等[27] 证明了例外图最多有 36 个顶点. 一共有 573 个最小特征值大于 -2 的例外图, 其中 20 个有 6 个顶点, 110 个有 7 个顶点, 443 个有 8 个顶点. 分别用 $\mathcal{G}_6, \mathcal{G}_7$ 和 $\mathcal{G}_8$ 表示有 6 个、7 个和 8 个顶点的最小特征值大于 -2 的例外图集合.

1979 年, Doob 和 Cvetković 刻画了所有最小特征值大于 -2 的连通图.

定理 2.49[49]　设 G 是一个连通图, 则它的最小特征值大于 -2 当且仅当以下之一成立:

(1) $G = \mathcal{L}(H)$, 其中 H 是树或奇单圈图.

(2) $G = \mathcal{L}(H(1, 0, \cdots, 0))$, 其中 H 是树.

(3) G 是 $\mathcal{G}_6 \cup \mathcal{G}_7 \cup \mathcal{G}_8$ 中的一个例外图.

对于最小特征值大于 -2 的连通图 G, 谱不变量 $\prod_{i=1}^{|V(G)|}(\lambda_i(G) + 2)$ 有如下性质.

定理 2.50[38]　设 G 是最小特征值大于 -2 的连通图, 则以下命题成立:

(1) 如果 $G \in \mathcal{G}_8$, 则

$$\prod_{i=1}^{8}(\lambda_i(G) + 2) = 1.$$

(2) 如果 $G \in \mathcal{G}_7$, 则

$$\prod_{i=1}^{7}(\lambda_i(G) + 2) = 2.$$

(3) 如果 $G \in \mathcal{G}_6$, 则

$$\prod_{i=1}^{6}(\lambda_i(G)+2)=3.$$

(4) 如果 G 是奇单圈图的线图, 则

$$\prod_{i=1}^{|V(G)|}(\lambda_i(G)+2)=4.$$

(5) 如果 $G=\mathcal{L}(\widehat{H})$ 并且 $\widehat{H}$ 是在一个树上接一个花瓣得到的多重图, 则

$$\prod_{i=1}^{|V(G)|}(\lambda_i(G)+2)=4.$$

(6) 如果 G 是树的线图, 则

$$\prod_{i=1}^{|V(G)|}(\lambda_i(G)+2)=|V(G)|+1.$$

图的零特征值的重数称为图的零度. 图的零度在化学分子的稳定性方面有重要应用[100]. 下面给出集合 $\mathcal{G}_6 \cup \mathcal{G}_7 \cup \mathcal{G}_8$ 中的例外图的零度刻画.

定理 2.51[152] 设 G 是最小特征值大于 -2 的例外图.

(1) 如果 $G \in \mathcal{G}_6 \cup \mathcal{G}_8$, 则 G 的零度是 0.

(2) 如果 $G \in \mathcal{G}_7$, 则 G 的零度是 0 或 1.

证明 设 η 是 G 的零度. 由于图的特征值都是代数整数, 因此

$$\prod_{i=1}^{|V(G)|}(\lambda_i(G)+2)$$

能被 2^η 整除. 由定理 2.50 可证明结论成立. □

2.6 特殊图类的特征值

本节介绍一些特殊图类的谱分布和谱性质. 首先给出圈的谱.

引理 2.52[41] 圈 C_n 的特征值为 $2\cos\dfrac{2\pi j}{n}$ $(j=1,2,\cdots,n)$.

下面是正则图和它的补图的特征值之间的转换关系.

定理 2.53[41] 设 G 是 n 个顶点的 d 正则图, 则

$$\phi_{\overline{G}}(x)=(-1)^n\frac{x-n+d+1}{x+d+1}\phi_G(-x-1),$$

即补图 $\overline{G}$ 的谱为

$$n-r-1, -\lambda_2(G)-1, -\lambda_3(G)-1, \cdots, -\lambda_n(G)-1.$$

图 G 和图 H 的笛卡儿积 $G\times H$ 的顶点集为 $V(G\times H)=\{(u,v): u\in V(G), v\in V(H)\}$, (u_1,v_1) 和 (u_2,v_2) 在 $G\times H$ 中邻接当且仅当 $u_1=u_2\in V(G), v_1v_2\in E(H)$ 或者 $v_1=v_2\in V(H), u_1u_2\in E(G)$.

定理 2.54[41]　笛卡儿积 $G\times H$ 的特征值为

$$\lambda_i(G)+\lambda_j(H), \quad i=1,\cdots,|V(G)|;\ j=1,\cdots,|V(H)|.$$

图 G 和图 H 的克罗内克积 $G\otimes H$ 的顶点集为 $V(G\otimes H)=\{(u,v): u\in V(G), v\in V(H)\}$, (u_1,v_1) 和 (u_2,v_2) 在 $G\otimes H$ 中邻接当且仅当 $u_1u_2\in E(G), v_1v_2\in E(H)$.

定理 2.55[41]　克罗内克积 $G\otimes H$ 的特征值为

$$\lambda_i(G)\lambda_j(H), \quad i=1,\cdots,|V(G)|;\ j=1,\cdots,|V(H)|.$$

设 G 是具有 n 个顶点的 k 正则图. 如果 G 的任意两个邻接的点有 λ 个公共邻点, 任意两个非邻接的点有 μ 个公共邻点, 则称 G 是具有参数 (n,k,λ,μ) 的强正则图. 例如, 彼得森图是具有参数 $(10,3,0,1)$ 的强正则图.

定理 2.56[16]　一个连通的正则图有 3 个相异特征值当且仅当它是强正则图.

设 G 是直径为 d 的连通图, 并且令 $\Gamma_i(u)$ 表示 G 中与点 u 距离为 i 的顶点集合. 如果存在非负整数 $b_0,b_1,\cdots,b_{d-1},c_1,\cdots,c_d$ 使得对任意两个距离为 i 的顶点 u,v, 均有

$$\begin{aligned} b_i&=|\Gamma_{i+1}(u)\cap\Gamma_1(v)|\ (i=0,\cdots,d-1),\\ c_i&=|\Gamma_{i-1}(u)\cap\Gamma_1(v)|\ (i=1,\cdots,d), \end{aligned}$$

则称 G 距离正则. 显然距离正则图是度为 b_0 的正则图, 强正则图是直径为 2 的距离正则图.

定理 2.57[16]　直径为 d 的距离正则图有 $d+1$ 个相异特征值.

如果对所有正整数 k, 图 G 的邻接矩阵的 k 次幂 A_G^k 的所有对角元素都相等, 则称 G 是通路正则的. 取 “通路正则” 这个名称是由于对角元素 $(A_G^k)_{uu}$ 等于以 u 为起点、长度为 k 的闭通路个数. 由于 A_G^2 的对角元素是顶点度, 因此通路正则图是正则图. 距离正则图和点传递图都是通路正则图.

定理 2.58[16]　具有 4 个相异特征值的连通正则图是通路正则图.

第 3 章　图的拉普拉斯矩阵

图的拉普拉斯矩阵是研究图的连通性、生成树计数、电阻距离等问题的重要工具, 在网络划分、电路分析和网络控制等方面有广泛应用. 本章主要介绍图的拉普拉斯矩阵的基本理论.

3.1　图的拉普拉斯谱

设 G 是具有 n 个顶点和 m 条边的图. 图 G 的拉普拉斯矩阵定义为

$$L_G = D_G - A_G,$$

其中 D_G 表示 G 的顶点度构成的对角阵. 将图 G 的点边关联矩阵 B 的每列中的两个 1 替换为 1 和 -1 得到的矩阵 R 称为 G 的一个点弧关联矩阵. 虽然点弧关联矩阵 R 形式不唯一, 但它们都满足

$$L_G = RR^\top,$$

因此 L_G 是半正定矩阵. L_G 的特征值 (谱、特征多项式) 称为图 G 的拉普拉斯特征值 (拉普拉斯谱、拉普拉斯多项式).

对于 n 个顶点的图 G, 令 $\mu_1(G) \geqslant \mu_2(G) \geqslant \cdots \geqslant \mu_n(G)$ 表示图 G 的拉普拉斯特征值. 由于 L_G 的行和都为零, 因此 $\mu_n(G) = 0$. 下面是关于拉普拉斯特征值的交错定理.

定理 3.1　设 G 是有 n 个顶点的图并且 e 是 G 的一条边, 则

$$\mu_1(G) \geqslant \mu_1(G-e) \geqslant \mu_2(G) \geqslant \mu_2(G-e) \geqslant \cdots \geqslant \mu_n(G) = \mu_n(G-e) = 0.$$

证明　设 R_G 和 R_{G-e} 分别是 G 和 $G-e$ 的点弧关联矩阵, 则

$$L_G = R_G R_G^\top, \quad L_{G-e} = R_{G-e} R_{G-e}^\top.$$

注意到 $R_{G-e}^\top R_{G-e}$ 是 $R_G^\top R_G$ 的主子阵. 由定理 1.21 和定理 1.29 可证明结论成立. □

图 G 的补图 $\overline{G}$ 具有顶点集 $V(\overline{G}) = V(G)$, 并且 $\overline{G}$ 的两个顶点邻接当且仅当它们在 G 中不邻接. 下面给出图 G 和它的补图的拉普拉斯特征值之间的关系.

定理 3.2 设 G 是有 n 个顶点的图, 则

$$\mu_i(G) + \mu_{n-i}(\overline{G}) = n, \quad i = 1, \cdots, n-1.$$

证明 设 $x_1, \cdots, x_n$ 分别是 $\mu_1(G), \cdots, \mu_n(G)$ 的特征向量, 其中 x_n 是 1 全向量并且这 n 个向量两两正交. 令 J 表示全 1 矩阵. 由于 $L_{\overline{G}} = nI - L_G - J$, 因此

$$L_{\overline{G}} x_i = (n - \mu_i(G)) x_i, \quad i = 1, \cdots, n-1.$$

所以我们有

$$\mu_i(G) + \mu_{n-i}(\overline{G}) = n, \quad i = 1, \cdots, n-1. \qquad \square$$

令 $G_1 \vee G_2$ 表示将 G_1 的每个点与 G_2 的每个点之间都连边得到的联图.

推论 3.3 设图 G_1 和图 G_2 分别有 n_1 和 n_2 个顶点, 则 $G_1 \vee G_2$ 的拉普拉斯特征值为

$$n_1+n_2,\ \mu_1(G_1)+n_2,\ \cdots,\ \mu_{n_1-1}(G_1)+n_2,\ \mu_1(G_2)+n_1,\ \cdots,\ \mu_{n_2-1}(G_2)+n_1,\ 0.$$

证明 注意到 $\overline{G_1 \vee G_2} = \overline{G_1} \cup \overline{G_2}$. 由定理 3.2 可证明结论成立. $\square$

图的第二小拉普拉斯特征值称为图的代数连通度. 1973 年, Fiedler 给出了图的连通性的如下特征值判定定理.

定理 3.4[61] 图 G 是连通的当且仅当其代数连通度大于 0.

证明 如果 G 不连通, 则 G 的拉普拉斯谱是其所有连通分支的拉普拉斯谱的并, 此时 G 的代数连通度为 0. 只需证明 G 连通时其代数连通度大于 0. 令 R 为 G 的一个点弧关联矩阵, 则 $L_G = RR^\top$. 对于列向量 x, 我们有

$$x^\top L_G x = \|R^\top x\|^2.$$

故 $L_G x = 0$ 等价于 $R^\top x = 0$. 如果 G 连通, 则 $R^\top x = 0$ 当且仅当 x 是全 1 列向量的倍数. 因此拉普拉斯特征值 0 的重数为 1, 即代数连通度大于 0. $\square$

由上述定理可得到如下结论.

推论 3.5 图 G 的最小拉普拉斯特征值等于 0, 并且其重数等于 G 的连通分支的个数.

定理 3.6 设 G 是具有 n 个顶点的连通图, 则 $\mu_1(G) \leqslant n$, 取等号当且仅当 $\overline{G}$ 不连通.

证明 由定理 3.2 可知, $\overline{G}$ 的代数连通度为 $\mu_{n-1}(\overline{G}) = n - \mu_1(G) \geqslant 0$. 由定理 3.4可知, $\mu_1(G) = n$ 当且仅当 $\overline{G}$ 不连通. $\square$

图 G 的点连通度是指将 G 变得不连通所需删去的最小顶点数, 记为 $\kappa(G)$. 图的代数连通度不仅判定图是否连通, 并且和点连通度还有如下关系.

定理 3.7[61] 设 G 是 n 个顶点的图, 则 $\mu_{n-1}(G) \leqslant \kappa(G)$.

上述定理说明了图的代数连通度不超过点连通度, Kirkland 等刻画了取等号的充分必要条件.

定理 3.8[90] 设 $G \neq K_n$ 是 n 个顶点的连通图, 则 $\mu_{n-1}(G) = \kappa(G)$ 当且仅当 $G = H_1 \vee H_2$, 其中 H_1 是一个不连通图, $|V(H_2)| = \kappa(G)$ 并且 H_2 的代数连通度大于等于 $2\kappa(G) - n$.

对于图 G 的顶点子集 $S \subseteq V(G)$, 令 $\partial S = \{st \in E(G) : s \in S, t \in V(G) \setminus S\}$. 图的代数连通度和边割集 ∂S 有如下关系.

定理 3.9[16] 对于图 G 的顶点子集 $S \subseteq V(G)$, 我们有

$$\mu_{n-1}(G) \leqslant \frac{n|\partial S|}{|S|(n - |S|)},$$

取等号当且仅当 $\chi - \frac{|S|}{n}e$ 是 $\mu_{n-1}(G)$ 的特征向量, 其中 χ 是 S 的指示向量, e 是全 1 列向量.

3.2 矩阵树定理

对于图 G 的拉普拉斯矩阵 L_G, 令 $L_G(i,j)$ 表示将 L_G 中点 i 对应的行和点 j 对应的列删去得到的子矩阵. 如果树 T 是图 G 的生成子图, 则称 T 是 G 的生成树. 下面是著名的矩阵树定理.

定理 3.10[41] 设 G 是有 n 个顶点的图, 则 G 的生成树个数为

$$t(G) = (-1)^{i+j} \det[L_G(i,j)] = \frac{1}{n} \prod_{i=1}^{n-1} \mu_i(G).$$

例 3.1 完全图 K_n 的拉普拉斯特征值为

$$n^{(n-1)}, \quad 0.$$

由矩阵树定理可知, 完全图 K_n 的生成树个数为 n^{n-2}.

设二部图 G 具有二部划分 $V(G) = V_1 \cup V_2$ 并且 $|V_1| = n_1, |V_2| = n_2$. 如果 V_i 中的点有相同的度 r_i $(i = 1, 2)$, 则称 G 是具有参数 (n_1, n_2, r_1, r_2) 的半正则图. 下面是半正则图的线图的拉普拉斯特征值.

例 3.2[113] 设 G 是具有参数 (n_1, n_2, r_1, r_2) 的半正则图, 则线图 $\mathcal{L}(G)$ 的拉普拉斯特征值为

$$(r_1 + r_2)^{(n_1 r_1 - n_1 - n_2)}, \quad r_1 + r_2 - \mu_1(G), \quad \cdots, \quad r_1 + r_2 - \mu_{n_1+n_2}(G).$$

由矩阵树定理可知, 线图 $\mathcal{L}(G)$ 的生成树个数为

$$\frac{(r_1+r_2)^{n_1r_1-n_1-n_2}}{n_1r_1}\prod_{i=2}^{n_1+n_2}(r_1+r_2-\mu_i(G)).$$

推论 3.11 设 T 是有 n 个顶点的树. 如果整数 μ 是 T 的拉普拉斯特征值, 则 n 能被 μ 整除.

证明 由定理 3.10 可知, T 的所有非零拉普拉斯特征值的积为 n. 注意到图的拉普拉斯特征值都是代数整数. 如果整数 μ 是 T 的拉普拉斯特征值, 则 $\frac{n}{\mu}$ 是代数整数, 即 n 能被 μ 整除. □

图的生成森林是指每个连通分支是树的生成子图. 具有 k 个连通分支的生成森林称为生成 k 森林. 对于图 G 的 k 顶点子集 U 和生成 k 森林 F, 如果 U 的顶点分散在 F 的 k 个连通分支中, 则称生成 k 森林 F 分离了顶点集 U.

定理 3.12[28] 对于图 G 的顶点子集 U, 令 $L_G(U)$ 表示将 L_G 中 U 对应行列删去得到的主子阵. 那么行列式 $\det(L_G(U))$ 等于分离 U 中所有顶点的生成 $|U|$ 森林的个数.

图的拉普拉斯矩阵的特征多项式称为图的拉普拉斯多项式. 图的拉普拉斯多项式的系数有如下组合表示.

定理 3.13[88] 设图 G 的拉普拉斯多项式为 $x^n+c_1x^{n-1}+\cdots+c_{n-1}x$, 则

$$c_i=(-1)^i\sum_{|E(F)|=i}p(F)\ (i=1,\cdots,n-1),$$

其中加和号取遍所有 i 条边的生成森林 F, $p(F)$ 是 F 各连通分支的顶点数的乘积.

证明 $(-1)^ic_i$ 等于 L_G 的所有 i 阶主子式之和. 由定理 3.12 可证明结论成立. □

由上述定理可得到如下推论.

推论 3.14 设图 G 的拉普拉斯多项式为 $x^n+c_1x^{n-1}+\cdots+c_{n-1}x$, 并且其度序列为 $d_1,d_2,\cdots,d_n$, 则

$$c_1=-2m=-\sum_{i=1}^n d_i,$$

$$c_2=2m^2-m-\frac{1}{2}\sum_{i=1}^n d_i^2,$$

$$c_3=\frac{1}{3}\left[-4m^3+6m^2+3m^2\sum_{i=1}^n d_i^2-\sum_{i=1}^n d_i^3-3\sum_{i=1}^n d_i^2+6N_G(C_3)\right],$$

$$c_{n-1}=(-1)^{n-1}nt(G),$$

其中 m 是 G 的边数, $N_G(C_3)$ 是 G 的三角形个数, $t(G)$ 是 G 的生成树个数.

图的生成树个数和拉普拉斯特征值重数有如下关系.

定理 3.15[66] 设 G 是 n 个顶点的连通图并且它的生成树个数 $t(G)=2^t s$, 其中 s 是奇数, 则 G 的偶整数拉普拉斯特征值 μ 的重数不超过 $t+1$.

证明 由引理 1.7 可知, 存在行列式为 ±1 的整数矩阵 P,Q 和整数 $s_1,\cdots,s_n$ 使得

$$PL_GQ=\mathrm{diag}(s_1,\cdots,s_{n-1},0),$$

其中 $\mathrm{diag}(s_1,\cdots,s_{n-1},0)$ 是 L_G 的 Smith 标准形. 由矩阵树定理可知

$$t(G)=s_1\cdots s_{n-1}=2^t s.$$

由于 s 是奇数, 因此 $s_1,\cdots,s_{n-1}$ 中最多有 t 个偶数. 故 L_G 在二元域上的秩满足

$$\mathrm{rank}_2(L_G)\geqslant n-t-1.$$

因此 L_G 有一个 $k\geqslant n-t-1$ 阶主子阵 B 满足 $\mathrm{rank}_2(B)=k$. 由特征值的交错性可知, 如果偶整数 μ 是 L_G 的重数至少是 $t+2$ 的特征值, 则 μ 是 B 的特征值. 由此可知 $\dfrac{\det(B)}{\mu}$ 是有理的代数整数, 因而 $\dfrac{\det(B)}{\mu}$ 是整数且 $\det(B)$ 是偶数. 由于 $\mathrm{rank}_2(B)=k$, 因此 $\det(B)$ 是奇数, 矛盾. 故 μ 的重数不超过 $t+1$. □

3.3 图的无符号拉普拉斯谱

图 G 的无符号拉普拉斯矩阵定义为

$$Q_G=D_G+A_G,$$

其中 D_G 表示图 G 的顶点度构成的对角阵. 图 G 的其点边关联矩阵 B 满足

$$BB^\top=D_G+A_G=Q_G,\quad B^\top B=2I+A_{\mathcal{L}(G)},$$

其中 $A_{\mathcal{L}(G)}$ 是线图 $\mathcal{L}(G)$ 的邻接矩阵. 因此 Q_G 是半正定矩阵. Q_G 的特征值 (谱、特征多项式) 称为图 G 的无符号拉普拉斯特征值 (无符号拉普拉斯谱、无符号拉普拉斯多项式).

例 3.3 图 2.1 中图 G 的无符号拉普拉斯矩阵和点边关联矩阵分别为

$$Q_G=\begin{pmatrix}2&1&0&0&1\\1&2&1&0&0\\0&1&3&1&1\\0&0&1&2&1\\1&0&1&1&3\end{pmatrix},\quad B=\begin{pmatrix}1&0&0&0&1&0\\1&1&0&0&0&0\\0&1&1&0&0&1\\0&0&1&1&0&0\\0&0&0&1&1&1\end{pmatrix}.$$

对于 n 个顶点的图 G, 令 $q_1(G) \geqslant q_2(G) \geqslant \cdots \geqslant q_n(G)$ 表示图 G 的无符号拉普拉斯特征值. 下面是关于无符号拉普拉斯特征值的交错定理.

定理 3.16 设 G 是有 n 个顶点的图并且 e 是 G 的一条边, 则

$$q_1(G) \geqslant q_1(G-e) \geqslant q_2(G) \geqslant q_2(G-e) \geqslant \cdots \geqslant q_n(G) \geqslant q_n(G-e) \geqslant 0.$$

证明 设 B_G 和 B_{G-e} 分别是 G 和 $G-e$ 的点边关联矩阵, 则

$$L_G = B_G B_G^\top, \quad L_{G-e} = B_{G-e} B_{G-e}^\top.$$

注意到 $B_{G-e}^\top B_{G-e}$ 是 $B_G^\top B_G$ 的主子阵. 由定理 1.21 和定理 1.29 可证明结论成立. □

二部图的拉普拉斯谱有如下性质.

定理 3.17 二部图的拉普拉斯矩阵和无符号拉普拉斯矩阵有相同的谱.

证明 二部图 G 的拉普拉斯矩阵和无符号拉普拉斯矩阵可分别表示为

$$L_G = \begin{pmatrix} D_1 & -B \\ -B^\top & D_2 \end{pmatrix}, \quad Q_G = \begin{pmatrix} D_1 & B \\ B^\top & D_2 \end{pmatrix},$$

其中 $\begin{pmatrix} 0 & B \\ B^\top & 0 \end{pmatrix}$ 是 G 的邻接矩阵. 由于

$$\begin{pmatrix} I & 0 \\ 0 & -I \end{pmatrix} \begin{pmatrix} D_1 & B \\ B^\top & D_2 \end{pmatrix} \begin{pmatrix} I & 0 \\ 0 & -I \end{pmatrix} = \begin{pmatrix} D_1 & -B \\ -B^\top & D_2 \end{pmatrix},$$

因此 L_G 和 Q_G 有相同的谱. □

图的最小无符号拉普拉斯特征值和二部性有如下关系.

定理 3.18 设 G 是有 n 个顶点的连通图, 则 $q_n(G) = 0$ 当且仅当 G 是二部图. 如果 G 是二部连通图, 则 $q_n(G) = 0$ 是一个单特征值.

证明 如果 G 是二部连通图, 则由定理 3.17 和定理 3.4 可知, $q_n(G) = 0$ 并且 0 是一个单特征值. 只需证明 $q_n(G) = 0$ 时 G 是二部图. 令 B 为 G 的点边关联矩阵, 则 $Q_G = BB^\top$. 设 x 是 $q_n(G) = 0$ 对应的特征向量. 由于 $x^\top Q_G x = \|B^\top x\|^2$, 因此 $Q_G x = 0$ 等价于 $B^\top x = 0$, 即 $x_i = -x_j$ 如果 $ij \in E(G)$. 由于 G 连通, 因此根据 x 分量的符号可以得到 G 的一个 2 着色, 即 G 是二部图. □

由上述定理可得到如下推论.

推论 3.19 一个图的无符号拉普拉斯特征值 0 的重数等于它的二部连通分支的个数.

对于图 G 的点边交替序列

$$W = v_1 e_1 v_2 \cdots v_k e_k v_{k+1},$$

如果 v_i, v_{i+1} (v_i, v_{i+1} 可以是同一顶点) 都与边 e_i 关联 ($i = 1, \cdots, k$), 则称 W 为 G 的一条长度为 k 的半边通路. 如果 $v_1 = v_{k+1}$, 则称 W 是一个闭半边通路.

图中长度为 k 的半边通路个数可由无符号拉普拉斯矩阵的 k 次幂得到.

定理 3.20 对任意图 G, $(Q_G^k)_{ij}$ 等于 G 中从点 i 到点 j 长度为 k 的半边通路个数.

证明 利用数学归纳法可证明结论成立. □

由定理 3.20可得到如下推论.

推论 3.21 设图 G 有 n 个顶点、m 条边和 t 个三角形, 并且其度序列为 $d_1, d_2, \cdots, d_n$. 令 $T_k = \sum_{i=1}^n q_i(G)^k$, 则

$$\begin{aligned}
T_0 &= n, \\
T_1 &= \sum_{i=1}^n d_i = 2m, \\
T_2 &= 2m + \sum_{i=1}^n d_i^2, \\
T_3 &= 6t + 3\sum_{i=1}^n d_i^2 + \sum_{i=1}^n d_i^3.
\end{aligned}$$

如果 G 的生成子图的每个连通分支是树或奇单圈图, 则它称为 G 的 TU 子图. 假设 G 的 TU 子图 H 由 c 个奇单圈图和树 $T_1, T_2, \cdots, T_s$ 构成, 则 H 的权值定义为 $W(H) = 4^c \prod_{i=1}^s |V(T_i)|$. 如果 H 的连通分支中没有树, 则 $W(H) = 4^c$.

令 $\varphi_G(x) = \det(xI - Q_G)$ 表示图 G 的无符号拉普拉斯特征多项式, 它的系数有如下组合表示.

定理 3.22[41] 设 G 是有 n 个顶点 $m \geqslant n$ 条边的连通图, 且 $\varphi_G(x) = x^n + p_1 x^{n-1} + \cdots + p_n$, 则

$$p_j = (-1)^j \sum_{H_j} W(H_j), \quad j = 1, 2, \cdots, n,$$

其中加和号取遍 G 的所有 j 条边的 TU 子图.

由上述定理可得到如下结果.

定理 3.23[105] 对任意图 G, $\det(Q_G) = 4$ 当且仅当 G 是奇单圈图. 如果 G 是非二部的连通图并且 $|E(G)| > |V(G)|$, 则 $\det(Q_G) \geqslant 16$, 取等号当且仅当 G 是非二部的双圈图并且 C_4 是 G 的诱导子图.

将图 G 的每条边替换为 P_3 得到的图称为 G 的细分图, 记为 $S(G)$. 下面是图 G 的无符号拉普拉斯多项式与细分图 $S(G)$ 的特征多项式之间的关系.

定理 3.24　设 G 是有 n 个顶点和 m 条边的图, 则

$$\phi_{S(G)}(x) = x^{m-n}\varphi_G(x^2).$$

证明　细分图 $S(G)$ 的邻接矩阵可分块表示为

$$A_{S(G)} = \begin{pmatrix} 0 & B^\top \\ B & 0 \end{pmatrix},$$

其中 B 是 G 的点边关联矩阵. 由定理 1.77 可得

$$\begin{aligned}\phi_{S(G)}(x) &= \det\begin{pmatrix} xI_m & -B^\top \\ -B & xI_n \end{pmatrix} = x^m \det(xI_n - x^{-1}BB^\top) \\ &= x^{m-n}\det(x^2 I_n - Q_G) = x^{m-n}\varphi_G(x^2).\end{aligned}$$ □

下面是图 G 的无符号拉普拉斯多项式与线图 $\mathcal{L}(G)$ 的特征多项式之间的关系.

定理 3.25　设 G 是有 n 个顶点和 m 条边的图, 则

$$\phi_{\mathcal{L}(G)}(x) = (x+2)^{m-n}\varphi_G(x+2).$$

证明　令 B 为 G 的点边关联矩阵, 则 $Q_G = BB^\top$ 并且 $B^\top B = A_{\mathcal{L}(G)} + 2I$. 由定理 1.21可得

$$\phi_{\mathcal{L}(G)}(x) = (x+2)^{m-n}\varphi_G(x+2).$$ □

下面是半正则图的无符号拉普拉斯多项式.

定理 3.26[42]　设 G 是具有参数 (n_1, n_2, r_1, r_2) $(n_1 \geqslant n_2)$ 的半正则图, 则

$$\varphi_G(x) = x(x - r_1 - r_2)(x - r_1)^{n_1 - n_2}\prod_{i=2}^{n_2}((x - r_1)(x - r_2) - \lambda_i(G)^2).$$

图的最大拉普拉斯特征值和最大无符号拉普拉斯特征值有如下关系.

定理 3.27[143]　对任意图 G, 我们有

$$q_1(G) \geqslant \mu_1(G).$$

如果 G 连通, 则 $q_1(G) = \mu_1(G)$ 当且仅当 G 是二部图.

图的最大无符号拉普拉斯特征值与图的顶点数、边数有如下关系.

定理 3.28 设图 G 有 n 个顶点和 m 条边, 则

$$q_1(G) \geqslant \frac{4m}{n},$$

取等号当且仅当 G 正则. 如果 G 正则, 则它的度为 $\frac{1}{2}q_1(G)$.

证明 令 e 为全 1 向量, 则

$$q_1(G) \geqslant \frac{e^\top Q_G e}{e^\top e} = \frac{4m}{n},$$

取等号当且仅当 $Q_G e = q_1(G)e$, 即 G 是度为 $\frac{1}{2}q_1(G)$ 的正则图. □

由定理 1.45 和定理 1.46 可得到如下结论.

定理 3.29 设 H 是连通图 G 的真子图, 则 $q_1(H) < q_1(G)$.

下面的定理给出了最大无符号拉普拉斯特征值不超过 4 的图的完整刻画.

定理 3.30[41] 设 G 是一个图, 则以下命题成立:

(1) $q_1(G) = 0$ 当且仅当 G 没有边.

(2) $0 < q_1(G) < 4$ 当且仅当 G 的所有连通分支都是道路.

(3) 如果 G 连通, 则 $q_1(G) = 4$ 当且仅当 G 是圈或星 $K_{1,3}$.

证明 由 $q_1(G) = \sqrt{\lambda_1(S(G))}$ 可知, $q_1(G) \leqslant 4$ 当且仅当细分图 $S(G)$ 的谱半径不超过 2. 由定理 2.32 可证明结论成立. □

设 $v_0v_1\cdots v_k$ 是图 G 的一个道路. 如果 $d_{v_0}(G) > 2, d_{v_k}(G) > 2$ 并且 $d_{v_i}(G) = 2\ (i = 1, \cdots, k-1)$, 则称 $v_0v_1\cdots v_k$ 是 G 的内部道路.

定理 3.31[128] 设 uv 是连通图 G 的一条边, G_{uv} 为将 uv 细分 (在 uv 上插入一个新的顶点) 后得到的图, 则以下命题成立:

(1) 如果 $G = C_n$, 则 $q_1(G_{uv}) = q_1(G) = 4$.

(2) 如果 $G \neq C_n$ 并且 uv 不在 G 的内部道路中, 则 $q_1(G_{uv}) > q_1(G)$.

(3) 如果 uv 在 G 的内部道路中, 则 $q_1(G_{uv}) < q_1(G)$.

如果二部图的两个色类有相同的顶点数, 则称该二部图是平衡的. 我们规定孤立点是非平衡的二部图. 图 G 的第二大无符号拉普拉斯特征值与补图 $\overline{G}$ 的二部连通分支有如下关系.

定理 3.32[95, 127] 设图 G 有 $n \geqslant 2$ 个顶点, 则 $q_2(G) \leqslant n-2$. 此外, $q_{k+1}(G) = n-2\ (1 \leqslant k < n)$ 当且仅当 $\overline{G}$ 有 k 个平衡的二部连通分支或者 $k+1$ 个二部连通分支.

3.4 图的拉普拉斯谱与顶点度

本节介绍图的拉普拉斯谱、无符号拉普拉斯谱和顶点度之间的不等式关系.

定理 3.33[75] 设 G 是有 $n\geqslant 2$ 个顶点的连通图, Δ 是 G 的最大度, 则

$$\mu_1(G)\geqslant \Delta+1,$$

取等号当且仅当 $\Delta=n-1$.

为了表示方便, 本节将顶点 i 的度 $d_i(G)$ 简记为 d_i. 李炯生和张晓东给出了图的最大拉普拉斯特征值的如下界.

定理 3.34[94] 对任意图 G, 我们有

$$\mu_1(G)\leqslant \max\left\{\frac{d_i(d_i+m_i)+d_j(d_j+m_j)}{d_i+d_j}:ij\in E(G)\right\},$$

其中 $m_i=\dfrac{\sum_{ji\in E(G)}d_j}{d_i}$.

下面是上述定理的一个改进.

定理 3.35[154] 对任意图 G, 我们有

$$\mu_1(G)\leqslant \max\left\{\frac{d_i(d_i+m_i)+d_j(d_j+m_j)-2\displaystyle\sum_{k\in N(i)\cap N(j)}d_k}{d_i+d_j}:ij\in E(G)\right\},$$

其中 $m_i=\dfrac{\sum_{ji\in E(G)}d_j}{d_i}$, $N(i)$ 是点 i 的所有邻点的集合.

郭继明在 [76] 中猜测图的第 m 大拉普拉斯特征值 $\mu_m(G)$ 和第 m 大度 d_m 满足 $\mu_m(G)\geqslant d_m-m+2$. Brouwer 和 Haemers 证明了这个猜想.

定理 3.36[15] 设图 G 的度序列为 $d_1\geqslant\cdots\geqslant d_n$. 如果 $1\leqslant m\leqslant n$ 且 $G\neq K_m\cup(n-m)K_1$, 则

$$\mu_m(G)\geqslant d_m-m+2.$$

下面的定理最初是 Grone 和 Merris 在 [75] 中提出的猜想, 文献 [2] 证明了这个猜想, 即下面的 Grone-Merris 定理.

定理 3.37[2] 对任意图 G, 我们有

$$\sum_{i=1}^{t}\mu_i(G)\leqslant\sum_{i=1}^{t}|\{u:u\in V(G),d_u\geqslant i\}|,\quad t=1,\cdots,|V(G)|.$$

对于具有 n 个顶点和 m 条边的图 G, Brouwer 猜测[16]

$$\sum_{i=1}^{t}\mu_i(G)\leqslant m+\frac{t(t+1)}{2},\quad t=1,\cdots,n.$$

图的最小无符号拉普拉斯特征值和最小度满足如下关系.

定理 3.38[46] 设 G 是有 $n \geqslant 2$ 个顶点的连通图, δ 是 G 的最小度, 则 $q_n(G) < \delta$.

图的第二大无符号拉普拉斯特征值和第二大度满足如下关系.

定理 3.39[46] 设图 G 的最大度和第二大度分别为 d_1 和 d_2, 则

$$q_2(G) \geqslant d_2 - 1.$$

如果 $q_2(G) = d_2 - 1$, 则 $d_1 = d_2$.

图的最大无符号拉普拉斯特征值和顶点度满足如下关系.

定理 3.40[41] 对任意图 G, 我们有

$$\min\{d_i + d_j : ij \in E(G)\} \leqslant q_1(G) \leqslant \max\{d_i + d_j : ij \in E(G)\}.$$

定理 3.41 设 G 是有 $n \geqslant 2$ 个顶点的连通图, Δ 是 G 的最大度, 则

$$q_1(G) \geqslant \Delta + 1,$$

取等号当且仅当 G 是星 $K_{1,n-1}$.

证明 由定理 3.27 和定理 3.33 可得

$$q_1(G) \geqslant \mu_1(G) \geqslant \Delta + 1,$$

并且 $q_1(G) = \Delta + 1$ 当且仅当 G 是星 $K_{1,n-1}$. □

第 4 章　图的星集与线星集

图的星集与星补在图的特征子空间、特征值重数和子图结构刻画等方面有重要应用, 其研究最初源于文献 [53] 和 [114] 的工作. 作者将星集与星补的思想发展到图的拉普拉斯矩阵, 给出了图的线星集和线星补的基本理论. 本章主要介绍图的星集与线星集的重要结果.

4.1　图的星集

设 X 是图 G 的顶点子集, μ 是 G 的重数为 k 的特征值. 令 $G-X$ 表示将 G 中属于 X 的顶点以及所有与 X 中顶点关联的边删去得到的子图. 如果 $|X|=k$ 并且 μ 不是 $G-X$ 的特征值, 则 X 称为 G 的关于特征值 μ 的星集, $G-X$ 称为 G 的关于特征值 μ 的星补. 由特征值的交错性可知, 每删去 X 中的一个顶点, μ 的重数就减少 1.

首先我们给出图的星集和星补的存在性.

命题 4.1　对任意图 G 的任意特征值 μ, 其星集和星补一定存在.

证明　设 A 是图 G 的邻接矩阵. 如果 μ 是 G 的重数为 k 的特征值, 则 $\mu I-A$ 的秩等于 $n-k$, 其中 n 是 G 的顶点数. 由于 $\mu I-A$ 实对称, 因此 $\mu I-A$ 有一个秩等于 $n-k$ 的 $n-k$ 阶主子阵, 这个主子阵对应的诱导子图即为特征值 μ 的星补. □

下面是星集的重构定理.

定理 4.2[41]　设 X 是图 G 的顶点子集, 并且 G 的邻接矩阵分块表示为

$$A_G=\begin{pmatrix} A_X & B^\top \\ B & C \end{pmatrix},$$

其中 A_X 是 X 的诱导子图的邻接矩阵. 那么 X 是 G 的特征值 μ 的星集当且仅当 μ 不是 C 的特征值并且

$$\mu I-A_X=B^\top(\mu I-C)^{-1}B.$$

如果 X 是 μ 的星集, 则特征值 μ 的特征子空间为

$$\mathcal{E}(\mu)=\left\{\begin{pmatrix} y \\ (\mu I-C)^{-1}By \end{pmatrix}: y\in\mathbb{R}^{|X|}\right\}.$$

证明 顶点子集 X 是 G 的特征值 μ 的星集当且仅当 μ 不是 C 的特征值并且 $\mu I-A_G$ 的秩等于 $n-|X|$. 由定理 1.76 可得

$$\begin{aligned}\operatorname{rank}(\mu I-A_G)&=\operatorname{rank}\begin{pmatrix}\mu I-A_X & -B^\top\\ -B & \mu I-C\end{pmatrix}\\&=\operatorname{rank}(\mu I-C)+\operatorname{rank}(\mu I-A_X-B^\top(\mu I-C)^{-1}B).\end{aligned}$$

因此 X 是 μ 的星集当且仅当 μ 不是 C 的特征值并且

$$\mu I-A_X=B^\top(\mu I-C)^{-1}B.$$

特征值 μ 的特征子空间是线性方程组 $(\mu I-A_G)x=0$ 的解集. 由于 $\mu I-A_X=B^\top(\mu I-C)^{-1}B$, 因此 $\begin{pmatrix}0 & 0\\ 0 & (\mu I-C)^{-1}\end{pmatrix}$ 是 $\mu I-A_G$ 的一个 $\{1\}$-逆. 令

$$(\mu I-A_G)^{(1)}=\begin{pmatrix}0 & 0\\ 0 & (\mu I-C)^{-1}\end{pmatrix},$$

那么我们有

$$I-(\mu I-A_G)^{(1)}(\mu I-A_G)=\begin{pmatrix}I & 0\\ (\mu I-C)^{-1}B & 0\end{pmatrix}.$$

由定理 1.64可知, 线性方程组 $(\mu I-A_G)x=0$ 的解集为

$$\left\{\begin{pmatrix}y\\ (\mu I-C)^{-1}By\end{pmatrix}: y\in\mathbb{R}^{|X|}\right\}.$$ □

对于图 G 的一个顶点子集 U, 如果 $V(G)\backslash U$ 中任意顶点都至少与 U 的一个顶点邻接, 则称 U 是 G 的控制集. 在 U 中与点 u 邻接的顶点集称为点 u 的 U 邻域.

定理 4.3 设 X 是图 G 的特征值 μ 的星集, 并且令 $\overline{X}=V(G)\backslash X$.

(1) 如果 $\mu\neq 0$, 则 $\overline{X}$ 是一个控制集.

(2) 如果 $\mu\neq 0,-1$, 则 $\overline{X}$ 是一个控制集, 并且 X 中不同顶点有不同的 $\overline{X}$ 邻域.

证明 图 G 的邻接矩阵可分块表示为

$$A_G=\begin{pmatrix}A_X & B^\top\\ B & C\end{pmatrix},$$

其中 A_X 是星集 X 的诱导子图的邻接矩阵. 由定理 4.2可得

$$\mu I - A_X = B^\top(\mu I - C)^{-1}B.$$

如果 $\mu \neq 0$, 则 $\mu I - A_X$ 的对角元素都不为零. 故 B 的每一列都不是零向量, $\overline{X}$ 是一个控制集.

如果 X 中两个顶点 u, v 有相同的 $\overline{X}$ 邻域, 则

$$\mu = (\mu I - A_X)_{uu} = (\mu I - A_X)_{uv}$$

是 0 或 -1. 因此如果 $\mu \neq 0, -1$, 则 X 中不同顶点有不同的 $\overline{X}$ 邻域. □

图 G 的最小控制集包含的顶点数称为 G 的控制数. 由上述定理可得到如下推论.

推论 4.4　设 k 是图 G 的最大特征值重数, 则 G 的控制数不超过 $|V(G)|-k$.

下面的定理保证了连通图的特征值一定有一个连通的星补.

定理 4.5[41]　设 μ 是连通图 G 的一个特征值, K 是 G 的一个连通的诱导子图并且 μ 不是 K 的特征值, 则 μ 有一个包含 K 的连通的星补.

星集中的邻接顶点有如下性质.

定理 4.6[115]　如果 u 和 v 是图 G 的一个星集中两个邻接的顶点, 则边 uv 不是 G 的割边.

4.2　星集的应用

由于图的特征值 μ 的星集包含的顶点数等于 μ 的重数, 因此星集自然成为研究图的特征值重数的有效工具. 2003 年, Bell 和 Rowlinson 应用图的星集理论给出了图的特征值重数的如下不等式.

定理 4.7[5]　设 $\mu \notin \{0, \pm 1\}$ 是图 G 的重数为 k 的特征值, 则

$$|V(G)| \leqslant \frac{1}{2}t(t+1),$$

其中 $t = |V(G)| - k$.

应用图的星集可得到树的特征值重数的上界.

定理 4.8[41]　设 μ 是树 T 的重数为 k 的特征值, 并且 T 有 p 个悬挂点, 则 $k \leqslant p$.

证明　特征值 μ 有一个星集 X 使得星补 $T - X$ 是连通的. 由定理 4.6可知 X 中每个点都是悬挂点. 因此 $k = |X| \leqslant p$. □

应用图的星集可得到单圈图的特征值重数的上界.

定理 4.9[22] 设 μ 是单圈图 G 的重数为 k 的特征值, 并且 G 有 p 个悬挂点. 如果 $\mu \notin \left\{2\cos\frac{2\pi j}{g} : j=1,\cdots,g\right\}$, 其中 g 是 G 的围长, 则 $k \leqslant p$.

证明 圈 C_g 是 G 的诱导子图. 如果 $\mu \notin \left\{2\cos\frac{2\pi j}{g} : j=1,\cdots,g\right\}$, 则 μ 不是 C_g 的特征值. 由定理 4.5 可知, μ 有一个星集 X 使得星补 $G-X$ 是单圈的. 由定理 4.6 可知 X 中每个点都是悬挂点. 因此 $k \leqslant p$. □

图的星集还可以用于刻画例外图的结构.

定理 4.10[39] 设图 G 的最小特征值是 -2, 则 G 是例外图当且仅当特征值 -2 有一个星补是例外图.

最小特征值大于 -2 的例外图最多有 8 个顶点, 由定理 4.7 和定理 4.10 可得到如下结论.

定理 4.11 例外图最多有 36 个顶点.

如果图 G 的特征值 μ 的特征子空间与全 1 向量不是正交的, 则称 μ 是 G 的主特征值. 由定理 4.2 不难得到如下结论.

定理 4.12 图 G 的邻接矩阵分块表示为

$$A_G = \begin{pmatrix} A_X & B^\top \\ B & C \end{pmatrix},$$

其中 C 是 G 的特征值 μ 的一个星补的邻接矩阵. 那么 μ 不是主特征值当且仅当

$$B^\top(\mu I - C)^{-1}e = -e,$$

其中 e 是全 1 向量.

4.3 图的线星集

设 Y 是图 G 的边子集, $\mu > 0$ 是 G 的重数为 k 的拉普拉斯特征值. 令 $G[Y]$ 表示 G 的具有边集 Y 的生成子图, $G-Y$ 表示将 G 中属于 Y 的所有边删去得到的子图. 如果 $|Y| = k$ 并且 μ 不是 $G-Y$ 的拉普拉斯特征值, 则称 Y 是 G 的关于拉普拉斯特征值 μ 的线星集, 生成子图 $G-Y$ 是关于 μ 的线星补. 由拉普拉斯特征值的交错性质可知, 每删去 Y 中的一条边, μ 的重数就减少 1.

下面我们给出拉普拉斯特征值的线星集的存在性.

命题 4.13[151] 对任意图 G 的任意非零拉普拉斯特征值 μ, 其线星集和线星补一定存在.

证明 令 R_G 表示图 G 的点弧关联矩阵. 由于 $L_G = R_G R_G^\top$ 和 $R_G^\top R_G$ 有相同的非零特征值 (包括重数), 因此图 G 的重数是 k 的非零拉普拉斯特征值 μ

是 $R_G^\top R_G$ 的重数为 k 的特征值. 那么 $\mu I - R_G^\top R_G$ 的秩等于 $|E(G)| - k$. 由于 $\mu I - R_G^\top R_G$ 实对称, 因此 $\mu I - R_G^\top R_G$ 有一个秩等于 $|E(G)| - k$ 的 $|E(G)| - k$ 阶主子阵. 故 R_G 可表示为 $R_G = \begin{pmatrix} R_1 & R_2 \end{pmatrix}$, 其中 R_1 是一个 $|E(G)| \times (|E(G)| - k)$ 矩阵使得 $\mu I - R_1^\top R_1$ 可逆. 由 $\mu > 0$ 可知 $\mu I - R_1 R_1^\top$ 可逆. 注意到 $R_1 R_1^\top$ 是图 G 的一个生成子图 (将 R_2 的列对应的边子集删去) 的拉普拉斯矩阵. 因此 R_2 的列对应的边子集是 μ 的线星集. □

拉普拉斯特征值的线星集有如下判定定理.

定理 4.14[151]　设 Y 是图 G 的一个边子集, 则 Y 是 G 的非零拉普拉斯特征值 μ 的线星集当且仅当

$$R_{G[Y]}^\top (\mu I - L_{G-Y})^{-1} R_{G[Y]} = I,$$

其中 $R_{G[Y]}$ 是 $G[Y]$ 的任意定向的点弧关联矩阵.

证明　令 k 是图 G 的非零拉普拉斯特征值 μ 的重数, 并且令

$$M = \begin{pmatrix} 0 & R_G^\top \\ R_G & 0 \end{pmatrix}.$$

由引理 1.79可知, $\sqrt{\mu}$ 是 M 的重数为 k 的特征值. 图 G 的边子集 Y 是 μ 的线星集当且仅当 $|Y| = k$ 并且 μ 不是 $G - Y$ 的拉普拉斯特征值. 矩阵 M 可以表示为

$$M = \begin{pmatrix} 0 & 0 & R_{G[Y]}^\top \\ 0 & 0 & R_{G-Y}^\top \\ R_{G[Y]} & R_{G-Y} & 0 \end{pmatrix}.$$

由于 $L_{G-Y} = R_{G-Y} R_{G-Y}^\top$, 根据引理 1.79 可知, $\mu \neq 0$ 不是 L_{G-Y} 的特征值当且仅当 $\sqrt{\mu}$ 不是 $N = \begin{pmatrix} 0 & R_{G-Y}^\top \\ R_{G-Y} & 0 \end{pmatrix}$ 的特征值, 即 $\sqrt{\mu} I - N$ 非奇异. 故 Y 是 μ 的线星集当且仅当 $\sqrt{\mu} I - N$ 非奇异并且

$$\operatorname{rank}(\sqrt{\mu} I - M) = \operatorname{rank}(\sqrt{\mu} I - N).$$

由定理 1.76 可得

$$\operatorname{rank}(\sqrt{\mu} I - M) = \operatorname{rank}(\sqrt{\mu} I - N) + \operatorname{rank}(S),$$

其中

$$S = \mu I - \begin{pmatrix} 0 & R_{G[Y]}^\top \end{pmatrix} (\sqrt{\mu} I - N)^{-1} \begin{pmatrix} 0 \\ R_{G[Y]} \end{pmatrix}.$$

由 $\text{rank}(\sqrt{\mu}I-M)=\text{rank}(\sqrt{\mu}I-N)$ 可得

$$\text{rank}(S)=0,\quad S=0.$$

因此

$$\begin{pmatrix}0 & R_{G[Y]}^{\top}\end{pmatrix}\begin{pmatrix}\sqrt{\mu}I & -R_{G-Y}^{\top}\\ -R_{G-Y} & \sqrt{\mu}I\end{pmatrix}^{-1}\begin{pmatrix}0\\ R_{G[Y]}\end{pmatrix}=\mu I.$$

由定理 1.80 可得

$$R_{G[Y]}^{\top}\left(\sqrt{\mu}I-\frac{1}{\sqrt{\mu}}R_{G-Y}R_{G-Y}^{\top}\right)^{-1}R_{G[Y]}=\sqrt{\mu}I,$$

$$R_{G[Y]}^{\top}(\mu I-L_{G-Y})^{-1}R_{G[Y]}=I.$$ □

下面是拉普拉斯特征值的线星集的另一个等价的判定定理.

定理 4.15[151] 设 Y 是图 G 的一个边子集, 则 Y 是 G 的非零拉普拉斯特征值 μ 的线星集当且仅当以下条件成立:

(1) μ 不是 $G-Y$ 的拉普拉斯特征值.

(2) $G[Y]$ 是一个森林.

(3) $(\mu I-L_{G-Y})^{-1}$ 是 $L_{G[Y]}$ 的 $\{1\}$-逆.

如果 Y 是 μ 的线星集, 则特征值 μ 的特征子空间为

$$\mathcal{E}(\mu)=\{(\mu I-L_{G-Y})^{-1}L_{G[Y]}y:y\in\mathbb{R}^n\},$$

其中 n 是 G 的顶点数.

证明 由定理 4.14 可知, Y 是 μ 的线星集当且仅当 μ 不是 $G-Y$ 的拉普拉斯特征值并且

$$R_{G[Y]}^{\top}(\mu I-L_{G-Y})^{-1}R_{G[Y]}=I.\tag{4.1}$$

此时, $R_{G[Y]}$ 列满秩. 由于 $L_{G[Y]}=R_{G[Y]}R_{G[Y]}^{\top}$, 根据定理 1.63 可知, 等式 (4.1) 成立当且仅当 $R_{G[Y]}$ 列满秩并且 $(\mu I-L_{G-Y})^{-1}$ 是 $L_{G[Y]}$ 的 $\{1\}$- 逆. 设 $H_1,\cdots,H_t$ 是 $G[Y]$ 的连通分支, 则

$$\text{rank}(R_{G[Y]})=\sum_{i=1}^{t}\text{rank}(R_{H_i})=\sum_{i=1}^{t}(|V(H_i)|-1).$$

因此 $R_{G[Y]}$ 列满秩当且仅当 $G[Y]$ 的每个连通分支是树. 故 Y 是 μ 的线星集当且仅当 (1)~(3) 成立.

由于 $L_G=L_{G-Y}+L_{G[Y]}$, 因此特征值 μ 的特征子空间为

$$\{x\in\mathbb{R}^n:L_Gx=\mu x\}=\{x\in\mathbb{R}^n:(\mu I-L_{G-Y}-L_{G[Y]})x=0\}.$$

如果 Y 是 μ 的线星集, 则 $(\mu I - L_{G-Y})^{-1}$ 是 $L_{G[Y]}$ 的 $\{1\}$-逆. 故 $(\mu I - L_{G-Y})^{-1}$ 也是 $\mu I - L_{G-Y} - L_{G[Y]}$ 的 $\{1\}$-逆. 由定理 1.64 可知, 线性方程组 $(\mu I - L_{G-Y} - L_{G[Y]})x = 0$ 的通解为

$$\begin{aligned} x &= [I - (\mu I - L_{G-Y})^{-1}(\mu I - L_{G-Y} - L_{G[Y]})]y \\ &= (\mu I - L_{G-Y})^{-1} L_{G[Y]} y, \end{aligned}$$

其中 $y \in \mathbb{R}^n$. 因此 μ 的特征子空间为

$$\mathcal{E}(\mu) = \{(\mu I - L_{G-Y})^{-1} L_{G[Y]} y : y \in \mathbb{R}^n\}. \qquad \square$$

定理 4.16 设 $\mu > 0$ 是正则图 G 的一个拉普拉斯特征值, 则 μ 有一个正则的线星补当且仅当 G 有一个完美匹配 Y 使得 Y 是 μ 的线星集.

证明 如果 G 有一个完美匹配 Y 使得 Y 是 μ 的线星集, 则 $G - Y$ 是 μ 的一个正则的线星补. 如果 μ 有一个线星集 Y 使得 $G - Y$ 正则, 则由 $L_G = L_{G-Y} + L_{G[Y]}$ 可知 $G[Y]$ 正则. 由于 $G[Y]$ 是一个森林 (见定理 4.15), 因此 Y 是 G 的完美匹配. $\square$

例 4.1 彼得森图 P 的拉普拉斯谱为 $5^{(4)}, 2^{(5)}, 0$. 彼得森图 P 有一个完美匹配 M 使得 $P - M$ 是两个 5 圈 C_5 的并. 注意到 2 不是 C_5 的拉普拉斯特征值, 故彼得森图的拉普拉斯特征值 2 有一个正则的线星补.

定理 4.17[151] 设 μ 是图 G 的一个拉普拉斯特征值, H 是 G 的生成子图并且 μ 不是 H 的拉普拉斯特征值. 那么图 G 关于 μ 有一个线星补包含 H.

定理 4.18[151] 设 G 是一个连通二部图, $\mu_1, \cdots, \mu_r$ 是 G 的所有相异的非零拉普拉斯特征值. 对 G 的任意生成树 T, T 的边集 $E(T)$ 有一个划分 $E_1 \cup \cdots \cup E_r$ 使得 E_i 是 μ_i 的线星集 $(i = 1, \cdots, r)$.

设 Y 是图 G 的边子集, $\mu > 0$ 是 G 的重数为 k 的无符号拉普拉斯特征值. 如果 $|Y| = k$ 并且 μ 不是 $G - Y$ 的无符号拉普拉斯特征值, 则称 Y 是 G 的关于无符号拉普拉斯特征值 μ 的线星集, 生成子图 $G - Y$ 是 μ 的线星补. 由无符号拉普拉斯特征值的交错性质可知, 每删去 Y 中的一条边, μ 的重数就减少 1.

由定理 3.24 和定理 3.25 可得到如下结果.

定理 4.19 设 $\mu > 0$ 是图 G 的一个无符号拉普拉斯特征值. 对于 $Y \subseteq E(G)$, 以下命题等价.

(1) Y 是无符号拉普拉斯特征值 μ 的线星集.

(2) Y 是线图 $\mathcal{L}(G)$ 的特征值 $\mu - 2$ 的星集.

(3) Y 是细分图 $S(G)$ 的特征值 $\sqrt{\mu}$ 的星集.

由于图的特征值的星集一定存在, 因此由上述定理可得到如下结果.

命题 4.20[151] 对任意图 G 的任意非零无符号拉普拉斯特征值 μ, 其线星集和线星补一定存在.

无符号拉普拉斯特征值的线星集有如下判定定理.

定理 4.21[151] 设 Y 是图 G 的一个边子集, 则 Y 是 G 的非零无符号拉普拉斯特征值 μ 的线星集当且仅当

$$B_{G[Y]}^{\top}(\mu I - Q_{G-Y})^{-1}B_{G[Y]} = I,$$

其中 $B_{G[Y]}$ 是 $G[Y]$ 的点边关联矩阵.

证明 令 B_G 表示图 G 的点边关联矩阵. 细分图 $S(G)$ 的邻接矩阵可表示为

$$A_{S(G)} = \begin{pmatrix} 0 & B_G^{\top} \\ B_G & 0 \end{pmatrix}.$$

由定理 4.19 可知, 图 G 的边子集 Y 是 μ 的线星集当且仅当 Y 是细分图 $S(G)$ 的特征值 $\sqrt{\mu}$ 的星集. 矩阵 $A_{S(G)}$ 可以表示为

$$A_{S(G)} = \begin{pmatrix} 0 & 0 & B_{G[Y]}^{\top} \\ 0 & 0 & B_{G-Y}^{\top} \\ B_{G[Y]} & B_{G-Y} & 0 \end{pmatrix}.$$

由星集的重构定理可知, Y 是 $\sqrt{\mu}$ 的星集当且仅当 $\sqrt{\mu}$ 不是 $\begin{pmatrix} 0 & B_{G-Y}^{\top} \\ B_{G-Y} & 0 \end{pmatrix}$ 的特征值, 并且

$$\begin{pmatrix} 0 & B_{G[Y]}^{\top} \end{pmatrix} \begin{pmatrix} \sqrt{\mu}I & -B_{G-Y}^{\top} \\ -B_{G-Y} & \sqrt{\mu}I \end{pmatrix}^{-1} \begin{pmatrix} 0 \\ B_{G[Y]} \end{pmatrix} = \mu I.$$

由定理 1.80 可得

$$B_{G[Y]}^{\top}\left(\sqrt{\mu}I - \frac{1}{\sqrt{\mu}}B_{G-Y}B_{G-Y}^{\top}\right)^{-1}B_{G[Y]} = \sqrt{\mu}I,$$

$$B_{G[Y]}^{\top}(\mu I - Q_{G-Y})^{-1}B_{G[Y]} = I.$$

□

下面是无符号拉普拉斯特征值的线星集的另一个等价的判定定理.

定理 4.22[151] 设 Y 是图 G 的一个边子集, 则 Y 是 G 的非零无符号拉普拉斯特征值 μ 的线星集当且仅当以下条件成立:

(1) μ 不是 $G-Y$ 的无符号拉普拉斯特征值.

(2) $G[Y]$ 的每个连通分支是树或奇单圈图.

(3) $(\mu I - Q_{G-Y})^{-1}$ 是 $Q_{G[Y]}$ 的 $\{1\}$-逆.

如果 Y 是 μ 的线星集, 则特征值 μ 的特征子空间为

$$\mathcal{E}(\mu) = \{(\mu I - Q_{G-Y})^{-1} Q_{G[Y]} y : y \in \mathbb{R}^n\},$$

其中 n 是 G 的顶点数.

证明　由定理 4.21 可知, Y 是 μ 的线星集当且仅当 μ 不是 $G-Y$ 的无符号拉普拉斯特征值并且

$$B_{G[Y]}^{\top}(\mu I - Q_{G-Y})^{-1} B_{G[Y]} = I. \tag{4.2}$$

此时, $B_{G[Y]}$ 列满秩. 由于 $Q_{G[Y]} = B_{G[Y]} B_{G[Y]}^{\top}$, 根据定理 1.63 可知, 等式 (4.2) 成立当且仅当 $B_{G[Y]}$ 列满秩并且 $(\mu I - Q_{G-Y})^{-1}$ 是 $Q_{G[Y]}$ 的 $\{1\}$-逆. 设 $H_1, \cdots, H_t$ 是 $G[Y]$ 的连通分支, 则

$$\mathrm{rank}(B_{G[Y]}) = \sum_{i=1}^{t} \mathrm{rank}(B_{H_i}).$$

由引理 2.44 可知, $B_{G[Y]}$ 列满秩当且仅当 $G[Y]$ 的每个连通分支是树或奇单圈图. 故 Y 是 μ 的线星集当且仅当 (1)$\sim$(3) 成立.

由于 $Q_G = Q_{G-Y} + Q_{G[Y]}$, 因此特征值 μ 的特征子空间为

$$\{x \in \mathbb{R}^n : Q_G x = \mu x\} = \{x \in \mathbb{R}^n : (\mu I - Q_{G-Y} - Q_{G[Y]})x = 0\}.$$

如果 Y 是 μ 的线星集, 则 $(\mu I - Q_{G-Y})^{-1}$ 是 $Q_{G[Y]}$ 的 $\{1\}$-逆. 故 $(\mu I - Q_{G-Y})^{-1}$ 也是 $\mu I - Q_{G-Y} - Q_{G[Y]}$ 的 $\{1\}$-逆. 由定理 1.64 可知, 线性方程组 $(\mu I - Q_{G-Y} - Q_{G[Y]})x = 0$ 的通解为

$$\begin{aligned} x &= [I - (\mu I - Q_{G-Y})^{-1}(\mu I - Q_{G-Y} - Q_{G[Y]})]y \\ &= (\mu I - Q_{G-Y})^{-1} Q_{G[Y]} y, \end{aligned}$$

其中 $y \in \mathbb{R}^n$. 因此 μ 的特征子空间为

$$\mathcal{E}(\mu) = \{(\mu I - Q_{G-Y})^{-1} Q_{G[Y]} y : y \in \mathbb{R}^n\}. \qquad \square$$

定理 4.23[151]　设 $\mu > 0$ 是图 G 的一个无符号拉普拉斯特征值, H 是 G 的生成子图并且 μ 不是 H 的无符号拉普拉斯特征值. 那么图 G 关于 μ 有一个线星补包含 H.

如果图 G 的无符号拉普拉斯特征值 μ 的特征子空间与全 1 向量不是正交的, 则称 μ 是 G 的主特征值.

定理 4.24 设 Y 是图 G 的非零无符号拉普拉斯特征值 μ 的线星集, 则 μ 不是主特征值当且仅当

$$e^{\top}(\mu I - Q_{G-Y})^{-1}B_{G[Y]} = 0,$$

其中 e 是全 1 向量, $B_{G[Y]}$ 是 $G[Y]$ 的点边关联矩阵.

证明 由定理 4.22 可知, μ 不是主特征值当且仅当 $e^{\top}(\mu I - Q_{G-Y})^{-1}Q_{G[Y]} = 0$. 由于 $G[Y]$ 的每个连通分支是树或奇单圈图 (见定理 4.22), 因此 $B_{G[Y]}$ 列满秩. 由 $Q_{G[Y]} = B_{G[Y]}B_{G[Y]}^{\top}$ 和定理 1.63 可知, $e^{\top}(\mu I - Q_{G-Y})^{-1}Q_{G[Y]} = 0$ 当且仅当

$$e^{\top}(\mu I - Q_{G-Y})^{-1}B_{G[Y]} = 0. \qquad \square$$

对于图 G 的顶点 u, 令 $F(u)$ 表示所有与 u 关联的边的集合, $N(u)$ 表示所有与 u 邻接的点的集合, 并且令 $\overline{N(u)} = N(u) \cup \{u\}$. 正则图特征值的星集与无符号拉普拉斯特征值的线星集有如下转换关系.

定理 4.25 设 G 是一个 r 正则图, μ 是 G 的非零无符号拉普拉斯特征值. 对任意顶点 $u \in V(G)$, 如果 $N(u)$ 是特征值 $\mu - r$ 的星集, 则 $F(u)$ 是无符号拉普拉斯特征值 μ 的线星集.

证明 图 G 的邻接矩阵可分块表示为

$$A_G = \begin{pmatrix} A_{N(u)} & e & B^{\top} \\ e^{\top} & 0 & 0 \\ B & 0 & A_H \end{pmatrix},$$

其中 $A_{N(u)}$ 是点集 $N(u)$ 的诱导子图的邻接矩阵, A_H 是点集 $V(G) \setminus (N(u) \cup \{u\})$ 的诱导子图的邻接矩阵. 生成子图 $G - F(u)$ 的无符号拉普拉斯矩阵可分块表示为

$$Q_{G-F(u)} = \begin{pmatrix} 0 & 0 & 0 \\ 0 & (r-1)I + A_{N(u)} & B^{\top} \\ 0 & B & rI + A_H \end{pmatrix}.$$

如果 $N(u)$ 是图 G 的特征值 $\mu - r$ 的星集, 则由定理 4.2 可知, $\mu \neq r$, $(\mu - r)I - A_H$ 非奇异并且

$$\begin{aligned} (\mu - r)I - A_{N(u)} &= \begin{pmatrix} e & B^{\top} \end{pmatrix} \begin{pmatrix} (\mu - r)^{-1} & 0 \\ 0 & [(\mu - r)I - A_H]^{-1} \end{pmatrix} \begin{pmatrix} e^{\top} \\ B \end{pmatrix} \\ &= (\mu - r)^{-1}J + B^{\top}[(\mu - r)I - A_H]^{-1}B, \end{aligned}$$

其中 J 是全 1 矩阵. 令

$$S = (\mu - r + 1)I - A_{N(u)} - B^{\top}[(\mu - r)I - A_H]^{-1}B = I + (\mu - r)^{-1}J,$$

直接计算可得 $S^{-1}=I-\mu^{-1}J$. 由引理 1.77 可知, 矩阵

$$\mu I-Q_{G-F(u)}=\begin{pmatrix}\mu & 0 & 0\\ 0 & (\mu-r+1)I-A_{N(u)} & -B^{\top}\\ 0 & -B & (\mu-r)I-A_H\end{pmatrix}$$

非奇异. 由引理 1.80 可得

$$(\mu I-Q_{G-F(u)})^{-1}=\begin{pmatrix}\mu^{-1} & 0 & 0\\ 0 & I-\mu^{-1}J & *\\ 0 & * & *\end{pmatrix}.$$

由定理 4.22 可知, $F(u)$ 是无符号拉普拉斯特征值 μ 的线星集. □

第 5 章　图的谱刻画

如何由谱刻画图的结构是图谱理论的经典问题, 在图的同构判定中有重要的理论意义. Van Dam 和 Haemers 猜测几乎所有的图可由谱唯一确定. 本章主要介绍图的谱刻画的基本理论, 包括构造同谱图的经典方法、图的同谱不变量以及作者在图的谱确定问题方面的研究成果.

5.1　同谱图与图的谱唯一性

同构的图显然是同谱的, 但反过来同谱的图不一定同构. 存在许多非同构的同谱图的例子.

1982 年, Godsil 和 McKay 在 [70] 中提出了一种构造同谱图的局部变换方法, 该变换后来被称为 Godsil-McKay 变换. 下面的定理是 Godsil-McKay 变换的核心原理.

定理 5.1[79]　设 N 是一个 $b\times c$ 的 $(0,1)$ 矩阵, 且 N 的列和只有 $0,b,b/2$ 三种情况. 将 N 的列和为 $b/2$ 的列 v 都替换为 $e-v$ 得到矩阵 $\widetilde{N}$, 其中 e 是全 1 向量. 设 B 是行和为常数的 $b\times b$ 对称矩阵, C 是 $c\times c$ 对称矩阵, 并且令

$$M=\begin{pmatrix} B & N \\ N^{\top} & C \end{pmatrix},\quad \widetilde{M}=\begin{pmatrix} B & \widetilde{N} \\ \widetilde{N}^{\top} & C \end{pmatrix}.$$

那么 M 和 $\widetilde{M}$ 同谱.

证明　令 $P=\begin{pmatrix} \frac{2}{b}J-I_b & 0 \\ 0 & I_c \end{pmatrix}$, 其中 J 是全 1 矩阵, 则 $P^2=I$, $P=P^{-1}$ 且 $PMP^{-1}=\widetilde{M}$. □

如果定理 5.1 中的 M 和 $\widetilde{M}$ 是两个图的邻接矩阵, 那么我们能得到一对同谱图. 定理 5.1 中的 M 是图 G 的邻接矩阵当且仅当 G 的顶点集有一个二划分 $V(G)=V_1\cup V_2$ 使得 V_1 的诱导子图正则, 并且 V_2 中每个顶点在 V_1 中的邻点数只有 $0,b,b/2$ 三种情况.

如果定理 5.1 中的 M 和 $\widetilde{M}$ 是两个图的拉普拉斯矩阵, 那么我们能得到一对拉普拉斯同谱图. 定理 5.1 中的 M 是图 G 的拉普拉斯矩阵当且仅当 G 的顶点集

有一个二划分 $V(G)=V_1\cup V_2$ 使得 V_2 中每个顶点在 V_1 中的邻点数只有 $0,b,b/2$ 三种情况, 并且 V_1 中每个顶点在 V_2 中的邻点数是个常数.

下面是 Schwenk 提出的一种构造同谱图的方法.

定理 5.2[118] 设 u_1,u_2 是图 H 的两个顶点, 使得 $H-u_1$ 和 $H-u_2$ 同谱, 将图 G 的顶点 v 与 H 的顶点 u_i 粘结得到图 G_i $(i=1,2)$, 则 G_1 和 G_2 是同谱图.

证明 由定理 2.16 可知结论成立. □

通过笛卡儿积型运算可以由小的同谱图构造大的同谱图.

定理 5.3 设 G_i 和 H_i 是同谱图 $(i=1,2)$, 则

(1) $G_1\times G_2$ 和 $H_1\times H_2$ 是同谱图.

(2) $G_1\otimes G_2$ 和 $H_1\otimes H_2$ 是同谱图.

证明 由定理 2.54 和定理 2.55 可知结论成立. □

下面三个命题给出了可由图的谱、拉普拉斯谱以及无符号拉普拉斯谱确定的图参数和图性质.

命题 5.4[44] 以下图参数和图性质可由谱确定:

(1) 图 G 的顶点数;

(2) 图 G 的边数;

(3) 图 G 是不是正则的;

(4) 任意长度的闭通路个数.

命题 5.5[44] 以下图参数和图性质可由拉普拉斯谱确定:

(1) 图 G 的顶点数;

(2) 图 G 的边数;

(3) 图 G 是不是正则的;

(4) 图 G 的连通分支的数量;

(5) 图 G 的生成树个数;

(6) 图 G 的顶点度的平方和.

命题 5.6[44] 以下图参数和图性质可由无符号拉普拉斯谱确定:

(1) 图 G 的顶点数;

(2) 图 G 的边数;

(3) 图 G 是不是正则的;

(4) 图 G 的二部连通分支的数量;

(5) 图 G 的顶点度的平方和.

如果图 G 的每个顶点的度是 r 或 $r+1$, 则称 G 是 $(r,r+1)$ 近似正则的[130].

引理 5.7 设 G 是一个 $(r,r+1)$ 近似正则图. 如果图 H 与图 G 是 (无符号) 拉普拉斯同谱图, 则 G 和 H 有相同的度序列.

证明 设 $d_1, d_2, \cdots, d_n$ 是 H 的度序列. 由命题 5.5 和命题 5.6 可知, $\sum_{i=1}^n d_i$ 等于 G 的顶点度的和, 并且 $\sum_{i=1}^n d_i^2$ 等于 G 的顶点度的平方和. 因此 G 和 H 有相同的度序列. □

引理 5.8[23] 设 G 是 n 个顶点的 r 正则图, 图 H 与联图 $G \vee K_1$ 是无符号拉普拉斯同谱图. 如果 $r \in \{0, 1, 2, n-1, n-2, n-3\}$, 则 $H = G \vee K_1$.

如果与图 G 同谱 (拉普拉斯同谱、无符号拉普拉斯同谱) 的图都与 G 同构, 则称图 G 是谱 (拉普拉斯谱、无符号拉普拉斯谱) 唯一的. 哪些图可由谱唯一确定是图谱理论中的困难问题, 最初许多学者研究了一些特殊图类的谱唯一性.

下面介绍一些已知的谱唯一的图类.

定理 5.9[44] 完全图、道路和圈是谱唯一的.

定理 5.10[50] 道路的补图是谱唯一的.

定理 5.11[26] 完全图删去任意一个匹配是谱唯一的.

定理 5.12[12] 如果正整数 a, b 满足 $\dfrac{a}{b} > \dfrac{5}{3}$ 且 $b > 1$, 则 $K_a \cup K_b$ 是拉普拉斯谱唯一的.

定理 5.13[44] 任意多个道路的并是拉普拉斯谱唯一的, 也是无符号拉普拉斯谱唯一的.

谱唯一图和无符号拉普拉斯谱唯一图有如下关系.

定理 5.14[129] 如果图 G 的细分图是谱唯一的, 则图 G 是无符号拉普拉斯谱唯一的.

证明 设图 H 是图 G 的无符号拉普拉斯同谱图. 由定理 3.24 可知, 细分图 $S(G)$ 和细分图 $S(H)$ 是同谱图. 如果 $S(G)$ 谱唯一, 则 $S(H) = S(G)$, $H = G$, 即图 G 是无符号拉普拉斯谱唯一的. □

5.2 星 状 树

恰好有一个顶点的度大于 2 的树称为星状树. 令 $T(l_1, l_2, \cdots, l_\Delta)$ 表示最大度为 Δ 的星状树并且

$$T(l_1, l_2, \cdots, l_\Delta) - v = P_{l_1} \cup P_{l_2} \cup \cdots \cup P_{l_\Delta},$$

其中 v 是度为 Δ 的顶点.

2002 年, Lepović 和 Gutman 证明了如下结果.

定理 5.15[93] 两个星状树是同构的当且仅当它们同谱.

关于星状树的谱唯一性有如下结论.

定理 5.16[131] 设 $G = T(l_1, l_2, l_3)$, 则 G 是谱唯一的当且仅当对任意正整数 $l \geqslant 2$ 均有 $(l_1, l_2, l_3) \neq (l, l, 2l-2)$.

关于星状树的拉普拉斯谱唯一性有如下结论.

定理 5.17[109] 星状树是拉普拉斯谱唯一的.

2008 年, 文献 [65] 指出与星状树同谱不同构的图往往有一个连通分支是道路, 这种情况需要道路的特征多项式能整除星状树的特征多项式, 即星状树的谱包含道路的谱. 下面是星状树的谱包含道路的谱的充分必要条件.

引理 5.18[65] 令 $G=T(l_1,l_2,\cdots,l_\Delta)$. 对于道路 P_n, $\phi_{P_n}(x)|\phi_G(x)$ 当且仅当以下之一成立.

(1) $l_1,l_2\equiv -1 \bmod (n+1)$.

(2) $l_1+l_2\equiv -2 \bmod (n+1)$ 并且 $l_3,l_4,\cdots,l_\Delta\equiv 0 \bmod (n+1)$.

为了研究星状树的无符号拉普拉斯谱唯一性, 需要引入如下引理.

引理 5.19 令 $G=T(l_1,l_2,\cdots,l_\Delta)$. 对于道路 P_n $(n>1)$, $\varphi_{P_n}(x)|\varphi_G(x)$ 当且仅当

$$l_1+l_2\equiv -1 \bmod n,\quad l_3,l_4,\cdots,l_\Delta\equiv 0 \bmod n.$$

证明 先证必要性. 如果 $\varphi_{P_n}(x)|\varphi_G(x)$, 则存在多项式 $f(x)$ 使得

$$\varphi_G(x)=\varphi_{P_n}(x)f(x).$$

由定理 3.24 可得

$$\begin{aligned}\phi_{S(G)}(x)&=x^{-1}\varphi_G(x^2)=x^{-1}\varphi_{P_n}(x^2)f(x^2),\\ \phi_{P_{2n-1}}(x)&=\phi_{S(P_n)}(x)=x^{-1}\varphi_{P_n}(x^2),\\ \phi_{S(G)}(x)&=\phi_{P_{2n-1}}(x)f(x^2).\end{aligned}$$

因此

$$\phi_{P_{2n-1}}(x)|\phi_{S(G)}(x).$$

注意到 $S(G)=T(2l_1,2l_2,\cdots,2l_\Delta)$ 是星状树. 由引理 5.18 可知以下之一成立:

(i) $2l_1,2l_2\equiv -1 \bmod 2n$,

(ii) $2l_1+2l_2\equiv -2 \bmod 2n$ 并且 $2l_3,2l_4,\cdots,2l_\Delta\equiv 0 \bmod 2n$.

由于 $2l_1,2l_2$ 是偶数, (ii) 一定成立. 因此

$$l_1+l_2\equiv -1 \bmod n,\quad l_3,l_4,\cdots,l_\Delta\equiv 0 \bmod n.$$

下面证明充分性. 如果 $l_1+l_2\equiv -1 \bmod n$ 并且 $l_3,l_4,\cdots,l_\Delta\equiv 0 \bmod n$, 则

$$2l_1+2l_2\equiv -2 \bmod 2n,\quad 2l_3,2l_4,\cdots,2l_\Delta\equiv 0 \bmod 2n.$$

由引理 5.18 可知 $\phi_{P_{2n-1}}(x)|\phi_{S(G)}(x)$. 故存在多项式 $g(x)$ 使得

$$\phi_{S(G)}(x)=\phi_{P_{2n-1}}(x)g(x).$$

由定理 3.24 可得

$$\phi_{S(G)}(x) = x^{-1}\varphi_G(x^2) = \phi_{P_{2n-1}}(x)g(x),$$

$$\phi_{P_{2n-1}}(x) = \phi_{S(P_n)}(x) = x^{-1}\varphi_{P_n}(x^2),$$

$$\varphi_G(x^2) = \varphi_{P_n}(x^2)g(x).$$

因此 $\varphi_{P_n}(x)|\varphi_G(x)$. □

文献 [110] 和 [111] 分别研究了最大度为 3 和 4 的星状树的无符号拉普拉斯谱唯一性. 下面我们给出最大度大于 4 的星状树的无符号拉普拉斯谱唯一性.

定理 5.20[24] 令 $G = T(l_1, l_2, \cdots, l_\Delta)(\Delta \geqslant 5)$, 则 G 是无符号拉普拉斯谱唯一的.

证明 设图 H 与图 G 是无符号拉普拉斯同谱图, 我们需要证明 H 与 G 同构. 令 $n = l_1 + l_2 + \cdots + l_\Delta + 1$, 由命题 5.6 可知, G 和 H 都有 n 个顶点和 $n-1$ 条边. 如果 H 连通, 则 H 是一个树, 此时 G 和 H 都是二部图, 它们是拉普拉斯同谱图. 由定理 5.17 可知 $G = H$. 接下来我们仅考虑 H 不连通的情况. 由于 H 有 n 个顶点和 $n-1$ 条边, 因此 H 至少有一个连通分支是树. 由推论 3.19 可知, H 有一个连通分支是树, 其他连通分支是奇单圈图.

下面证明 H 有两个连通分支. 由定理 3.24 可知, 细分图 $S(G)$ 的特征值为

$$\sqrt{q_1(G)}, \quad \sqrt{q_2(G)}, \quad \cdots, \quad \sqrt{q_{n-1}(G)}, \quad 0, \quad -\sqrt{q_{n-1}(G)},$$
$$-\sqrt{q_{n-2}(G)}, \quad \cdots, \quad -\sqrt{q_1(G)}.$$

令 v 为 $S(G)$ 中度为 Δ 的顶点, 则

$$S(G) - v = P_{2l_1} \cup P_{2l_2} \cup \cdots \cup P_{2l_\Delta}.$$

道路的谱半径小于 2, 由图的特征值的交错性可得

$$\sqrt{q_2(G)} < 2, \quad q_2(H) = q_2(G) < 4.$$

由于 $\Delta(G) = \Delta \geqslant 5$, 应用定理 3.41 可得

$$q_1(H) = q_1(G) \geqslant \Delta + 1 \geqslant 6.$$

故 H 有一个连通分支的最大无符号拉普拉斯特征值大于 4, 其余连通分支的最大无符号拉普拉斯特征值小于 4. 由于 H 有一个连通支是树, 其他连通分支是奇单圈图, 应用定理 3.30 可知 $H = P_f \cup N$, 其中 P_f 是 f 个顶点的道路, N 是最大度大于 2 的奇单圈图. 图 H 和 G 的所有非零无符号拉普拉斯特征值的乘积等于

$$n = l_1 + l_2 + \cdots + l_\Delta + 1 = 4f. \tag{5.1}$$

由于 H 与 G 是无符号拉普拉斯同谱图, 因此 $\varphi_{P_f}(x)|\varphi_G(x)$. 由引理 5.19 可得

$$l_1+l_2\equiv -1 \bmod f,\quad l_3,l_4,\cdots,l_\Delta\equiv 0 \bmod f.$$

故存在正整数 $k_1,k_3,k_4,\cdots,k_\Delta$ 使得

$$l_1+l_2=k_1f-1,\quad l_3=k_3f,\quad l_4=k_4f,\quad \cdots,\quad l_\Delta=k_\Delta f.$$

由等式 (5.1) 可得

$$k_1+k_3+k_4+\cdots+k_\Delta=4.$$

由于 $\Delta\geqslant 5$, 因此 $\Delta=5, k_1=k_3=k_4=k_5=1$, $G=T(l_1,l_2,f,f,f)$ 并且 $l_1+l_2=f-1$. 显然 $f\geqslant 3, l_1<f, l_2<f$. 不妨设 $l_1\leqslant l_2<f$.

令 $\Delta(H)$ 表示图 H 的最大度. 由定理 3.40 和定理 3.41 可知 $6<q_1(G)=q_1(H)<7$ 并且 $3<\Delta(H)<6$. 由于 $H=P_f\cup N$ 并且 $\Delta(N)>2$, 因此 $\Delta(N)$ 只能是 4 或 5. 下面分别考虑这两种情况.

情况 1 $\Delta(N)=4$.

设图 N 中有 a_i 个度为 i 的顶点 $(i=1,2,3,4)$. 由于 $H=P_f\cup N$ 和 $G=T(l_1,l_2,f,f,f)$ 是无符号拉普拉斯同谱图并且 $l_1+l_2=f-1$, 应用命题 5.6 可得

$$\begin{cases}a_1+a_2+a_3+a_4+f=4f,\\ a_1+2a_2+3a_3+4a_4+2(f-1)=2(4f-1),\\ a_1+4a_2+9a_3+16a_4+4f-6=16f+6.\end{cases}\tag{5.2}$$

解方程组 (5.2) 可得

$$a_1=6-a_4,\quad a_2=3f+3a_4-12,\quad a_3=6-3a_4.$$

由 $a_3\geqslant 0, a_4\geqslant 1$ 可得 $1\leqslant a_4\leqslant 2$.

假设 N 有 t 个三角形. 如果 $a_4=1$, 则 $a_3=3, a_2=3f-9, a_1=5$. 由推论 3.21 可得

$$\begin{aligned}4^3+3^3\times 3+2^3(3f-9)+5+2^3(f-2)+2+6t&=5^3+2^3(4f-6)+5,\\ t&=3.\end{aligned}$$

这与 N 是单圈图矛盾.

如果 $a_4=2$, 则 $a_3=0, a_2=3f-6, a_1=4$. 由推论 3.21 可得

$$4^3\times 2+2^3(3f-6)+4+2^3(f-2)+2+6t=5^3+2^3(4f-6)+5,$$

$$t=2.$$

这与 N 是单圈图矛盾.

情况 2 $\Delta(N)=5$.

假设 $H=P_f\cup N$ 的度序列为 $d_1,d_2,d_3,\cdots,d_{4f}$, 其中 $d_1=5$. 由于 $H=P_f\cup N$ 和 $G=T(l_1,l_2,f,f,f)$ 是无符号拉普拉斯同谱图并且 $l_1+l_2=f-1$, 应用命题 5.6 可得

$$\sum_{i=2}^{4f} d_i=\underbrace{2+2+\cdots+2}_{4f-6}+1+1+1+1+1,$$

$$\sum_{i=2}^{4f} d_i^2=\underbrace{2^2+2^2+\cdots+2^2}_{4f-6}+1^2+1^2+1^2+1^2+1^2.$$

由于 $\sum_{i=2}^{4f} d_i^2$ 取最小值当且仅当 $|d_i-d_j|\leqslant 1$ 对任意 $i,j\in\{2,3,\cdots,4f\}$ 均成立, 因此 G 和 H 的度序列均为

$$5,\underbrace{2,2,\cdots,2}_{4f-6},1,1,1,1,1.$$

由 $H=P_f\cup N$ 可知, N 的度序列为 $5,\underbrace{2,2,\cdots,2}_{3f-4},1,1,1$. 令 $U(n_1,n_2,n_3,g)$ 表示在奇圈 C_g 的一个点上接三个长度为 n_1,n_2,n_3 的道路得到的单圈图, 则 $N=U(n_1,n_2,n_3,g)$ 并且 $n_1+n_2+n_3+g=4f-f=3f$.

由定理 3.24 可知, 细分图 $S(G)$ 和 $S(H)$ 有相同的特征多项式, 即

$$\phi_{S(G)}(x)=\phi_{S(H)}(x).$$

设 v 是 $S(G)$ 中度为 5 的顶点, 由 $S(G)=T(2l_1,2l_2,2f,2f,2f)$ 可得

$$S(G)-v=P_{2l_1}\cup P_{2l_2}\cup P_{2f}\cup P_{2f}\cup P_{2f},$$

$$\phi_{S(G)-v}(x)=\phi_{P_{2l_1}}(x)\phi_{P_{2l_2}}(x)[\phi_{P_{2f}}(x)]^3.$$

由图的特征值的交错性质可得

$$[\phi_{P_{2f}}(x)]^2|\phi_{S(G)}(x),\quad [\phi_{P_{2f}}(x)]^2|\phi_{S(H)}(x).$$

由 $H=P_f\cup N$ 可知 $S(H)=P_{2f-1}\cup S(N)$, 其中 $S(N)=U(2n_1,2n_2,2n_3,2g)$. 因此

$$[\phi_{P_{2f}}(x)]^2|\phi_{P_{2f-1}}(x)\phi_{S(N)}(x).$$

由道路的谱可知, $\phi_{P_{2f-1}}(x)$ 和 $\phi_{P_{2f}}(x)$ 的最大公因式为 1, 因此

$$[\phi_{P_{2f}}(x)]^2|\phi_{S(N)}(x).$$

设 u 是 $S(N)$ 的圈 C_{2g} 上的与最大度点不邻接的任意顶点, 由图的特征值的交错性质可得

$$\phi_{P_{2f}}(x)|\phi_{S(N)-u}(x).$$

注意到 $S(N)-u$ 是星状树, 我们假设 $S(N)-u=T(2n_1,2n_2,2n_3,n_4,n_5)$, 其中 $n_4+n_5=2g-2$. 由引理 5.18 可知, 存在集合 $\{m_1,m_2,m_3,m_4,m_5\}=\{2n_1,2n_2,2n_3,n_4,n_5\}$ 使得以下之一成立:

(I) $m_1,m_2\equiv -1 \bmod (2f+1)$,

(II) $m_1+m_2\equiv -2 \bmod (2f+1)$ 并且 $m_3,m_4,\cdots,m_\Delta\equiv 0 \bmod (2f+1)$.

由 $n_1+n_2+n_3+g=3f$ 和 $n_4+n_5=2g-2$ 可得

$$m_1+m_2+m_3+m_4+m_5=2n_1+2n_2+2n_3+n_4+n_5=6f-2.$$

如果 (II) 成立, 则

$$m_1+m_2=p_1(2f+1)-2,\quad m_3=p_3(2f+1),$$
$$m_4=p_4(2f+1),\quad m_5=p_5(2f+1),$$

其中 p_1,p_3,p_4,p_5 是正整数. 此时

$$m_1+m_2+m_3+m_4+m_5\geqslant 2f+1-2+3(2f+1)=8f+2,$$

矛盾. 故 (I) 成立.

由于对任意满足 $n_4+n_5=2g-2$ 的正整数 n_4,n_5 都有 (I) 成立, 因此

$$m_1,m_2\in\{2n_1,2n_2,2n_3\}.$$

令 $m_1=r_1(2f+1)-1, m_2=r_2(2f+1)-1$, 其中 r_1,r_2 是正整数. 由于 $m_1,m_2\in\{2n_1,2n_2,2n_3\}$ 是偶数, 因此 r_1,r_2 是奇数. 由 $m_1+m_2+m_3+m_4+m_5=6f-2$ 可得 $r_1=r_2=1$. 故 $m_1=m_2=2f$, 并且在 n_1,n_2,n_3 中至少有两个是 f. 不妨设 $n_1\leqslant n_2\leqslant n_3$. 由 $n_1+n_2+n_3+g=3f$ 可得 $n_2=n_3=f$. 前面我们已经知道 $G=T(l_1,l_2,f,f,f)$ $(l_1\leqslant l_2<f)$. 如果 $n_1\geqslant l_1$, 则通过细分 N 中圈上的边可以构造一个图 $\widetilde{N}$, 使得 G 是 $\widetilde{N}$ 的真子图. 由定理 3.29 可知 $q_1(N)>q_1(G)$, 矛盾. 因此 $n_1<l_1$.

由定理 3.25 可知, 线图 $\mathcal{L}(G)$ 和 $\mathcal{L}(H)$ 是同谱图. 故对任意正整数 k, $\mathcal{L}(G)$ 和 $\mathcal{L}(H)$ 有相同数量的长度为 k 的闭通路.

如果 $\dfrac{g-1}{2} \leqslant n_1 < l_1$, 则由等式 (2.1) 可知, $\mathcal{L}(H)$ 比 $\mathcal{L}(G)$ 有更多数量的长度为 g 的闭通路, 矛盾.

如果 $n_1 < \dfrac{g-3}{2}$, 则由等式 (2.1) 可知, $\mathcal{L}(G)$ 和 $\mathcal{L}(H)$ 含有不同数量的长度为 $2n_1+3$ 的闭通路, 矛盾.

由于 g 是奇数, 因此 $n_1 = \dfrac{g-3}{2}$. 由等式 (2.1) 可知, $\mathcal{L}(G)$ 比 $\mathcal{L}(H)$ 含有更多数量的长度为 g 的闭通路, 矛盾.

综上所述, 与图 G 有相同无符号拉普拉斯谱的图一定与 G 同构, 即最大度大于 4 的星状树是无符号拉普拉斯谱唯一的. □

图 G 的无符号拉普拉斯谱和它的线图的谱有转换关系. 大多数星状树是无符号拉普拉斯谱唯一的, 我们自然想到研究星状树的线图是否可由谱确定. 为了研究这个问题, 需要引入下面两个引理.

引理 5.21 设图 H 有 n 个非零的无符号拉普拉斯特征值, 并且 $\widehat{H}$ 是在 H 的一个顶点上接一个花瓣得到的多重图, 则

$$q_i(H) \leqslant \lambda_i(\mathcal{L}(\widehat{H}))+2 \leqslant q_i(H)+2 \ (i=1,2,\cdots,n),$$
$$q_i(H) \leqslant \lambda_i(\mathcal{L}(\widehat{H}))+2 \leqslant q_{i-2}(H) \ (i=3,4,\cdots,n).$$

证明 设 C 是多重图 $\widehat{H}$ 的点边关联矩阵, 则 $C^\top C = A(\mathcal{L}(\widehat{H}))+2I$, 其中 $A(\mathcal{L}(\widehat{H}))$ 是广义线图 $\mathcal{L}(\widehat{H})$ 的邻接矩阵. 通过直接计算可知

$$CC^\top = \begin{pmatrix} Q_H & 0 \\ 0 & 0 \end{pmatrix} + E,$$

其中 Q_H 是 H 的无符号拉普拉斯矩阵, $E = \mathrm{diag}(2,0,\cdots,0,2)$. 由于 $C^\top C$ 和 $CC^\top$ 有相同的非零特征值, 应用定理 1.31 可得

$$q_i(H) \leqslant \lambda_i(\mathcal{L}(\widehat{H}))+2 \leqslant q_i(H)+2, \quad i=1,2,\cdots,n,$$
$$q_i(H) \leqslant \lambda_i(\mathcal{L}(\widehat{H}))+2 \leqslant q_{i-2}(H), \quad i=3,4,\cdots,n.$$ □

引理 5.22 设 G 是树或奇单圈图, 其度序列为 $d_1 \geqslant d_2 \geqslant \cdots \geqslant d_n$. 如果 $d_1 \geqslant 5$ 并且 $q_2(G) < 4$, 则 $d_2 \leqslant 3$ 并且每个度为 3 的顶点都与最大度点邻接.

证明 如果 $d_2 \geqslant 4$, 则 G 有一个生成子图 $H = H_1 \cup H_2$, 其中 H_1, H_2 是两个最大度至少为 3 的连通图. 由无符号拉普拉斯特征值的交错性质可知 $q_2(G) \geqslant 4$, 与 $q_2(G) < 4$ 矛盾. 因此 $d_2 \leqslant 3$. 如果 G 有一个度为 3 的顶点与最大度点不邻接, 则 G 有一个生成子图 $H = H_1 \cup H_2$, 其中 H_1, H_2 是两个最大度至少为 3

的连通图, 由前面的证明同样可推出矛盾. 因此每个度为 3 的顶点都与最大度点邻接. □

下面我们给出星状树的线图的谱唯一性.

定理 5.23[146]　设 $G=T(l_1,l_2,\cdots,l_\Delta)$ $(\Delta\geqslant 12)$, 则线图 $\mathcal{L}(G)$ 可由谱确定.

证明　如果 G 是星 $K_{1,\Delta}$, 则 $\mathcal{L}(G)$ 是完全图. 已知完全图是谱唯一的, 因此我们假定 G 不是星. 令 $m=l_1+l_2+\cdots+l_\Delta$. 由定理 3.24 可知, 细分图 $S(G)$ 的特征值是

$$\pm\sqrt{q_1(G)},\quad \pm\sqrt{q_2(G)},\quad \cdots,\quad \pm\sqrt{q_m(G)},\quad 0.$$

令 v 为 $S(G)$ 中度为 Δ 的顶点, 则 $S(G)-v=P_{2l_1}\cup P_{2l_2}\cup\cdots\cup P_{2l_\Delta}$. 由图的特征值的交错性质可得

$$\sqrt{q_2(G)}<2,\quad q_2(G)<4.$$

由定理 3.41 可得

$$q_1(G)>\Delta+1\geqslant 13.$$

由定理 3.25 可得

$$\lambda_1(\mathcal{L}(G))>11,\quad \lambda_2(\mathcal{L}(G))<2.$$

设图 H 是 $\mathcal{L}(G)$ 的同谱图. 首先考虑 H 连通的情况. 由定理 2.50 可知, H 是某个树 $\widetilde{T}$ 的线图. 由定理 3.25 可知, $\widetilde{T}$ 是 $G=T(l_1,l_2,\cdots,l_\Delta)$ 的无符号拉普拉斯同谱图. 由定理 5.20 可知 H 与 $\mathcal{L}(G)$ 同构. 接下来考虑 H 不连通的情况. 由于 $\lambda_1(\mathcal{L}(G))>11$ 并且 $\lambda_2(\mathcal{L}(G))<2$, 因此

$$H=H_1\cup H_2\cup\cdots\cup H_r\ (r\geqslant 2),$$

其中 H_i $(i=1,2,\cdots,r)$ 是 H 的连通分支, 并且

$$\begin{aligned}&\lambda_1(H_1)=\lambda_1(\mathcal{L}(G))>11,\quad \lambda_2(H_1)\leqslant\lambda_2(\mathcal{L}(G))<2,\\&\lambda_1(H_i)\leqslant\lambda_2(\mathcal{L}(G))<2,\quad i=2,\cdots,r.\end{aligned}$$

由定理 2.32 可知, $H_2,H_3,\cdots,H_r$ 是 Smith 图的真子图, 因此它们都是树. 令 $t(G)$ 表示图 G 的三角形个数. 由于 H 与 $\mathcal{L}(G)$ 是同谱图, 因此 $t(H_1)=t(\mathcal{L}(G))$. 由于 G 是星状树, 由定理 2.49 可知, H_i $(i=1,2,\cdots,r)$ 的最小特征值大于 -2. 已知最小特征值大于 -2 的例外图的谱半径都小于 7 (见文献 [40] 的表 A2). 由于 $\lambda_1(H_1)>11$, 因此 H_1 不是例外图. 由定理 2.49 可知以下之一成立:

(a) H_1 是树的线图.

(b) H_1 是奇单圈图的线图.

(c) H_1 是带有一个花瓣的树的广义线图.

下面我们考虑以上三种情况.

情况 1 $H_1=\mathcal{L}(K)$, 其中 K 是一个树. 已知 $q_1(G)>\Delta+1$, $\lambda_1(H_1)=\lambda_1(\mathcal{L}(G))$ 并且 $\lambda_2(H_1)<2$. 由定理 3.25 可得

$$q_1(K)=q_1(G)>\Delta+1,\quad q_2(K)<4.$$

设 d_1 和 d_2 分别是 K 的最大和第二大度. 由于 $t(H_1)=t(\mathcal{L}(G))$, 因此 $d_1\leqslant\Delta$. 由定理 3.40 可得

$$d_1+d_2\geqslant q_1(K)>\Delta+1\geqslant 13,\quad d_1\geqslant 7.$$

由引理 5.22 可得 $d_2\leqslant 3$. 因此

$$d_2\leqslant 3,\quad \Delta-1\leqslant d_1\leqslant\Delta.$$

如果 $d_2\leqslant 2$, 则 K 是一个星状树. 由 $t(H_1)=t(\mathcal{L}(G))$ 可得 $d_1=\Delta$. 经过计算, H 和 $\mathcal{L}(G)$ 不能同时有相同的顶点数和边数, 与它们同谱矛盾.

如果 $d_2=3$, 则由 $t(H_1)=t(\mathcal{L}(G))$ 可得 $d_1=\Delta-1$ 并且

$$\frac{1}{6}(\Delta-1)(\Delta-2)(\Delta-3)+a_3=\frac{1}{6}\Delta(\Delta-1)(\Delta-2),$$

其中 a_3 是 K 中度为 3 的顶点个数. 因此 $a_3=\dfrac{1}{2}(\Delta-1)(\Delta-2)$. 由引理 5.22 可得 $a_3\leqslant\Delta-1$, 矛盾.

情况 2 $H_1=\mathcal{L}(K)$, 其中 K 是一个奇单圈图. 设 d_1 和 d_2 分别是 K 的最大和第二大度. 类似情况 1 的证明, 可以得到

$$q_1(K)=q_1(G)>\Delta+1,\ q_2(K)<4,$$
$$d_2\leqslant 3,\ \Delta-1\leqslant d_1\leqslant\Delta.$$

如果 $d_2\leqslant 2$, 则由 $t(H_1)=t(\mathcal{L}(G))$ 可得 $d_1=\Delta$ 并且 K 的围长至少是 5. 由 $\Delta\geqslant 12$ 可知, K 至少有 15 条边, 即 H_1 至少有 15 个顶点. 已知 $H_2,H_3,\cdots,H_r$ 都是树. 由于 H 和 $\mathcal{L}(G)$ 有相同的顶点数和边数, 经过计算可知 $r=2$, 即 $H=H_1\cup H_2$. 由于 H_1 至少有 15 个顶点, 因此 $\mathcal{L}(G)$ 至少有 16 个顶点. 由定理 2.50 可得

$$\prod_{i=1}^{m}(\lambda_i(\mathcal{L}(G))+2)=m+1=4\prod_{i=1}^{|V(H_2)|}(\lambda_i(H_2)+2),$$

其中 $m\geqslant 16$ 是 $\mathcal{L}(G)$ 的顶点数. 由 $m\geqslant 16$ 可知 $\prod_{i=1}^{|V(H_2)|}(\lambda_i(H_2)+2)>4$. 由定理 2.50 可推出 $H_2=\mathcal{L}(N)$, 其中 N 是一个树. 由于 H_2 是 Smith 图的一个连通

真子图, 因此 N 是一个道路. 注意到 G 和 $K\cup N$ 有相同的顶点数和边数. 由定理 3.25 可推出 G 和 $K\cup N$ 是无符号拉普拉斯同谱图, 这与定理 5.20 矛盾.

如果 $d_2=3$, 则由 $t(H_1)=t(\mathcal{L}(G))$ 和 $d_1\geqslant\Delta-1$ 可得 $d_1=\Delta-1$, 并且

$$\frac{1}{6}(\Delta-1)(\Delta-2)(\Delta-3)+t(K)+a_3=\frac{1}{6}\Delta(\Delta-1)(\Delta-2),$$

其中 a_3 是 K 中度为 3 的顶点个数. 由于 K 是一个奇单圈图, 因此 $t(K)\leqslant 1$. 故我们有 $a_3\geqslant\frac{1}{2}(\Delta-1)(\Delta-2)-1$. 由引理 5.22 可推出 $a_3\leqslant\Delta-1$, 矛盾.

情况 3 $H_1=\mathcal{L}(\widehat{K})$, 其中 $\widehat{K}$ 是具有一个花瓣的树. 假设 $\widehat{K}$ 是在树 K 的顶点 u 上附着一个花瓣得到的多重图, 并且点 u 的度是 d. 设 d_1 和 d_2 分别是 K 的最大和第二大度. 已知 $q_1(G)>\Delta+1, q_2(G)<4$, $\lambda_1(H_1)=\lambda_1(\mathcal{L}(G))$ 并且 $\lambda_2(H_1)\leqslant\lambda_2(\mathcal{L}(G))<2$. 由定理 3.25 可推出

$$\lambda_1(H_1)=\lambda_1(\mathcal{L}(G))=q_1(G)-2>\Delta-1.$$

由引理 5.21 可得

$$\begin{aligned}q_1(K)&\geqslant\lambda_1(H_1)>\Delta-1,\\ q_2(K)&\leqslant\lambda_2(H_1)+2<4.\end{aligned}$$

由定理 3.40 可得 $d_1+d_2\geqslant q_1(K)$. 因此 $d_1+d_2>\Delta-1\geqslant 11$, $d_1\geqslant 6$. 由引理 5.22 可推出 $d_2\leqslant 3$ 并且 K 中每个度为 3 的点都与最大度点邻接. 由 $t(H_1)=t(\mathcal{L}(G))$ 可得

$$\frac{1}{6}d_1(d_1-1)(d_1-2)+a_3+d(d-1)=\frac{1}{6}\Delta(\Delta-1)(\Delta-2), \tag{5.3}$$

其中 a_3 $(a_3\leqslant d_1)$ 是 K 中度为 3 的顶点个数.

如果 $d_2\leqslant 2$, 则 $a_3=0$. 由 $d_1+d_2>\Delta-1$ 可得 $d_1\geqslant\Delta-2$. 由等式 (5.3) 可得 $d_1=\Delta, d=1$, 因此 u 是 K 的悬挂点. 由于 $H_2,H_3,\cdots,H_r$ 都是树, 经计算可知, H 和 $\mathcal{L}(G)$ 不能同时有相同的顶点数和边数, 矛盾.

如果 $d_2=3$, 则 $0<a_3\leqslant d_1$. 由 $d_1+d_2>\Delta-1$ 可得 $d_1\geqslant\Delta-3$. 通过直接计算, 等式 (5.3) 有唯一解 $d_1=\Delta-2$, $a_3=\Delta-2$, $d=\Delta-2$. 故 u 是树 K 的最大度点并且 u 的每个邻点的度均为 3. 对于细分图 $S(K)$, 我们有

$$S(K)-u=N_1\cup N_2\cup\cdots\cup N_{\Delta-2},$$

其中 $N_i=T(1,x_i,y_i)$ 是星状树并且 x_i,y_i 是偶数. 由 $q_2(K)<4$ 和定理 3.24 可得

$$\lambda_2(S(K))<2.$$

由特征值的交错性质可知, $S(K)-u$ 最多有一个连通分支 N_j 满足 $\lambda_1(N_j)\geqslant 2$. 不妨设 $\lambda_1(N_i)<2$ $(i=1,2,\cdots,\Delta-3)$. 注意到 $N_i=T(1,x_i,y_i)$ 是星状树并且 x_i,y_i 是偶数. 由 $\lambda_1(N_i)<2$ 和定理 2.32 可知, N_i 为 $T(1,2,2)$ 或 $T(1,2,4)$ $(i=1,2,\cdots,\Delta-3)$. 由于 $\Delta\geqslant 12$, 因此 $S(K)-u$ 有五个连通分支 $N_1,\cdots,N_5$ 都同构于 $T(1,2,2)$ 或 $T(1,2,4)$. 由于 $2\cos\dfrac{\pi}{12}$ 是 $T(1,2,2)$ 的特征值且 $2\cos\dfrac{\pi}{30}$ 是 $T(1,2,4)$ 的特征值, 根据特征值的交错性质可知, $\left(2\cos\dfrac{\pi}{12}\right)^2$ 或 $\left(2\cos\dfrac{\pi}{30}\right)^2$ 是 K 的重数至少是 4 的无符号拉普拉斯特征值. 由引理 5.21 可知, $\left(2\cos\dfrac{\pi}{12}\right)^2$ 或 $\left(2\cos\dfrac{\pi}{30}\right)^2$ 是 G 的重数至少是 2 的无符号拉普拉斯特征值, 即 $2\cos\dfrac{\pi}{12}$ 或 $2\cos\dfrac{\pi}{30}$ 是 $S(G)$ 的重数至少是 2 的特征值. 已知 $S(G)-v=P_{2l_1}\cup P_{2l_2}\cup\cdots\cup P_{2l_\Delta}$. 由特征值的交错性可知, 存在 $i\in\{1,2,\cdots,\Delta\}$ 使得 $2\cos\dfrac{\pi}{12}$ 或 $2\cos\dfrac{\pi}{30}$ 是 P_{2l_i} 的特征值. 由例 2.4 可知, 存在 $j\in\{1,2,\cdots,2l_i\}$ 使得 $\dfrac{j}{2l_i+1}=\dfrac{1}{12}$ 或者 $\dfrac{1}{30}$, 矛盾. □

5.3 联　图

为了方便, 我们把拉普拉斯谱唯一这个性质简称为 DLS. 由定理 3.2 可得到如下结论.

命题 5.24　图 G 是 DLS 的当且仅当它的补图 $\overline{G}$ 是 DLS 的.

通过联图运算可以由小的 DLS 图构造大的 DLS 图, 本节主要介绍这方面的研究结果.

定理 5.25[123]　设 G 是 n 个顶点的 DLS 图并且 $\mu_{n-1}(G)<1$, 则 $G\vee K_r$ 是 DLS 的.

证明　由于 $\mu_{n-1}(G)<1$, 由定理 3.2 可得 $\mu_1(\overline{G})>n-1$. 如果 $\overline{G}$ 不连通, 则 $\overline{G}$ 的每个连通分支最多有 $n-1$ 个顶点. 由于连通图的最大拉普拉斯特征值不超过顶点数, 因此 $\mu_1(\overline{G})\leqslant n-1$, 矛盾. 故 $\overline{G}$ 连通. 由于 G 是 DLS 的, 因此 $\overline{G}$ 是 DLS 的, 并且 $G\vee K_r$ 是 DLS 的当且仅当 $\overline{G}\cup rK_1$ 是 DLS 的. 设图 H 与 $\overline{G}\cup rK_1$ 是拉普拉斯同谱图. 由于 $\mu_1(H)=\mu_1(\overline{G}\cup rK_1)=\mu_1(\overline{G})>n-1$, 因此 H 有一个连通分支 H_0 有至少 n 个顶点. 由于 H 与 $\overline{G}\cup rK_1$ 有相同数量的顶点和连通分支, 因此 H 有 $n+r$ 个顶点和 $r+1$ 个连通分支, 即 $H=H_0\cup rK_1$. 由于 H 和 $\overline{G}\cup rK_1$ 是拉普拉斯同谱图, 因此 H_0 和 $\overline{G}$ 是拉普拉斯同谱图. 由于 $\overline{G}$

是 DLS 的, 因此 $H_0 = \overline{G}$, $H = \overline{G} \cup rK_1$. 因此 $\overline{G} \cup rK_1$ 是 DLS 的, 即 $G \vee K_r$ 是 DLS 的. □

由上述定理可得到如下推论.

推论 5.26[45, 145] 设 G 是不连通的 DLS 图, 则 $G \vee K_r$ 是 DLS 的.

由定理 3.7 可知, 有割点的图的代数连通度不超过 1. 因此下面的结论推广了定理 5.25.

定理 5.27[123] 设 G 是有割点的 DLS 图, 则 $G \vee K_r$ 是 DLS 的.

证明 假设 G 有 n 个顶点. 由于 $\mu_{n-1}(G)$ 不超过点连通度, 因此 $\mu_{n-1}(G) \leqslant 1$. 如果 $\mu_{n-1}(G) < 1$, 则由定理 5.25 可知 $G \vee K_r$ 是 DLS 的. 如果 $\mu_{n-1}(G) = 1$, 则根据定理 3.8 可知 $G = G_0 \vee K_1$, 其中 G_0 是一个不连通图. 由于 G 是 DLS 的, 根据推论 3.3 可知 G_0 是不连通的 DLS 图. 由定理 5.25 可知 $G \vee K_r = G_0 \vee K_{r+1}$ 是 DLS 的. □

下面三个定理说明, 我们可以通过 DLS 树和 DLS 单圈图构造大的 DLS 联图.

定理 5.28[99] 设 G 是一个 DLS 树, 则 $G \vee K_r$ 是 DLS 的.

证明 如果 G 的顶点数不超过 2, 则 $G \vee K_r$ 是完全图, 此时 $G \vee K_r$ 是 DLS 的. 如果 G 有至少 3 个顶点, 则 G 有割点. 由定理 5.27 可知, 此时 $G \vee K_r$ 是 DLS 的. □

定理 5.29[99] 设 G 是一个 DLS 单圈图, 则 $G \vee K_r$ 是 DLS 的当且仅当 $G \neq C_6$.

证明 如果 G 有割点, 则由定理 5.27 可知 $G \vee K_r$ 是 DLS 的. 如果 G 没有割点, 则 G 是一个圈. 当 $G \neq C_6$ 时, 已知 $G \vee K_r$ 是 DLS 的[96]. 由于 $(2K_2 \cup K_1) \vee 2K_1 \vee K_{r-1}$ 和 $C_6 \vee K_r$ 是拉普拉斯同谱图, 因此 $C_6 \vee K_r$ 不是 DLS 的. 因此 $G \vee K_r$ 是 DLS 的当且仅当 $G \neq C_6$. □

定理 5.30 设 G 是 n 个顶点的 DLS 树, 则 $\overline{G} \vee K_r$ 是 DLS 的.

证明 如果 $n = 1$, 则 $\overline{G} \vee K_r = K_{r+1}$ 是 DLS 的. 因此我们假定 $n > 1$. 联图 $\overline{G} \vee K_r$ 是 DLS 的当且仅当 $G \cup rK_1$ 是 DLS 的. 设图 H 和 $G \cup rK_1$ 有相同的拉普拉斯谱. 由于 H 和 $G \cup rK_1$ 有相同数量的顶点数、边数和连通分支数, 因此 H 有 $n + r$ 个顶点、$n - 1$ 条边和 $r + 1$ 个连通分支. 如果 H 有一个连通分支不是树, 则 H 有至少 n 条边, 矛盾. 故 H 每个连通分支都是树. 我们可以假设 $H = H_0 \cup H_1 \cup \cdots \cup H_r$, 其中 H_i 是 n_i 个顶点的树, 并且 $\sum_{i=0}^{r} n_i = n + r$. 由于 H 和 $G \cup rK_1$ 是拉普拉斯同谱图并且 G 是 n 个顶点的树, 因此 H 的所有非零拉

普拉斯特征值的乘积为

$$\prod_{i=1}^{n-1}\mu_i(H)=\prod_{i=1}^{n-1}\mu_i(G)=n.$$

由于 H_i 是 n_i 个顶点的树, 因此 H_i 的所有非零拉普拉斯特征值的乘积为 n_i. 因此 H 的所有非零拉普拉斯特征值的乘积为

$$n_0n_1\cdots n_r=n.$$

不妨设 $n_0\geqslant n_1\geqslant\cdots\geqslant n_r\geqslant 1$. 由 $\sum_{i=0}^{r}n_i=n+r$ 可得 $n_0n_1\cdots n_r\geqslant n$, 取等号当且仅当 $n_0=n, n_1=n_2=\cdots=n_r=1$. 因此 $H=H_0\cup rK_1$. 由于 H 和 $G\cup rK_1$ 是拉普拉斯同谱图, 因此 H_0 和 G 是拉普拉斯同谱图. 由于 G 是 DLS 的, 因此 $H_0=G$, $H=G\cup rK_1$. 因此 $G\cup rK_1$ 是 DLS 的, 即 $\overline{G}\vee K_r$ 是 DLS 的. □

设 $v_0v_1\cdots v_k$ 是图 G 的一个道路. 如果 $d(v_0)>2, d(v_k)>2$ 并且 $d(v_i)=2$ $(i=1,\cdots,k-1)$, 则称 $v_0v_1\cdots v_k$ 是 G 的内部道路.

定理 5.31 设 G 是 $n\geqslant 9$ 个顶点的连通 DLS 图, 并且 G 有一个长度至少为 4 的内部道路, 则 $G\vee K_r$ 是 DLS 的.

证明 设 $v_0v_1\cdots v_k$ 是 G 的内部道路, 并且 $k\geqslant 4$. 令 $S=\{v_1,v_2,v_3\}$. 由定理 3.9 可得

$$\mu_{n-1}(G)\leqslant\frac{n|\partial S|}{|S|(n-|S|)}=\frac{2n}{3(n-3)}.$$

由于 $n\geqslant 9$, 因此

$$\mu_{n-1}(G)\leqslant\frac{2n}{3(n-3)}\leqslant 1.$$

如果 $\mu_{n-1}(G)<1$, 则由定理 5.25 可知 $G\vee K_r$ 是 DLS 的. 如果 $\mu_{n-1}(G)=1$, 则

$$\mu_{n-1}(G)=\frac{2n}{3(n-3)}=1,\quad n=9.$$

由定理 3.9 可知, 向量

$$x=\begin{pmatrix}\frac{2}{3} & \frac{2}{3} & \frac{2}{3} & -\frac{1}{3} & -\frac{1}{3} & -\frac{1}{3} & -\frac{1}{3} & -\frac{1}{3} & -\frac{1}{3}\end{pmatrix}^{\top}$$

是 $\mu_{n-1}(G)=1$ 的特征向量, 并且各个分量对应的顶点被标记为 $v_1,v_2,\cdots,v_8,v_0$. 注意到点 v_2 仅有两个邻点 v_1 和 v_3. 由特征方程 $L_Gx=x$ 的第 v_2 个分量可得 $2\times\frac{2}{3}-\frac{2}{3}-\frac{2}{3}=\frac{2}{3}$, 矛盾. □

设 G 是具有 n 个顶点和 m 条边的连通图. 如果 $m-n+1=k$, 则称 G 是 k 圈图. 显然树是 0 圈图. 1 圈图通常称为单圈图, 2 圈图通常称为双圈图.

推论 5.32　设 G 是 $n\geqslant 9$ 个顶点的 DLS 双圈图, 则 $G\vee K_r$ 是 DLS 的.

证明　图 5.1 是哑铃图、∞ 图和 Θ 图三种双圈图. 双圈图有以下三种类型.

(1) 哑铃型双圈图, 即在哑铃图上接一些树.

(2) ∞ 型双圈图, 即在 ∞ 图上接一些树.

(3) Θ 型双圈图, 即在 Θ 图上接一些树.

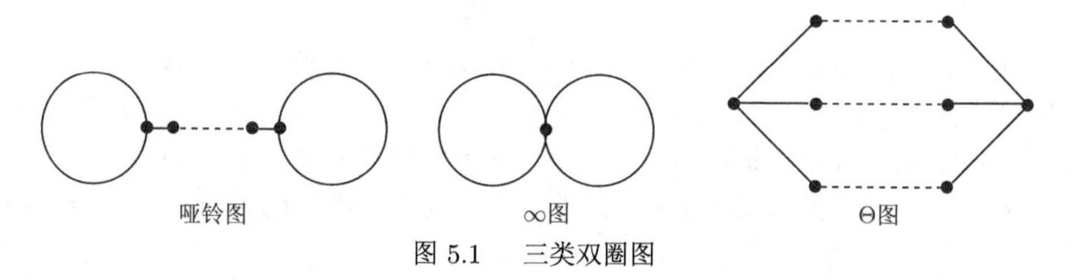

图 5.1　三类双圈图

如果 DLS 双圈图 G 有割点, 则由定理 5.27 可知 $G\vee K_r$ 是 DLS 的. 如果 G 没有割点, 则 G 是一个 Θ 图. 由于 $n\geqslant 9$, 因此 G 有一个长度至少为 4 的内部道路. 由定理 5.31 可知 $G\vee K_r$ 是 DLS 的. □

定理 5.33　设 G 是 n 个顶点的连通 DLS 图, 并且 $\mu_1(G)+\mu_{n-1}(G)<n-1$, 则 $G\vee K_r$ 是 DLS 的.

证明　由 $\mu_1(G)+\mu_{n-1}(G)<n-1$ 可知 $\mu_1(G)<n-1$. 由定理 3.2 可知 $\overline{G}$ 的代数连通度大于零, 故 $\overline{G}$ 连通. 联图 $G\vee K_r$ 是 DLS 的当且仅当 $\overline{G}\cup rK_1$ 是 DLS 的. 设图 H 和 $\overline{G}\cup rK_1$ 有相同的拉普拉斯谱, 则 H 有 $n+r$ 个顶点和 $r+1$ 个连通分支. 假设 $H=H_0\cup H_1\cup\cdots\cup H_r$, 其中 H_i 是 n_i 个顶点的连通图, 并且 $\sum_{i=0}^{r}n_i=n+r$. 不妨设 $n_0\geqslant n_1\geqslant\cdots\geqslant n_r\geqslant 1$.

如果 $n_1=1$, 则 $H_1=\cdots=H_r=K_1$. 由于 H 和 $\overline{G}\cup rK_1$ 是拉普拉斯同谱图, 因此 H_0 和 $\overline{G}$ 是拉普拉斯同谱图. 由于 $\overline{G}$ 是 DLS 的, 因此 $H_0=\overline{G}$, $H=\overline{G}\cup rK_1$.

如果 $n_1>1$, 则 $\mu_1(H_1)>0$. 由于 H 和 $\overline{G}\cup rK_1$ 是拉普拉斯同谱图, 根据定理 3.2 和定理 3.6, 我们有

$$n-\mu_{n-1}(G)=\mu_1(\overline{G})=\mu_1(H)\leqslant n_0,$$
$$n-\mu_1(G)=\mu_{n-1}(\overline{G})\leqslant\mu_1(H_1)\leqslant n_1.$$

故 $2n-[\mu_1(G)+\mu_{n-1}(G)]\leqslant n_0+n_1$. 由于 $\sum_{i=0}^{r}n_i=n+r$, 因此 $n_0+n_1\leqslant n+1$. 这样可以得到

$$2n-[\mu_1(G)+\mu_{n-1}(G)]\leqslant n+1,\quad \mu_1(G)+\mu_{n-1}(G)\geqslant n-1,$$

与 $\mu_1(G)+\mu_{n-1}(G)<n-1$ 矛盾.

因此 $\overline{G}\cup rK_1$ 是 DLS 的, 即 $G\vee K_r$ 是 DLS 的. □

下面的定理是文献 [145] 的定理 3.2 的进一步完善.

定理 5.34 设 G 是有 n 个顶点和 $m\leqslant 2n-6$ 条边的连通 DLS 图, 并且 $\overline{G}$ 连通. 设图 H 和 $G\vee K_r$ 有相同的拉普拉斯谱, 则以下之一成立:

(1) H 同构于 $G\vee K_r$.

(2) $H=N\vee 2K_1\vee K_{r-1}$, 其中 N 是一个有 $n-1$ 个顶点和 $c+1$ 条边的图. 此时 $\mu_1(G)=n-2$, $\mu_{n-2}(G)=\mu_{n-1}(G)=1$.

证明 由定理 3.2 可知, 补图 $\overline{H}$ 和 $\overline{G}\cup rK_1$ 是拉普拉斯同谱图. 由 $\overline{G}$ 连通可知 $\overline{H}$ 有 $r+1$ 个连通分支. 假设 $\overline{H}=H_0\cup H_1\cup\cdots\cup H_r$, 其中 H_i 是有 n_i 个顶点和 m_i 条边的连通图. 不妨设 $n_0\geqslant n_1\geqslant\cdots\geqslant n_r\geqslant 1$. 由于 G 有 $m\leqslant 2n-6$ 条边, 因此 $\overline{G}$ 有 n 个顶点和 $\dfrac{n(n-1)}{2}-m$ 条边. 由于 $\overline{H}$ 和 $\overline{G}\cup rK_1$ 有相同数量的顶点数和边数, 因此

$$\sum_{i=0}^{r}n_i=n+r,\ \sum_{i=0}^{r}m_i=\frac{n(n-1)}{2}-m.$$

由 $n_r\geqslant 1$ 可知 $n_0\leqslant n$. 故我们需要考虑下面三种情况.

情况 1 如果 $n_0=n$, 则 $n_1=n_2=\cdots=n_r=1$, 即 $\overline{H}=H_0\cup rK_1$. 由于 $\overline{H}$ 和 $\overline{G}\cup rK_1$ 是拉普拉斯同谱图, 因此 $\overline{G}$ 和 H_0 是拉普拉斯同谱图. 由于 $\overline{G}$ 是 DLS 图, 因此 $H_0=\overline{G}$, $\overline{H}=\overline{G}\cup rK_1$. 此时 H 同构于 $G\vee K_r$, 即 (1) 成立.

情况 2 如果 $n_0=n-1$, 则 $n_1=2, n_2=n_3=\cdots=n_r=1$, 即 H_0 有 $n-1$ 个顶点, $H_1=K_2$, $H_2=H_3=\cdots=H_r=K_1$. 由于 $\overline{H}=H_0\cup H_1\cup\cdots\cup H_r$ 和 $\overline{G}\cup rK_1$ 是拉普拉斯同谱图, 因此 $H_0\cup K_2$ 和 $\overline{G}\cup K_1$ 是拉普拉斯同谱图. 通过比较 $H_0\cup K_2$ 和 $\overline{G}\cup K_1$ 的边数可得

$$m_0+1=\frac{n(n-1)}{2}-m,\quad m_0=\frac{n(n-1)}{2}-m-1.$$

故 $\overline{H_0}$ 有 $n-1$ 个顶点和 $m-n+2$ 条边, 并且 $H=\overline{H_0}\vee 2K_1\vee K_{r-1}$. 由 $m\leqslant 2n-6$ 可知 $\overline{H_0}$ 至少有 3 个连通分支. 那么 $\lambda_1(\overline{H_0})\leqslant n-3$ 并且 0 是 $\overline{H_0}$ 的重数至少是 3 的拉普拉斯特征值. 由定理 3.2 可知

$$\mu_{n-2}(H_0)\geqslant 2,\quad \mu_1(H_0)=\mu_2(H_0)=n-1.$$

由于 $H_0\cup K_2$ 和 $\overline{G}\cup K_1$ 是拉普拉斯同谱图, 因此 $\mu_1(G)=n-2$, $\mu_{n-2}(G)=\mu_{n-1}(G)=1$. 故 (2) 成立.

情况 3　假设 $n_0 \leqslant n-2$. 已知 $\frac{n(n-1)}{2}-m=\sum_{i=0}^{r} m_i \leqslant \sum_{i=0}^{r} \frac{n_i(n_i-1)}{2}$. 由 $n-1 \leqslant m \leqslant 2n-6$ 可知 $n \geqslant 5$. 因此

$$
\begin{aligned}
\frac{(n-2)(n-3)}{2}+3 \leqslant \frac{n(n-1)}{2}-m=\sum_{i=0}^{r} m_i \leqslant \sum_{i=0}^{r} \frac{n_i(n_i-1)}{2} \\
\leqslant \frac{(n-2)(n-3)}{2}+3.
\end{aligned}
$$

由上述不等式可得

$$
n_0=n-2, \quad n_1=3, \quad n_2=n_3=\cdots=n_r=1,
$$

并且 H_0 和 H_1 都是完全图. 由于 $\overline{H}=H_0 \cup H_1 \cup \cdots \cup H_r$ 和 $\overline{G} \cup rK_1$ 是拉普拉斯同谱图, 因此 $K_{n-2} \cup K_3$ 和 $\overline{G} \cup K_1$ 是拉普拉斯同谱图. 如果 $n>7$, 则与定理 5.12 矛盾. 故 $5 \leqslant n \leqslant 7$.

如果 $n=5$, 则 $K_{n-2} \cup K_3$ 和 $\overline{G} \cup K_1$ 的拉普拉斯谱均为 $3,3,3,3,0,0$. 由矩阵树定理可知, 补图 $\overline{G}$ 的生成树个数是 $\frac{81}{5}$, 矛盾.

如果 $n=6$, 则 $\overline{G}$ 的拉普拉斯谱为 $4,4,4,3,3,0$. 由定理 3.2 可知, 图 G 的拉普拉斯谱为 $3,3,2,2,2,0$. 由矩阵树定理可知, 图 G 的生成树个数是 12. 由图 G 的点数和边数可知, 图 G 是 6 个顶点的单圈图, 此时 G 的生成树个数不超过 6, 矛盾.

如果 $n=7$, 则补图 $\overline{G}$ 的拉普拉斯谱为 $5,5,5,5,3,3,0$. 由矩阵树定理可知, 补图 $\overline{G}$ 的生成树个数是 $\frac{9 \times 5^4}{7}$, 矛盾. □

引理 5.35　设连通图 G 有 $n \geqslant 11$ 个顶点和 m 条边, 并且 $\overline{G}$ 连通. 如果 $\delta(G) \geqslant 2$ 并且 $\mu_1(G)=n-2$, 则 $m \geqslant 2n-6$.

证明　令 $N(i)$ 表示顶点 i 的邻点集合, d_i 表示点 i 的度. 由定理 3.35 可知, G 有两个邻接顶点 u 和 v 满足

$$
\begin{gathered}
n-2 \leqslant \frac{d_u(d_u+m_u)+d_v(d_v+m_v)-2 \sum\limits_{w \in N(u) \cap N(v)} d_w}{d_u+d_v}, \\
(n-2-d_u)d_u+(n-2-d_v)d_v \leqslant d_u m_u+d_v m_v-2 \sum_{w \in N(u) \cap N(v)} d_w.
\end{gathered}
$$

令 $c=|N(u) \cap N(v)|$, $r=|N(u) \cup N(v)|$, 则

$$
r=d_u+d_v-c \leqslant n.
$$

由 $\delta(G) \geqslant 2$ 可得

$$\begin{aligned} d_u m_u + d_v m_v - 2 \sum_{w \in N(u) \cap N(v)} d_w &\leqslant 2m - 2(n-r) - \sum_{w \in N(u) \cap N(v)} d_w \\ &\leqslant 2m - 2(n-r) - 2c. \end{aligned}$$

因此我们有

$$\begin{aligned} (n-2-d_u)d_u + (n-2-d_v)d_v &\leqslant 2m - 2(n-r) - 2c, \\ m &\geqslant \frac{(n-2-d_u)d_u + (n-2-d_v)d_v}{2} + n - r + c. \end{aligned}$$

不妨设 $d_v \leqslant d_u$. 由于 $\mu_1(G) = n-2$ 并且 $\overline{G}$ 连通, 根据定理 3.33 可得

$$2 \leqslant d_v \leqslant d_u \leqslant n-4.$$

令 $f(x) = (n-2-x)x$, 其中 $x \in [2, n-4]$, $n \geqslant 11$. 对任意 $x_0 \in [2, n-4]$ 均有 $f(x_0) = f(n-2-x_0)$. 对 x 取导数可得 $f'(x) = n-2-2x$. 因此对任意 $x_0 \in [3, n-5]$ 均有 $f(x_0) \geqslant 3(n-5)$, 对任意 $x_0 \in [2, n-4]$ 均有 $f(x_0) \geqslant 2(n-4)$.

如果 $2 < d_v < n-4$ 或者 $2 < d_u < n-4$, 则

$$\begin{aligned} m &\geqslant \frac{(n-2-d_u)d_u + (n-2-d_v)d_v}{2} + n - r + c \\ &\geqslant \frac{3(n-5) + 2(n-4)}{2} + n - r + c. \end{aligned}$$

由于 $n \geqslant 11, c \geqslant 0$ 并且 $r \leqslant n$, 因此

$$m \geqslant \frac{3(n-5) + 2(n-4)}{2} \geqslant 2n - 6.$$

如果 $d_u = d_v = 2$, 则 $m \geqslant 2(n-4) + n - r + c$. 由 $r = d_u + d_v - c = 4 - c$ 可得 $m \geqslant 2(n-4) + n + 2c - 4 \geqslant 3n - 12 \geqslant 2n - 6$.

如果 $d_u = d_v = n-4$, 则 $m \geqslant 2(n-4) + n - r + c$. 由 $r = d_u + d_v - c = 2(n-4) - c$ 可得 $m \geqslant n + 2c$. 由 $r = 2(n-4) - c \leqslant n$ 可得 $c \geqslant n - 8$. 因此我们有 $m \geqslant n + 2c \geqslant 3n - 16 \geqslant 2n - 6$.

如果 $d_v = 2, d_u = n-4$, 则 $m \geqslant 2(n-4)+n-r+c$. 由 $r = d_u+d_v-c = n-2-c$ 可得 $m \geqslant 2n - 6 + 2c \geqslant 2n - 6$. □

下面的定理说明对于边数相对较少的 DLS 图 G, 联图 $G \vee K_r$ 也是 DLS 的.

定理 5.36 设连通 DLS 图 G 有 $n \geqslant 11$ 个顶点和 $m \leqslant 2n-7$ 条边, 并且 $\overline{G}$ 连通, 则 $G \vee K_r$ 是 DLS 的.

证明　由定理 5.34 和引理 5.35 可证明结论成立. □

令 $K_r - e$ 表示将完全图 K_r 删去一条边得到的子图. 下面的定理说明对于满足一定条件的 DLS 图 G, 联图 $G \vee (K_r - e)$ 也是 DLS 的.

定理 5.37[123]　设非连通 DLS 图 G 有 $n \geqslant 10$ 个顶点和 $m \leqslant n-4$ 条边, 则 $G \vee (K_r - e)$ 是 DLS 的.

证明　由于 G 不连通, 因此 $\overline{G}$ 连通. 由定理 3.6 可得 $\mu_1(\overline{G}) = n$. 联图 $G \vee (K_r - e)$ 是 DLS 的当且仅当 $\overline{G} \cup K_2 \cup (r-2)K_1$ 是 DLS 的. 设图 H 和 $\overline{G} \cup K_2 \cup (r-2)K_1$ 有相同的拉普拉斯谱, 则 H 有 $n+r$ 个顶点、$\dfrac{n(n-1)}{2} - m + 1$ 条边和 r 个连通分支. 假设 $H = H_0 \cup H_1 \cup \cdots \cup H_{r-1}$, 其中 H_i 是 n_i 个顶点的连通图, 并且 $\sum_{i=0}^{r-1} n_i = n + r$. 不妨设 $n_0 \geqslant n_1 \geqslant \cdots \geqslant n_{r-1} \geqslant 1$. 由 $\mu_1(\overline{G}) = n \geqslant 10$ 可得

$$\mu_1(H) = \mu_1(\overline{G} \cup K_2 \cup (r-2)K_1) = n.$$

由定理 3.6 可推出 $n_0 \geqslant n$. 由 $\sum_{i=0}^{r-1} n_i = n+r$ 可得 $n_0 \leqslant n+1$. 故 $n \leqslant n_0 \leqslant n+1$.

如果 $n_0 = n$, 则由 $\sum_{i=0}^{r-1} n_i = n + r$ 可得 $H_1 \cup \cdots \cup H_{r-1} = K_2 \cup (r-2)K_1$. 由于 H 和 $\overline{G} \cup K_2 \cup (r-2)K_1$ 是拉普拉斯同谱图, 因此 H_0 和 $\overline{G}$ 是拉普拉斯同谱图. 由于 $\overline{G}$ 是 DLS 的, 因此 $H_0 = \overline{G}$, $H = \overline{G} \cup K_2 \cup (r-2)K_1$.

如果 $n_0 = n+1$, 则由 $\sum_{i=0}^{r-1} n_i = n + r$ 可得 $H_1 = H_2 = \cdots = H_{r-1} = K_1$. 由于 H 有 $\dfrac{n(n-1)}{2} - m + 1$ 条边, 因此 H_0 有 $\dfrac{n(n-1)}{2} - m + 1$ 条边. 由于 H 和 $\overline{G} \cup K_2 \cup (r-2)K_1$ 是拉普拉斯同谱图, 因此 $\overline{G} \cup K_2$ 和 $H_0 \cup K_1$ 是拉普拉斯同谱图. 由于 $m \leqslant n-4$, 因此 G 至少有 4 个连通支. 由定理 3.6 可推出 $\mu_1(G) \leqslant n-3$. 由定理 3.2 可得 $\mu_{n-1}(\overline{G}) \geqslant 3$. 由于 $\overline{G} \cup K_2$ 和 $H_0 \cup K_1$ 是拉普拉斯同谱图, 由 $\mu_1(\overline{G}) = n \geqslant 10$ 和 $\mu_{n-1}(\overline{G}) \geqslant 3$ 可得

$$\mu_1(H_0) = n,\ \mu_n(H_0) = \mu_n(\overline{G} \cup K_2) = 2.$$

由定理 3.2 可得 $\mu_1(\overline{H_0}) = n-1, \mu_n(\overline{H_0}) = 1$. 由于 $\mu_n(\overline{H_0}) = 1$ 并且 H_0 有 $\dfrac{n(n-1)}{2} - m + 1$ 条边, 因此 $\overline{H_0}$ 是有 $n+1$ 个顶点和 $n+m-1$ 条边的连通图. 如果 $\delta(\overline{H_0}) = 1$, 则 $\overline{H_0}$ 的点连通度 $\kappa(\overline{H_0}) = 1 = \mu_n(\overline{H_0})$. 由定理 3.8 可推出 H_0 不连通, 矛盾. 因此 $\delta(\overline{H_0}) \geqslant 2$. 由于 $\mu_1(\overline{H_0}) = n-1$ 并且 $n_0 = n+1 \geqslant 11$, 根据引理 5.35 可得

$$n + m - 1 \geqslant 2(n+1) - 6, \quad m \geqslant n-3,$$

与 $m \leqslant n-4$ 矛盾.

因此 $\overline{G} \cup K_2 \cup (r-2)K_1$ 是 DLS 的, 即 $G \vee (K_r - e)$ 是 DLS 的. □

为了方便, 我们把无符号拉普拉斯谱唯一这个性质简称为 DQS.

定理 5.38 设 G 是 n 个顶点的 1 正则图, 则 $G \vee K_1$ 是 DQS 的.

证明 如果 $n=2$, 则 $G=K_2$, 此时 $G\times K_1=K_3$ 是 DQS 的. 因此我们假定 $n>2$. 由于 G 是 1 正则图, 因此 $G=mK_2$, 其中 $m>1$. 显然 $n=2m$ 是偶数. 经过计算, $G\vee K_1$ 的无符号拉普拉斯谱为

$$\frac{n+3\pm\sqrt{(n-1)^2+8}}{2},\quad 3^{(m-1)},\quad 1^{(m)}.$$

设图 H 与 $G\vee K_1$ 是无符号拉普拉斯同谱图, 则

$$q_1(H)=\frac{n+3+\sqrt{(n-1)^2+8}}{2}>n+1,\quad q_2(H)=3,\quad q_{n+1}(H)=1.$$

假设 $d_1\geqslant d_2\geqslant\cdots\geqslant d_{n+1}$ 是 H 的顶点度. 由命题 5.6 可得

$$\sum_{i=1}^{n+1}d_i=n+2n=3n,\quad \sum_{i=1}^{n+1}d_i^2=n^2+4n.$$

由定理 3.39 可得

$$d_2\leqslant q_2(H)+1=4.$$

由 $q_{n+1}(H)=1$ 和定理 3.38 可知 $d_{n+1}\geqslant 2$. 由于 H 有 $n+1$ 个顶点, 因此 $d_1\leqslant n$. 如果 $d_2\leqslant 2$, 则由 $\sum_{i=1}^{n+1}d_i=3n$ 可得 $d_1\geqslant n, d_1=n$. 由引理 5.8 可得 $H=G\times K_1$. 接下来我们仅考虑 $3\leqslant d_2\leqslant 4, d_{n+1}\geqslant 2$ 的情况.

假设在 $d_2,d_3,\cdots,d_{n+1}$ 中有 a_3 个 3 和 a_2 个 2. 由 $\sum_{i=1}^{n+1}d_i=3n$ 和 $\sum_{i=1}^{n+1}d_i^2=n^2+4n$ 可得

$$\begin{cases}a_2+a_3+a_4=n,\\ 2a_2+3a_3+4a_4=3n-d_1,\\ 4a_2+9a_3+16a_4=n^2+4n-d_1^2.\end{cases}\tag{5.4}$$

解方程组 (5.4) 可得 $a_3=(n-d_1)(6-n-d_1)$. 由于 $a_3\geqslant 0$ 并且 $n=2m\geqslant 4$, 因此 $d_1\leqslant 2$, 与 $d_2\geqslant 3$ 矛盾. □

定理 5.39 设 G 是 n 个顶点的 $n-2$ 正则图, 则 $G\vee K_1$ 是 DQS 的.

证明 图 G 的补图是若干 K_2 的并. 假设 $\overline{G}=mK_2$. 经计算可知, $G\vee K_1$ 的无符号拉普拉斯谱为

$$\frac{3n-3\pm\sqrt{(n-1)^2+8}}{2},\quad (n-3)^{(m-1)},\quad (n-1)^{(m)}.$$

设图 H 与 $G\vee K_1$ 是无符号拉普拉斯同谱图, 则

$$q_1(H)=\frac{3n-3+\sqrt{(n-1)^2+8}}{2}>2n-2.$$

令 d_1 为 H 的最大度. 由于 H 有 $n+1$ 个顶点, 因此 $d_1\leqslant n$. 由定理 3.40 可得

$$2d_1\geqslant q_1(H)>2n-2,\quad d_1>n-1,\quad d_1=n.$$

由引理 5.8 可得 $H=G\vee K_1$. □

引理 5.40 对于任意图 H, $K_{1,3}\times H$ 和 $(C_3\cup K_1)\vee H$ 是无符号拉普拉斯同谱图.

证明 令 $J_{m\times n}$ 表示 $m\times n$ 的全 1 矩阵, 则 $(C_3\cup K_1)\vee H$ 的无符号拉普拉斯矩阵有如下形式

$$M=\begin{pmatrix} Q_1+nI_4 & J_{4\times n}\\ J_{n\times 4} & Q_H+4I_n\end{pmatrix},$$

其中 $Q_1=\begin{pmatrix}2&1&1&0\\1&2&1&0\\1&1&2&0\\0&0&0&0\end{pmatrix}$ 是 $C_3\cup K_1$ 的无符号拉普拉斯矩阵, $n=|V(H)|$. 令

$P=\begin{pmatrix}\frac{1}{2}J_{4\times 4}-I_4 & 0\\ 0 & I_n\end{pmatrix}$, 则 $P^{-1}=P$ 并且

$$PMP^{-1}=\begin{pmatrix}\left(\frac{1}{2}J_{4\times 4}-I_4\right)Q_1\left(\frac{1}{2}J_{4\times 4}-I_4\right)+nI_4 & J_{4\times n}\\ J_{n\times 4} & Q(H)+4I_n\end{pmatrix}.$$

通过直接计算, 我们有

$$\left(\frac{1}{2}J_{4\times 4}-I_4\right)Q_1\left(\frac{1}{2}J_{4\times 4}-I_4\right)=\begin{pmatrix}1&0&0&1\\0&1&0&1\\0&0&1&1\\1&1&1&3\end{pmatrix}.$$

这恰好是星 $K_{1,3}$ 的无符号拉普拉斯矩阵. 由于 PMP^{-1} 是 $K_{1,3}\vee H$ 的无符号拉普拉斯矩阵, 因此 $K_{1,3}\vee H$ 和 $(C_3\cup P_1)\vee H$ 是无符号拉普拉斯同谱图. □

定理 5.41 设 G 是 n 个顶点的 $n-3$ 正则图, 则 $G\vee K_1$ 是 DQS 的当且仅当 $\overline{G}$ 不含三角形.

证明　显然 $\overline{G}$ 是 n 个顶点的 2 正则图, 因此 $|\lambda_i(\overline{G})| \leqslant 2$ $(i=1,2,\cdots,n)$. 经计算可知, $G\vee K_1$ 的无符号拉普拉斯谱为

$$\frac{3n-5\pm\sqrt{(n-3)^2+16}}{2},\quad n-3-\lambda_2(\overline{G}),\quad \cdots,\quad n-3-\lambda_n(\overline{G}).$$

设图 H 与 $G\vee K_1$ 是无符号拉普拉斯同谱图, 则

$$q_1(H)=\frac{3n-5+\sqrt{(n-3)^2+16}}{2}>2n-4,\quad q_{n+1}(H)=n-3-\lambda_2(\overline{G}).$$

由于 $q_{n+1}(H)>0$, 因此 H 没有孤立点. 令 Δ 和 δ 分别为 H 的最大和最小度, 由定理 3.38 可得

$$\delta>n-3-\lambda_2(\overline{G})\geqslant n-5,\quad \delta\geqslant n-4.$$

由定理 3.40 可推出

$$2\Delta\geqslant q_1(H)>2n-4,\quad \Delta>n-2.$$

由于 H 有 $n+1$ 个顶点, 因此 $\Delta=n-1$ 或 n. 如果 $\Delta=n$, 则由引理 5.8 可知 $H=G\vee K_1$. 因此我们只需考虑 $\Delta=n-1$ 的情况. 令 a_i 为 H 中度等于 $n-i$ 的顶点个数. 由命题 5.6 可得

$$\sum_{i=1}^{4}a_i=n+1,\quad \sum_{i=1}^{4}(n-i)a_i=n+n(n-2),\quad \sum_{i=1}^{4}(n-i)^2a_i=n^2+n(n-2)^2.$$

求解上述方程组可得

$$a_1=3-a_4,\quad a_2=n-3+3a_4,\quad a_3=1-3a_4.$$

由 $a_3\geqslant 0$ 可得

$$a_4=0,\quad a_1=3,\quad a_2=n-3,\quad a_3=1.$$

令 $N_{G_0}(G)$ 表示图 G 中与 G_0 同构的子图个数, 由推论 3.21 可得

$$\begin{aligned}&6N_{C_3}(H)+3(n-1)^3+(n-3)(n-2)^3+(n-3)^3\\&=6N_{C_3}(G\times P_1)+n^3+n(n-2)^3,\\ N_{C_3}(H)&=N_{C_3}(G\times K_1)+1.\end{aligned}$$

由于 H 和 $G\vee K_1$ 有相同的顶点数和边数, 因此它们的补图 $\overline{H}$ 和 $\overline{G}\cup K_1$ 也有相同的顶点数和边数. $\overline{H}$ 和 $\overline{G}\cup K_1$ 的度序列分别是 $1,1,1,2,\cdots,2,3$ 和 $0,2,\cdots,2$. 因此

$$N_{C_3}(H)=N_{C_3}(K_{n+1})-(n-1)N_{K_2}(\overline{H})+N_{K_{1,2}}(\overline{H})-N_{C_3}(\overline{H}),$$

$$N_{C_3}(G\times K_1)=N_{C_3}(K_{n+1})-(n-1)N_{K_2}(\overline{G})+N_{K_{1,2}}(\overline{G})-N_{C_3}(\overline{G}).$$

经过计算, 我们有

$$N_{K_{1,2}}(\overline{H})=3+n-3=n,\quad N_{K_{1,2}}(\overline{G})=n.$$

如果 $\overline{G}$ 不含三角形, 则 $N_{C_3}(H)\leqslant N_{C_3}(G\vee K_1)$, 与 $N_{C_3}(H)=N_{C_3}(G\vee K_1)+1$ 矛盾. 因此当 $\overline{G}$ 不含三角形时 $G\vee K_1$ 是 DQS 的.

已知 $\overline{G}$ 是 2 正则图. 如果 $\overline{G}$ 含有三角形, 则假设 $\overline{G}=C_3\cup X$, 其中 X 是一个 2 正则图. 此时 $G\times K_1=K_{1,3}\vee\overline{X}$. 由引理 5.40 可知, 当 $\overline{G}$ 含有三角形时 $G\vee K_1$ 不是 DQS 的. □

5.4 具有孤立点的图

通过增加孤立点可以由小图构造大的谱唯一图, 本节主要介绍这方面的研究结果.

定理 5.42[86] 设 T 是 DLS 树, 则 $T\cup rK_1$ 是 DLS 的.

证明 由定理 5.30 可知结论成立. □

定理 5.43[86] 设 T 是 n 个顶点的 DLS 树. 如果 n 不能被 4 整除, 则 $T\cup rK_1$ 是 DQS 的.

证明 设图 H 与 $T\cup rK_1$ 有相同的无符号拉普拉斯谱, 则 H 有 $n+r$ 个顶点、$n-1$ 条边和 $r+1$ 个二部连通分支. 因此以下之一成立:

(i) H 恰好有 $r+1$ 个连通分支, 并且 H 的每个连通分支都是树.

(ii) H 有 $r+1$ 个连通分支是树, 其余连通分支都是奇单圈图.

如果 (i) 成立, 则 H 和 $T\cup rK_1$ 都是二部的, 因此它们也有相同的拉普拉斯谱. 由于 $T\cup rK_1$ 是 DLS 的, 因此 $H=T\cup rK_1$.

如果 (ii) 成立, 则由定理 3.23 可知, H 的所有非零无符号拉普拉斯特征值的乘积能被 4 整除. 由于 T 是 n 个顶点的树, 因此 H 的所有非零无符号拉普拉斯特征值的乘积为 n, 与 n 不能被 4 整除矛盾. 因此 $T\cup rK_1$ 是 DQS 的. □

定理 5.44[86] 设 G 是 n 个顶点的 DQS 奇单圈图, 则 $G\cup rK_1$ 是 DQS 的当且仅当 $n\neq 3$.

证明 由于 $K_3\cup rK_1$ 和 $K_{1,3}\cup(r-1)K_1$ 是无符号拉普拉斯同谱图, 因此 $K_3\cup rK_1$ 不是 DQS 的. 假设 $n>3$. 设图 H 与 $G\cup rK_1$ 有相同的无符号拉普拉斯谱, 则 H 有 $n+r$ 个顶点、n 条边和 r 个二部连通分支. 因此以下之一成立:

(i) H 恰好有 r 个连通分支, 并且其每个连通分支都是树.

(ii) H 有 r 个连通分支是树, 其余连通分支都是奇单圈图.

如果 (i) 成立, 则 $H = H_1 \cup \cdots \cup H_r$, 其中 H_i 是 n_i 个顶点的树并且 $n_1 \geqslant \cdots \geqslant n_r \geqslant 1$. 令 $P_Q(F)$ 表示图 F 的所有非零无符号拉普拉斯特征值的乘积. 由定理 3.23 可得

$$P_Q(G \cup rK_1) = 4 = P_Q(H) = n_1 \cdots n_r.$$

故 $n_1 \leqslant 4$. 由于 G 包含一个圈, 因此 $q_1(H) = q_1(G) \geqslant 4$. 如果 H 的最大度 $\Delta(H) \leqslant 2$, 则 H 的所有连通分支都是道路, 此时 $q_1(H) < 4$, 矛盾. 故 $\Delta(H) \geqslant 3$. 由 $n_1 \leqslant 4$ 和 $n_1 \cdots n_r = 4$ 可知, $H_1 = K_{1,3}$ 并且 $H_2 = \cdots = H_r = K_1$. 由于 $H = K_{1,3} \cup (r-1)K_1$ 有 $n + r$ 个顶点, 因此 $n = 3$, 与 $n > 3$ 矛盾.

如果 (ii) 成立, 则 $H = U_1 \cup \cdots \cup U_c \cup H_1 \cup \cdots \cup H_r$, 其中 U_i 是奇单圈图, H_i 是 n_i 个顶点的树. 由定理 3.23 可得

$$P_Q(H) = 4^c n_1 \cdots n_r = 4.$$

故 $c = 1$, $H_1 = \cdots = H_r = K_1$. 由于 $H = U_1 \cup rK_1$ 和 $G \cup rK_1$ 是无符号拉普拉斯同谱图, 因此 U_1 和 G 是无符号拉普拉斯同谱图. 由于 G 是 DQS 的, 因此 $U_1 = G$, $H = G \cup rK_1$.

因此 $G \cup rK_1$ 是 DQS 的当且仅当 $n \neq 3$. □

定理 5.45[86] 设 G 是非二部的 DQS 双圈图, 并且 C_4 是它的诱导子图, 则 $G \cup rK_1$ 是 DQS 的.

证明 设图 H 与 $G \cup rK_1$ 有相同的无符号拉普拉斯谱, 则 H 有 $n + r$ 个顶点、$n + 1$ 条边和 r 个二部连通分支, 其中 $n = |V(G)|$. 因此 H 至少有 $r - 1$ 个连通分支是树. 令 $P_Q(F)$ 表示图 F 的所有非零无符号拉普拉斯特征值的乘积. 由定理 3.23 可得

$$P_Q(H) = 16.$$

假设 $H_1, H_2, \cdots, H_r$ 是 H 的 r 个二部连通分支, 其中 $H_2, \cdots, H_r$ 是树. 如果 H_1 包含一个偶圈, 则 $P_Q(H) \geqslant P_Q(H_1) \geqslant 16$, 并且 $P_Q(H) = 16$ 当且仅当 $H = C_4 \cup (r-1)K_1$. 由 $P_Q(H) = 16$ 可得 $H = C_4 \cup (r-1)K_1$. 由于 H 有 $n + r$ 个顶点, 因此 $n = 3$, 与 G 含有 C_4 矛盾. 因此 $H_1, H_2, \cdots, H_r$ 都是树.

由于 H 有 $n + r$ 个顶点、$n + 1$ 条边和 r 个二部连通分支, 因此 H 有一个非二部连通分支 H_0, 并且 H_0 是一个双圈图. 由定理 3.23 可推出

$$P_Q(H) \geqslant P_Q(H_0) \geqslant 16,$$

并且 $P_Q(H) = 16$ 当且仅当 $H = H_0 \cup rK_1$ 且 C_4 是 H_0 的导出子图. 由 $P_Q(H) = 16$ 可得 $H = H_0 \cup rK_1$. 由于 H 和 $G \cup rK_1$ 是无符号拉普拉斯同谱图, 因此 H_0

和 G 是无符号拉普拉斯同谱图. 由于 G 是 DQS 的, 因此 $H_0 = G$, $H = G \cup rK_1$. 故 $G \cup rK_1$ 是 DQS 的. □

对于比较稠密的图 G, 下面的定理刻画了 $G \cup rK_1$ 的无符号拉普拉斯同谱图.

定理 5.46[86] 设 G 是有 n 个顶点和 $m \geqslant \dfrac{(n-2)(n-3)}{2} + 3$ 条边的连通图. 如果图 H 和 $G \cup rK_1$ 有相同的无符号拉普拉斯谱, 则以下之一成立:

(a) $H = K_{1,3} \cup (r-1)K_1$ 并且 $G = K_3$.

(b) $H = H_0 \cup rK_1$, 其中 H_0 和 G 是连通的无符号拉普拉斯同谱图.

(c) $H = H_0 \cup K_2 \cup (r-1)K_1$, 其中 H_0 是 $n-1$ 个顶点的连通图.

证明 图 H 有 $n+r$ 个顶点、m 条边和至少 r 个二部连通分支. 下面考虑 H 有 r 个连通分支和 H 有至少 $r+1$ 个连通分支这两种情况.

情况 1 H 有 r 个连通分支. 由于 H 有至少 r 个二部连通分支, 因此 H 的每个连通分支都是二部的. 假设 $H = H_1 \cup \cdots \cup H_r$, 其中 H_i 是 n_i 个顶点的连通二部图, 并且 $n_1 \geqslant \cdots \geqslant n_r \geqslant 1$. 由于 H 和 $G \cup rK_1$ 是无符号拉普拉斯同谱图, 根据命题 5.6 可知, G 是一个连通的非二部图. 由于 $\sum_{i=1}^{r} n_i = n + r$, 因此 $n_1 \leqslant n+1$. 由于 $m \geqslant \dfrac{(n-2)(n-3)}{2} + 3$, 根据定理 3.6 和定理 3.28 可得

$$n+1 \geqslant n_1 \geqslant \mu_1(H) = q_1(H) = q_1(G) \geqslant \frac{4m}{n} \geqslant \frac{2(n-2)(n-3)+12}{n}, \quad (5.5)$$

$$\frac{(n-2)(n-3)}{2} + 3 \leqslant m \leqslant \frac{n(n+1)}{4}. \quad (5.6)$$

由 $n+1 \geqslant \dfrac{2(n-2)(n-3)+12}{n}$ 可得 $3 \leqslant n \leqslant 8$.

如果 $n=8$, 则由 (5.5) 可得 $q_1(G) = \dfrac{4m}{n} = 9$. 由定理 3.28 可推出 G 是度为 4.5 的正则图, 矛盾. 如果 $n=3$, 则由 (5.5) 可得

$$n_1 = q_1(H) = q_1(G) = \frac{4m}{3} = 4, \ m = 3.$$

由于 $|V(G)| = |E(G)| = 3$, 因此 $G = K_3$. 由于 $\sum_{i=1}^{r} n_i = 3 + r$ 并且 $n_1 = 4$, 因此 $H = H_1 \cup (r-1)K_1$, 其中 H_1 有 4 个顶点和 $m=3$ 条边. 由于 $q_1(H_1) = q_1(H) = q_1(G) = 4$, 因此 $H = K_{1,3} \cup (r-1)K_1$. 故 (a) 成立. 接下来我们考虑下面一些子情况 ($4 \leqslant n \leqslant 7$).

情况 1.1 $n=4$. 由 (5.6) 可得 $4 \leqslant m \leqslant 5$. 如果 $m=5$, 则由 (5.5) 可得 $q_1(G) = \dfrac{4m}{n} = 5$. 由定理 3.28 可推出 G 是度为 2.5 的正则图, 矛盾. 故 $m=4$.

由于 G 是有 4 个顶点和 4 条边的连通非二部图, 因此 $G = U_{3,1}$, 其中 $U_{3,1}$ 是在 C_3 上增加一个悬挂边得到的单圈图. 故 $q_1(G) > 4$. 由 (5.5) 可得 $n_1 = 5$. 由于 $\sum_{i=1}^{r} n_i = 4 + r$, 因此 $H = H_1 \cup (r-1)K_1$, 其中 H_1 有 5 个顶点和 $m = 4$ 条边. 故 H_1 是一个树. 令 $P_Q(F)$ 表示图 F 的所有非零无符号拉普拉斯特征值的乘积, 则 $P_Q(H_1) = 5 \neq P_Q(U_{3,1}) = 4$, 与 H 和 $U_{3,1} \cup rK_1$ 无符号拉普拉斯同谱矛盾.

情况 1.2 $n = 5$. 由 (5.6) 可得 $6 \leqslant m \leqslant 7$. 由于 G 是有 5 个顶点和 m 条边的连通非二部图, 通过检查文献 [41] 的表 A1 的数据可知 $q_1(G) > 5$. 由 (5.5) 可得 $n_1 = 6$. 由于 $\sum_{i=1}^{r} n_i = 5 + r$, 因此 $H = H_1 \cup (r-1)K_1$, 其中 H_1 有 6 个顶点和 $6 \leqslant m \leqslant 7$ 条边. 故 $q_1(H_1) = q_1(H) = q_1(G) > 5$.

如果 $m = 6$, 则 H_1 是 6 个顶点的偶单圈图. 由于 $q_1(H_1) > 5$, 通过枚举可推出 $H_1 = U_{4,2}$ 并且 $q_1(H_1) \approx 5.23607$, 其中 $U_{4,2}$ 是在 C_4 的一个顶点上加上两个悬挂边得到的单圈图. 注意到 $|V(G)| = 5$ 并且 $|E(G)| = 6$. 通过检查文献 [41] 的表 A1 的数据可知, $q_1(G) \neq q_1(H_1) \approx 5.23607$, 矛盾.

如果 $m = 7$, 则由 (5.5) 可得 $q_1(H_1) = q_1(G) \geqslant \dfrac{4 \times 7}{5} = 5.6$. 注意到 H_1 是有 6 个顶点和 $m = 7$ 条边的连通二部图. 通过检查文献 [37] 的附录的数据可知 $q_1(H_1) < 5.6$, 矛盾.

情况 1.3 $n = 6$. 由 (2) 可得 $9 \leqslant m \leqslant 10$. 由 (5.5) 可得

$$7 \geqslant n_1 \geqslant q_1(G) \geqslant \frac{4m}{6} \geqslant 6. \tag{5.7}$$

如果 $n_1 = 7$, 则由 $\sum_{i=1}^{r} n_i = 6 + r$ 可得 $H = H_1 \cup (r-1)K_1$, 其中 H_1 有 7 个顶点和 $9 \leqslant m \leqslant 10$ 条边. 由于 H 和 $G \cup rK_1$ 是无符号拉普拉斯同谱图, 因此 H_1 和 $G \cup K_1$ 是无符号拉普拉斯同谱图. 注意到 H_1 是由 $K_{2,5}$ 删去 $10 - m$ 条边或由 $K_{3,4}$ 删去 $12 - m$ 条边得到的连通二部图, 并且 G 是有 6 个顶点和 $9 \leqslant m \leqslant 10$ 条边的连通非二部图. 通过计算并参考文献 [37] 的附录可知, H_1 与 $G \cup K_1$ 不是无符号拉普拉斯同谱图. 故 $n_1 = 6$. 由 (5.7) 可得 $q_1(G) = \dfrac{4m}{6} = 6$. 由定理 3.28 可推出 G 是 6 个顶点的 3 正则图. 由于 G 是非二部图, 因此 $G = \overline{C_6}$. 由于 $\sum_{i=1}^{r} n_i = 6 + r$ 并且 $n_1 = 6$, 因此 $H = H_1 \cup K_2 \cup (r-2)K_1$. 由于 H 和 $\overline{C_6} \cup rK_1$ 是无符号拉普拉斯同谱图, 因此 2 是 $\overline{C_6}$ 的无符号拉普拉斯特征值. 经计算可知 2 不是 $\overline{C_6}$ 的无符号拉普拉斯特征值, 矛盾.

情况 1.4 $n = 7$. 由 (5.6) 可得 $13 \leqslant m \leqslant 14$. 由 (5.5) 可得

$$8 \geqslant n_1 \geqslant \mu_1(H) = q_1(H) = q_1(G) \geqslant \frac{4m}{7} > 7, \quad n_1 = 8. \tag{5.8}$$

由于 $\sum_{i=1}^{r} n_i = 7 + r$, 因此 $H = H_1 \cup (r-1)K_1$, 其中 H_1 有 8 个顶点和

$13 \leqslant m \leqslant 14$ 条边. 故 $q_1(G) = q_1(H) = \mu_1(H_1) = q_1(H_1)$.

如果 $m = 14$, 则由 (5.8) 可得 $\mu_1(H_1) = q_1(G) = 8 = |V(H_1)|$. 由定理 3.6 和定理 3.27 可知, H_1 是 8 个顶点的完全二部图. 此时, H_1 不可能有 14 条边, 矛盾.

如果 $m = 13$, 则由 (5.8) 可得 $q_1(H_1) = q_1(G) \geqslant \dfrac{52}{7}$. 由于 H_1 有 8 个顶点和 13 条边, 因此 H_1 是由 $K_{3,5}$ 删去两条边或是由 $K_{4,4}$ 删去三条边得到的连通二部图. 设 X 是由 $K_{3,5}$ 或 $K_{4,4}$ 任意删去两条边得到的图. 通过枚举计算可知, $q_1(X) < \dfrac{52}{7}$. 由无符号拉普拉斯特征值的交错性质可推出 $q_1(H_1) < \dfrac{52}{7}$, 与 $q_1(H_1) \geqslant \dfrac{52}{7}$ 矛盾.

情况 2　H 有至少 $r+1$ 个连通分支. 假设 H_0 在 H 的所有连通分支中有最大的顶点数. 由于 H 有 $n+r$ 个顶点和至少 $r+1$ 个连通分支, 因此 $|V(H_0)| \leqslant n$.

如果 $|V(H_0)| = n$, 则 $H = H_0 \cup rK_1$. 由于 H 和 $G \cup rK_1$ 是无符号拉普拉斯同谱图, 因此 H_0 和 G 是无符号拉普拉斯同谱图. 故 (b) 成立.

如果 $|V(H_0)| = n-1$, 则 $H = H_0 \cup K_2 \cup (r-1)K_1$ 或者 $H = H_0 \cup (r+1)K_1$. 如果 $H = H_0 \cup (r+1)K_1$, 则由定理 3.28 可得

$$q_1(G) = q_1(H) = q_1(H_0) \geqslant \frac{4m}{n-1} \geqslant \frac{2(n-2)(n-3)+12}{n-1} > n.$$

由定理 3.6 可推出 G 是一个连通的非二部图. 注意到 H 和 $G \cup rK_1$ 有不同数量的二部连通分支, 与命题 5.6 矛盾. 因此 $H = H_0 \cup K_2 \cup (r-1)K_1$. 故 (c) 成立.

如果 $|V(H_0)| \leqslant n-2$, 则 $|E(H)| \leqslant \dfrac{(n-2)(n-3)}{2} + 3$, 取等号当且仅当 $H = K_{n-2} \cup K_3 \cup (r-1)K_1$. 由 $|E(H)| = m \geqslant \dfrac{(n-2)(n-3)}{2} + 3$ 可得 $H = K_{n-2} \cup K_3 \cup (r-1)K_1$. 此时, H 和 $G \cup rK_1$ 有不同数量的二部连通分支, 与命题 5.6 矛盾. □

由定理 5.46 可得到如下结论.

推论 5.47[86]　设 G 是有 n 个顶点和 $m \geqslant \dfrac{(n-2)(n-3)}{2} + 3$ 条边的连通 DQS 图. 如果图 H 和 $G \cup rK_1$ 有相同的无符号拉普拉斯谱, 则以下之一成立:

(1) $H = K_{1,3} \cup (r-1)K_1$, $G = K_3$.

(2) $H = G \cup rK_1$.

(3) $H = H_0 \cup K_2 \cup (r-1)K_1$, 其中 H_0 是 $n-1$ 个顶点的连通图.

如果推论 5.47 的 (3) 成立, 则 2 是 G 的无符号拉普拉斯特征值. 因此由推论 5.47 可得到如下结果.

推论 5.48[86] 设 G 是有 n 个顶点和 $m \geqslant \dfrac{(n-2)(n-3)}{2}+3$ 条边的连通 DQS 图. 如果 2 不是 G 的无符号拉普拉斯特征值, 则 $G \cup rK_1$ 是 DQS 的当且仅当 $G \neq K_3$.

推论 5.49[86] 设 G 是有 n 个顶点和 $m \geqslant \dfrac{(n-2)(n-3)}{2}+3$ 条边的连通 DQS 图. 如果 $q_2(G) > \max\{n-3, 2\}$, 则 $G \cup rK_1$ 是 DQS 的.

证明 由于 $q_2(G) > 2$, 因此 $G \neq K_3$. 设图 H 与 $G \cup rK_1$ 有相同的无符号拉普拉斯谱. 由推论 5.47 可知, $H = G \cup rK_1$ 或者 $H = H_0 \cup K_2 \cup (r-1)K_1$, 其中 H_0 是 $n-1$ 个顶点的连通图. 如果 $H = H_0 \cup K_2 \cup (r-1)K_1$, 则由定理 3.32 可得 $q_2(H) \leqslant \max\{n-3, 2\}$, 与 $q_2(H) = q_2(G) > \max\{n-3, 2\}$ 矛盾. □

定理 5.50[86] 图 $K_n \cup rK_1$ 是 DQS 的当且仅当 $n \neq 3$.

证明 由定理 5.13 可知, 当 $n = 1, 2$ 时 $K_n \cup rK_1$ 是 DQS 的. 由推论 5.47 可知, $K_3 \cup rK_1$ 不是 DQS 的. 假设 $n \geqslant 4$, 则

$$|E(K_n)| = \frac{n(n-1)}{2} > \frac{(n-2)(n-3)}{2} + 3.$$

已知 K_n 是 DQS 的[44]. 由推论 5.48 可知, 当 $n \geqslant 5$ 时 $K_n \cup rK_1$ 是 DQS 的. 如果 H 是 $K_4 \cup rK_1$ 的非同构的无符号拉普拉斯同谱图, 则由推论 5.47 可知 $H = H_0 \cup K_2 \cup (r-1)K_1$. 此时 H_0 有 3 个顶点和 5 条边, 矛盾. 因此 $K_4 \cup rK_1$ 是 DQS 的. □

定理 5.51[86] 设 G 是有 n 个顶点和 $m \geqslant \dfrac{(n-2)(n-3)}{2}+3$ 条边的连通 DQS 图. 如果 $q_1(\overline{G}) \leqslant n-4$, 则 $G \cup rK_1$ 是 DQS 的.

证明 由于 $0 \leqslant q_1(\overline{G}) \leqslant n-4$, 因此 $n \geqslant 4$. 由定理 1.31 可得

$$q_1(\overline{G}) + q_n(G) \geqslant q_n(K_n),$$

取等号当且仅当 $q_1(\overline{G}), q_n(G)$ 和 $q_n(K_n)$ 有一个共同的特征向量.

如果 $q_1(\overline{G}) > 0$, 则 $q_1(\overline{G})$ 的特征向量是非负的或非正的. 这样的向量不可能是特征值 $q_n(K_n)$ 的特征向量, 因此 $q_1(\overline{G}) + q_n(G) > q_n(K_n) = n-2$. 由 $q_1(\overline{G}) \leqslant n-4$ 可得 $q_n(G) > 2$. 由推论 5.48 可推出 $G \cup rK_1$ 是 DQS 的.

如果 $q_1(\overline{G}) = 0$, 则 $G = K_n$. 由定理 5.50 可知, 当 $n \geqslant 4$ 时 $K_n \cup rK_1$ 是 DQS 的. □

在 [50] 中, Doob 和 Haemers 证明了 $\overline{P_n}$ 是谱唯一的. 下面我们证明 $\overline{P_n}$ 和 $\overline{P_n} \cup rK_1$ 都是无符号拉普拉斯谱唯一的.

定理 5.52[86] 图 $\overline{P_n}$ 和 $\overline{P_n}\cup rK_1$ 都是 DQS 的.

证明 设图 G 与 $\overline{P_n}$ 有相同的无符号拉普拉斯谱. 由引理 5.7 可知, G 和 $\overline{P_n}$ 有相同的度序列, 即 $\overline{G}$ 和 P_n 有相同的度序列. 因此 $\overline{G}=P_n$ 或者 $\overline{G}=P_r\cup C_{n_1}\cup\cdots\cup C_{n_s}$. 我们仅需要考虑 $\overline{G}=P_r\cup C_{n_1}\cup\cdots\cup C_{n_s}$ 的情况.

由无符号拉普拉斯特征值的交错性质可得

$$q_n(G)=q_n(\overline{P_n})\geqslant q_n(\overline{C_n})=n-4-\lambda_2(C_n)>n-6.$$

令 $H=\overline{C_r\cup C_{n_1}\cup\cdots\cup C_{n_s}}$. 如果 $s\geqslant 2$, 则由无符号拉普拉斯特征值的交错性质可得

$$q_n(G)\leqslant q_{n-1}(H)=n-4-\lambda_3(\overline{H})=n-6,$$

与 $q_n(G)>n-6$ 矛盾. 因此 $\overline{G}=P_r\cup C_{n_1}$. 如果 n 是奇数, 则由定理 3.32 可知 $q_2(G)=q_2(\overline{P_n})<n-2$. 由于 $n=r+n_1$ 是奇数, 因此 r 或者 n_1 是偶数. 由定理 3.32 可得 $q_2(G)=n-2$, 矛盾. 如果 n 是偶数, 则由定理 3.32 可知, $q_2(G)=q_2(\overline{P_n})=n-2$ 并且 $q_3(G)<n-2$. 由于 $n=r+n_1$ 是偶数, 因此 r,n_1 都是奇数或者都是偶数. 由定理 3.32 可推出 $q_2(G)<n-2$ 或者 $q_3(G)=n-2$, 矛盾. 因此 $\overline{P_n}$ 是 DQS 的.

由定理 5.13 可知, 当 $n\leqslant 4$ 时 $\overline{P_n}\cup rK_1$ 是 DQS 的. 假设 $n\geqslant 5$, 则

$$|E(\overline{P_n})|=\frac{(n-1)(n-2)}{2}\geqslant\frac{(n-2)(n-3)}{2}+3.$$

由无符号拉普拉斯特征值的交错性质可得

$$q_2(\overline{P_n})\geqslant q_2(\overline{C_n})=n-4-\lambda_n(C_n)>n-3.$$

由推论 5.49 可知, 当 $n\geqslant 5$ 时 $\overline{P_n}\cup rK_1$ 是 DQS 的. □

在 [26] 中, Cámara 和 Haemers 证明了 K_n 删去任意一个匹配后的图是谱唯一的, 下面证明这个图也是无符号拉普拉斯谱唯一的.

定理 5.53[86] 设 G 是由 K_n 删去一个匹配后得到的图, 则 G 和 $G\cup rK_1$ 都是 DQS 的.

证明 设图 H 与 G 有相同的无符号拉普拉斯谱. 由引理 5.7 可知, G 和 H 有相同的度序列. 因此 H 也是由 K_n 删去一个匹配后得到的图. 由于 G 和 H 有相同的顶点数和边数, 因此 $H=G$, 即 G 是 DQS 的.

由定理 5.13 可知, 当 $n\leqslant 3$ 时 $G\cup rK_1$ 是 DQS 的. 假设 $n\geqslant 4$, 则

$$|E(G)|\geqslant\frac{n(n-2)}{2}\geqslant\frac{(n-2)(n-3)}{2}+3.$$

由定理 3.32 可得 $q_2(G)=q_3(G)=n-2$. 由推论 5.49 可知, 当 $n\geqslant 5$ 时 $G\cup rK_1$ 是 DQS 的.

下面考虑 $n=4$ 的情况, 此时 $4\leqslant |E(G)|\leqslant 5$. 如果 X 是 $G\cup rK_1$ 的非同构的无符号拉普拉斯同谱图, 则由推论 5.47 可知, $X=H_0\cup K_2\cup(r-1)K_1$, 其中 H_0 有 3 个顶点和 $|E(G)|-1$ 条边. 由于 $4\leqslant |E(G)|\leqslant 5$, 因此 $|E(G)|=4$, $G=C_4$, $H_0=K_3$. 注意到 $X=K_3\cup K_2\cup(r-1)K_1$ 和 $C_4\cup rK_1$ 不是无符号拉普拉斯同谱图, 矛盾. 因此当 $n=4$ 时 $G\cup rK_1$ 是 DQS 的. □

定理 5.54[86] 设 G 是 n 个顶点的 $n-3$ 正则图, 则 $G\cup rK_1$ 是 DQS 的.

证明 由定理 5.13 可知, 当 $n=3,4$ 时 $G\cup rK_1$ 是 DQS 的. 如果 $n=5$, 则 $G=C_5$. 由定理 5.44 可知 $C_5\cup rK_1$ 是 DQS 的. 假设 $n\geqslant 6$, 则

$$|E(G)|=\frac{n(n-3)}{2}\geqslant\frac{(n-2)(n-3)}{2}+3.$$

注意到 $\overline{G}$ 是 2 正则的. 如果 $\overline{G}$ 包含长度至少是 4 的圈, 则

$$q_2(G)=n-4-\lambda_n(\overline{G})>n-3.$$

由推论 5.49 可知, $G\cup rK_1$ 是 DQS 的. 如果 $\overline{G}=tC_3$, 则 $n=3t\geqslant 6$ 并且 $2(3t-3),3t-6,3t-3$ 是 G 的所有相异的无符号拉普拉斯特征值. 故 2 不是 G 的无符号拉普拉斯特征值. 由推论 5.48 可知, $G\cup rK_1$ 是 DQS 的. □

定理 5.55[86] 设 G 是 $n\geqslant 12$ 个顶点的 $n-4$ 正则 DQS 图, 则 $G\cup rK_1$ 是 DQS 的.

证明 如果 $n\geqslant 12$, 则

$$|E(G)|=\frac{n(n-4)}{2}\geqslant\frac{(n-2)(n-3)}{2}+3.$$

由于 $\overline{G}$ 是 3 正则图, 因此 $q_1(\overline{G})=6$. 由定理 5.51 可知 $G\cup rK_1$ 是 DQS 的. □

定理 5.56 图 $nK_1\vee K_t$ 是 DQS 的当且仅当 $n\neq 3$.

证明 显然当 $n=1,2$ 时, $nK_1\vee K_t$ 是 DQS 的. 由引理 5.40 可知, $3K_1\vee K_t$ 不是 DQS 的. 当 $n\neq 3$ 时 $nK_1\vee K_1$ 是 DQS 的[44]. 故我们可以假定 $n\geqslant 4$ 且 $t\geqslant 2$. 设图 G 与 $nK_1\vee K_t$ 有相同的无符号拉普拉斯谱, 则 $\overline{G}$ 有 $n+t$ 个顶点和 $\dfrac{n(n-1)}{2}$ 条边. 由于 $\overline{nK_1\vee K_t}=K_n\cup tK_1$, 根据定理 3.32 可知, $q_2(G)=n+t-2=q_t(G)$ 并且 $\overline{G}$ 要么有 $t-1$ 个平衡的二部连通分支, 要么有 t 个二部连通分支. 下面考虑一下三种情况.

情况 1 $\overline{G}$ 有 $t-1$ 个连通分支. 假设 $\overline{G}=G_1\cup G_2\cup\cdots\cup G_{t-1}$, 其中 G_i 是 n_i (n_i 是偶数) 个顶点的平衡二部连通分支, 并且 $n_1\geqslant\cdots\geqslant n_{t-1}\geqslant 2$. 因

此 $\sum_{i=1}^{t-1} n_i = n+t$ 是偶数, 并且 $n-t$ 也是偶数. 如果 $n_1 \leqslant n+2-t$, 则由 $\sum_{i=1}^{t-1} n_i = n+t$ 可知 $t \geqslant 3$. 由于 G_i 是平衡二部图, 因此

$$\frac{n(n-1)}{2} = |E(\overline{G})| \leqslant \left(\frac{n+2-t}{2}\right)^2 + |E(K_{2,2})| + t - 3 = \left(\frac{n+2-t}{2}\right)^2 + t + 1,$$
$$2(n^2-3n-4) \leqslant (t-n)^2.$$

由 $2 \leqslant n_1 \leqslant n+2-t$ 和 $t \geqslant 3$ 可得

$$2(n^2-3n-4) \leqslant (t-n)^2 \leqslant (n-3)^2, \quad n^2 \leqslant 17.$$

由 $n \geqslant 4$ 可得 $n = 4$. 由于 $0 \leqslant (t-4)^2 \leqslant 1$ 并且 $n+t = 4+t$ 是偶数, 因此 $t = 4$. 由 $2 \leqslant n_1 \leqslant n+2-t$ 可得 $n_1 = 2$. 故 $\overline{G} = G_1 \cup G_2 \cup G_3$ 有 6 个顶点, 这与 $|V(\overline{G})| = n+t = 8$ 矛盾. 因此 $n_1 > n+2-t$. 由 $\sum_{i=1}^{t-1} n_i = n+t$ 可得

$$n_1 = n+4-t, \quad n_2 = \cdots = n_{t-1} = 2.$$

故 $\overline{G} = G_1 \cup (t-2)K_2$. 由于 $n_1 \geqslant 2$, 因此 $t \leqslant n+2$. 由于 G_1 是平衡的二部图, 因此

$$\frac{n(n-1)}{2} = |E(\overline{G})| = |E(G_1)| + t - 2 \leqslant \left(\frac{n+4-t}{2}\right)^2 + t - 2,$$
$$2(n^2-3n-2) \leqslant [t-(n+2)]^2.$$

由 $2 \leqslant t \leqslant n+2$ 可得

$$2(n^2-3n-2) \leqslant [t-(n+2)]^2 \leqslant n^2. \tag{5.9}$$

因此 $4 \leqslant n \leqslant 6$. 下面我们分别考虑 $n = 4, 5, 6$ 这几种子情况.

情况 1.1 $n = 4$. 此时, $2 \leqslant t \leqslant n+2 = 6$, $|E(\overline{G})| = \dfrac{n(n-1)}{2} = 6$. 由于 $n+t$ 是偶数, 根据 (5.9) 可得 $t = 2, 4$. 如果 $t = 2$, 则 G 是 $4K_1 \vee K_2$ 的非同构的连通无符号拉普拉斯同谱图. 故 G 有 6 个顶点和 9 条边. 通过检查文献 [37] 的附录的数据可知, 不存在这样的图 G, 因此 $t = 4$. 由于 $\overline{G} = G_1 \cup (t-2)K_2$ 有 $n+t = 8$ 个顶点和 6 条边, 因此 G_1 有 4 个顶点和 4 条边. 由于 G_1 是平衡二部图, 因此 $\overline{G} = K_{2,2} \cup 2K_2$, $G = 2K_2 \vee K_{2,2}$. 经过计算可知, G 和 $4K_1 \vee K_4$ 不是无符号拉普拉斯同谱图, 矛盾.

情况 1.2 $n = 5$. 此时, $2 \leqslant t \leqslant n+2 = 7$, $|E(\overline{G})| = \dfrac{n(n-1)}{2} = 10$. 由于 $n+t$ 是偶数, 根据 (5.9) 可得 $t = 3$. 由于 $\overline{G} = G_1 \cup (t-2)K_2$ 有 $n+t = 8$

个顶点和 10 条边, 因此 G_1 有 6 个顶点和 9 条边. 由于 G_1 是平衡二部图, 因此 $\overline{G} = K_{3,3} \cup K_2$, $G = 2K_3 \vee 2K_1$. 经过计算可知, G 和 $5K_1 \vee K_3$ 不是无符号拉普拉斯同谱图, 矛盾.

情况 1.3 $n = 6$. 此时, $2 \leqslant t \leqslant n+2 = 8$, $|E(\overline{G})| = \dfrac{n(n-1)}{2} = 15$. 由于 $n+t$ 是偶数, 根据 (5.9) 可得 $t = 2$. 由于 $\overline{G} = G_1 \cup (t-2)K_2$ 有 $n+t = 8$ 个顶点和 15 条边, 因此 G_1 有 8 个顶点和 15 条边. 由于 G_1 是平衡二部图, 因此 $\overline{G} = G_1$ 是由 $K_{4,4}$ 删去一条边得到的图. 因此 $\overline{G}$ 和 G 的顶点度只有 $3, 4$ 两种情况. 由于 G 和 $6K_1 \vee K_2$ 是无符号拉普拉斯同谱图, 根据引理 5.7 可推出 G 和 $6K_1 \vee K_2$ 有相同的度序列, 矛盾.

情况 2 $\overline{G}$ 有 t 个连通分支. 假设 $\overline{G} = G_1 \cup G_2 \cup \cdots \cup G_t$, 其中 G_i 有 n_i 个顶点并且 $n_1 \geqslant \cdots \geqslant n_t \geqslant 1$. 由 $\sum_{i=1}^{t} n_i = n+t$ 可得 $n_1 \leqslant n+1$. 此时以下之一成立:

(i) $\overline{G}$ 有 t 个二部连通分支.

(ii) $\overline{G}$ 有 $t-1$ 个平衡的二部连通分支和一个非二部连通分支.

如果 (i) 成立, 则由 $n_1 \leqslant n+1$ 可得

$$\frac{n(n-1)}{2} = |E(\overline{G})| \leqslant \left\lceil \frac{n+1}{2} \right\rceil \left\lfloor \frac{n+1}{2} \right\rfloor \leqslant \left(\frac{n+1}{2} \right)^2,$$

并且 $|E(\overline{G})| = \left\lceil \dfrac{n+1}{2} \right\rceil \left\lfloor \dfrac{n+1}{2} \right\rfloor$ 当且仅当 $\overline{G} = K_{m_1,m_2} \cup (t-1)K_1$, 其中 $m_1 = \left\lceil \dfrac{n+1}{2} \right\rceil$, $m_2 = \left\lfloor \dfrac{n+1}{2} \right\rfloor$. 由 $\dfrac{n(n-1)}{2} \leqslant \left(\dfrac{n+1}{2} \right)^2$ 可得 $(n-2)^2 - 5 \leqslant 0$. 由 $n \geqslant 4$ 可得 $n = 4$. 由于 $|E(\overline{G})| = \dfrac{n(n-1)}{2} = 6 = \left\lceil \dfrac{n+1}{2} \right\rceil \left\lfloor \dfrac{n+1}{2} \right\rfloor$, 因此

$$\overline{G} = K_{2,3} \cup (t-1)K_1, \quad G = (K_2 \cup K_3) \vee K_{t-1}.$$

由于 G 和 $4K_1 \vee K_t$ 是无符号拉普拉斯同谱图, 根据命题 5.6 可得

$$(t-1)(t+3)^2 + 3(t+1)^2 + 2t^2 = t(t+3)^2 + 4t^2.$$

上述等式无解, 矛盾.

如果 (ii) 成立, 则 $n_1 \geqslant \cdots \geqslant n_t \geqslant 2$ 并且 $n_1 \geqslant 3$. 由 $\sum_{i=1}^{t} n_i = n+t$ 可得

$$3 \leqslant n_1 \leqslant n+t-2(t-1) = n+2-t, \quad t \leqslant n-1.$$

因此

$$\frac{n(n-1)}{2} = |E(\overline{G})| \leqslant |E(K_{n+t-2})| + t - 1 = \frac{(n+2-t)(n+1-t)}{2} + t - 1,$$

$$t^2-(2n+1)t+4n\geqslant 0.$$

由 $2\leqslant t\leqslant n-1$ 和 $n\geqslant 4$ 可得 $t=2$. 故 $\overline{G}=G_1\cup G_2$. 如果 $n_1\leqslant n-1$, 则由 $n_1+n_2=n+2$ 可得

$$\frac{n(n-1)}{2}=|E(\overline{G})|\leqslant\frac{(n-1)(n-2)}{2}+3,$$

取等号当且仅当 $G_1=K_{n-1},G_2=K_3$. 由 $\frac{n(n-1)}{2}\leqslant\frac{(n-1)(n-2)}{2}+3$ 可得 $n\leqslant 4$, 故 $n=4$. 由于 $\frac{n(n-1)}{2}=|E(\overline{G})|=\frac{(n-1)(n-2)}{2}+3=6$, 因此 $G_1=G_2=K_3$, $\overline{G}=2K_3$ 没有二部连通分支, 矛盾. 故 $n_1>n-1$. 由 $n_1+n_2=n+2$ 和 $n_1\geqslant n_2\geqslant 2$ 可得 $n_1=n,n_2=2$, 故 $\overline{G}=G_1\cup K_2$. 由于 G_1 有 n 个顶点和 $|E(\overline{G})|-1=\frac{n(n-1)}{2}-1$ 条边, 因此 G_1 是由 K_n 删去一条边得到的图. 故 $G=(K_2\cup(n-2)K_1)\vee 2K_1$. 由于 G 和 $nK_1\vee K_2$ 是无符号拉普拉斯同谱图, 由命题 5.6 可得

$$2n^2+2\times 3^2+4(n-2)=2(n+1)^2+4n,$$
$$n=2,$$

与 $n\geqslant 4$ 矛盾.

情况 3 $\overline{G}$ 有至少 $t+1$ 个连通分支. 假设 G_0 是 $\overline{G}$ 的最大顶点数的连通分支. 由于 $\overline{G}$ 有 $n+t$ 个顶点和至少 $t+1$ 个连通分支, 因此 $|E(\overline{G})|\leqslant\frac{n(n-1)}{2}$, 取等号当且仅当 $G_0=K_n$ 并且 $\overline{G}=K_n\cup tK_1$. 由 $|E(\overline{G})|=\frac{n(n-1)}{2}$ 可得 $\overline{G}=K_n\cup tK_1$, $G=nK_1\vee K_t$. □

定理 5.57 当 $n\geqslant 4$ 并且 $t\geqslant\frac{(n-2)(n-3)+6}{4}$ 时, 图 $(nK_1\vee K_t)\cup rK_1$ 是 DQS 的.

证明 如果 $t\geqslant\frac{(n-2)(n-3)+6}{4}$, 则

$$|E(nK_1\vee K_t)|=\frac{t(t-1)}{2}+nt\geqslant\frac{(n+t-2)(n+t-3)}{2}+3.$$

由定理 3.32 可知, 当 $n\geqslant 4$ 并且 $t\geqslant\frac{(n-2)(n-3)+6}{4}$ 时, $q_2(nK_1\vee K_t)=n+t-2$. 由推论 5.49 和定理 5.56 可知, $(nK_1\vee K_t)\cup rK_1$ 是 DQS 的. □

第 6 章 图的生成树计数

图的生成树计数问题可追溯到基尔霍夫的电路分析研究[89]. 它是图论的经典问题, 在物理学和网络科学有重要应用. 本章介绍了加权图的生成树计数的基本理论, 总结了作者提出的 Schur 补方法.

6.1 加权图的矩阵树定理

设 G 是 n 个顶点的边加权图, 每条边 $e \in E(G)$ 的权是一个不定元 $w_e(G)$. 如果每条边上的权都取 1, 我们就省略"加权"这个词. 对于 G 的两个顶点 $i,j \in V(G)$, 定义 $w_{ij}(G)$ 如下

$$w_{ij}(G) = \begin{cases} w_e(G), & ij = e \in E(G), \\ 0, & ij \notin E(G). \end{cases}$$

点 i 的加权度为 $d_i(G) = \sum_{j \in V(G)} w_{ij}(G)$. 边加权图 G 的拉普拉斯矩阵 L_G 是一个 $n \times n$ 对称矩阵, 其元素为

$$(L_G)_{ij} = \begin{cases} d_i(G), & i = j, \\ -w_{ij}(G), & i \neq j. \end{cases}$$

令 $\mathbb{T}(G)$ 表示加权图 G 的所有生成树的集合, 一些学者引入了下面与生成树相关的多项式

$$t(G,w) = \sum_{T \in \mathbb{T}(G)} \prod_{e \in E(T)} w_e(G).$$

这个多项式也被称为加权图 G 的基尔霍夫多项式或加权生成树枚举器. 当 $G = K_1$ 是孤立点时, 我们规定 $t(G,w) = 1$. 如果每条边上的权都取 1, 则 $t(G,w) = |\mathbb{T}(G)|$ 是图 G 的生成树个数. 基尔霍夫多项式 $t(G,w)$ 不仅和图 G 的生成树个数有关, 它还包含了更多的图的计数信息. 例如, 对所有 $f \neq e$ 取 $w_f(G) = 1$, 则基尔霍夫多项式 $t(G,w)$ 中 w_e 的系数等于图 G 中包含边 e 的生成树个数.

例 6.1 设 e_1, e_2 和 e_3 是圈 C_3 的三条边, 则

$$t(C_3,w) = w_{e_1}(C_3)w_{e_2}(C_3) + w_{e_1}(C_3)w_{e_3}(C_3) + w_{e_2}(C_3)w_{e_3}(C_3).$$

令 $A(i,j)$ 表示将矩阵 A 删去第 i 行和第 j 列得到的子矩阵. 下面是边加权图的矩阵树定理, 该定理用 $L_G(i,j)$ 的行列式来表示基尔霍夫多项式 $t(G,w)$.

定理 6.1[52]　设 G 是顶点集为 $\{1,\cdots,n\}$ 的加权图.

(1) 对于任意顶点 $i,j\in\{1,\cdots,n\}$, 我们有

$$t(G,w)=(-1)^{i+j}\det(L_G(i,j)).$$

(2) 如果 $\mu_1,\cdots,\mu_{n-1},\mu_n=0$ 是 L_G 的特征值, 则

$$t(G,w)=\frac{1}{n}\prod_{i=1}^{n-1}\mu_i.$$

设 G 是 n 个顶点的点加权图, 每个顶点 $u\in V(G)$ 的权是一个不定元 $w_u(G)$. 对于 G 的生成树 T 中的一个顶点 v, 令 T_v 表示以 v 为根的定向树, 即将 T 的每条边变成指向点 v 的有向弧. 定向树 T_v 的权定义为

$$w(T_v)=\prod_{\overrightarrow{ij}\in E(T_v)}w_j(G),$$

其中 $\overrightarrow{ij}$ 表示有向弧的方向是从点 i 指向点 j. 点加权图 G 关于定向生成树的多项式定义为

$$\kappa(G,w)=\sum_{v\in V(G)}\sum_{T\in\mathbb{T}(G)}w(T_v).$$

如果所有顶点的权都取 1, 则 $\kappa(G,w)=n|\mathbb{T}(G)|$ 是图 G 的定向生成树的个数.

点加权图 G 的拉普拉斯矩阵 $\mathbb{L}_G$ 是一个 $n\times n$ 对称矩阵, 其元素为

$$(\mathbb{L}_G)_{ij}=\begin{cases}\displaystyle\sum_{ik\in E(G)}w_k(G), & i=j,\\ -w_i(G)^{\frac{1}{2}}w_j(G)^{\frac{1}{2}}, & \{i,j\}\in E(G),\\ 0, & \text{其他}.\end{cases}$$

下面是点加权图的矩阵树定理.

定理 6.2[32]　设 G 是 n 个顶点的点加权图, 每个顶点 $u\in V(G)$ 的权是一个不定元 $w_u(G)$. 多项式 $\kappa(G,w)$ 有如下性质:

$$w_i(G)^{\frac{1}{2}}w_j(G)^{\frac{1}{2}}\left(\sum_{u\in V(G)}w_u(G)\right)^{-1}\kappa(G,w)=(-1)^{i+j}\det(\mathbb{L}_G(i,j)).$$

下面是 $\kappa(G,w)$ 和 $t(G,w)$ 两个图多项式之间的关系.

引理 6.3 设 G 是 n 个顶点的加权图, 每个顶点 $u \in V(G)$ 的权是一个不定元 $w_u(G)$, 每条边 $\{i,j\} \in E(G)$ 的权是 $w_i(G)w_j(G)$, 则

$$\kappa(G,w)\prod_{u\in V(G)} w_u(G) = t(G,w)\sum_{u\in V(G)} w_u(G).$$

证明 设 $W = \mathrm{diag}(w_1(G),\cdots,w_n(G))$ 是以 G 的顶点权为元素的对角阵, 则 $L_G = W^{\frac{1}{2}}\mathbb{L}_G W^{\frac{1}{2}}$. 由定理 6.1 和定理 6.2 可得

$$\kappa(G,w)\prod_{u\in V(G)} w_u(G) = t(G,w)\sum_{u\in V(G)} w_u(G). \qquad \square$$

6.2 生成树计数的 Schur 补公式

对于加权图 G 的任意一个点集划分 $V(G) = V_1 \cup V_2$, 它的拉普拉斯矩阵可分块表示为

$$L_G = \begin{pmatrix} L_1 & B \\ B^\top & L_2 \end{pmatrix},$$

其中 L_1 和 L_2 分别是 V_1 和 V_2 对应的主子阵. 如果 L_1 和 L_2 非奇异, 则它们对应的 Schur 补为 $S_1 = L_1 - BL_2^{-1}B^\top$ 和 $S_2 = L_2 - B^\top L_1^{-1}B$. 由于 S_k 是所有行和都为零的对称矩阵, 因此它是某个加权图 $G(V_k)$ 的拉普拉斯矩阵 $(k=1,2)$. 我们称加权图 $G(V_k)$ 为 G 的关于顶点子集 V_k 的 Schur 补加权图, 它的顶点集为 V_k, 边集为 $\{uv : (S_k)_{uv} \neq 0, u \neq v\}$.

下面我们给出基尔霍夫多项式 $t(G,w)$ 的 Schur 补公式.

命题 6.4[148] 对于加权图 G 的任意一个点集划分 $V(G) = V_1 \cup V_2$, 设 L_1 和 L_2 分别是拉普拉斯矩阵 L_G 关于 V_1 和 V_2 的主子阵.

(1) 如果 L_1 非奇异, 则

$$t(G,w) = \det(L_1)t(G(V_2),w).$$

(2) 如果 L_2 非奇异, 则

$$t(G,w) = \det(L_2)t(G(V_1),w).$$

证明 加权图 G 的拉普拉斯矩阵可分块表示为 $L_G = \begin{pmatrix} L_1 & B \\ B^\top & L_2 \end{pmatrix}$, Schur 补加权图 $G(V_2)$ 的拉普拉斯矩阵为 $L_{G(V_2)} = L_2 - B^\top L_1^{-1}B$. 由定理 6.1 和定理 1.78 可得

$$t(G,w) = \det(L_1)\det(L_{G(V_2)}(i,i)) = \det(L_1)t(G(V_2),w),$$

其中 $L_{G(V_2)}(i,i)$ 是将 $L_{G(V_2)}$ 的第 i 行第 i 列删去得到的主子阵.

加权图 G 的拉普拉斯矩阵 L_G 也可以表示为 $L_G = \begin{pmatrix} L_2 & B^\top \\ B & L_1 \end{pmatrix}$. 类似于以上证明, 还能得到 $t(G,w) = \det(L_2)t(G(V_1),w)$. □

下面是 Schur 补公式的一个算例.

例 6.2 设 P_5 是顶点集为 $\{1,2,3,4,5\}$ 的道路, 它的边权是不定元 w_{12}, w_{23}, w_{34} 和 w_{45}. 令 $V_1 = \{1,2,4\}, V_2 = \{3,5\}$, 则 P_5 的拉普拉斯矩阵可分块表示为

$$L_{P_5} = \begin{pmatrix} L_1 & B \\ B^\top & L_2 \end{pmatrix},$$

其中 $B = \begin{pmatrix} 0 & 0 \\ -w_{23} & 0 \\ -w_{34} & -w_{45} \end{pmatrix}$, 主子阵 $L_1 = \begin{pmatrix} w_{12} & -w_{12} & 0 \\ -w_{12} & w_{12}+w_{23} & 0 \\ 0 & 0 & w_{34}+w_{45} \end{pmatrix}$ 和 $L_2 = \begin{pmatrix} w_{23}+w_{34} & 0 \\ 0 & w_{45} \end{pmatrix}$ 分别对应顶点子集 V_1 和 V_2. 经计算, Schur 补 $L_{G(V_1)} = S_1 = L_1 - BL_2^{-1}B^\top$ 和 $L_{G(V_2)} = S_2 = L_2 - B^\top L_1^{-1}B$ 等于

$$L_{G(V_1)} = \begin{pmatrix} w_{12} & -w_{12} & 0 \\ -w_{12} & w_{12}+w_{23}w_{34}(w_{23}+w_{34})^{-1} & -w_{23}w_{34}(w_{23}+w_{34})^{-1} \\ 0 & -w_{23}w_{34}(w_{23}+w_{34})^{-1} & w_{23}w_{34}(w_{23}+w_{34})^{-1} \end{pmatrix},$$

$$L_{G(V_2)} = \begin{pmatrix} w_{34}w_{45}(w_{34}+w_{45})^{-1} & -w_{34}w_{45}(w_{34}+w_{45})^{-1} \\ -w_{34}w_{45}(w_{34}+w_{45})^{-1} & w_{34}w_{45}(w_{34}+w_{45})^{-1} \end{pmatrix}.$$

因此 Schur 补加权图 $G(V_1)$ 是具有边权 w_{12} 和 $w_{23}w_{34}(w_{23}+w_{34})^{-1}$ 的道路 P_3, Schur 补加权图 $G(V_2)$ 是具有边权 $w_{34}w_{45}(w_{34}+w_{45})^{-1}$ 的道路 P_2, 并且

$$t(G(V_1),w) = w_{12}w_{23}w_{34}(w_{23}+w_{34})^{-1}, \quad t(G(V_2),w) = w_{34}w_{45}(w_{34}+w_{45})^{-1}.$$

由命题 6.4 可得

$$t(P_5,w) = \det(L_1)t(G(V_2),w) = w_{12}w_{23}(w_{34}+w_{45})\frac{w_{34}w_{45}}{w_{34}+w_{45}} = w_{12}w_{23}w_{34}w_{45},$$

$$t(P_5,w) = \det(L_2)t(G(V_1),w) = (w_{23}+w_{34})w_{45}\frac{w_{12}w_{23}w_{34}}{w_{23}+w_{34}} = w_{12}w_{23}w_{34}w_{45}.$$

如果连通加权图 G 的边权都是正的, 则 L_G 的任意 $k(k < |V(G)|)$ 阶主子阵都是正定的. 因此由命题 6.4 可得到以下结论.

命题 6.5[148] 设连通加权图 G 的边权都是正的. 对于任意一个点集划分 $V(G)=V_1\cup V_2$ $(V_1,V_2\neq\varnothing)$, 我们有

$$t(G,w)=\det(L_1)t(G(V_2),w)=\det(L_2)t(G(V_1),w),$$

其中 L_1 和 L_2 分别是拉普拉斯矩阵 L_G 关于 V_1 和 V_2 的主子阵.

对于 $u\in V(G)$, 令 $N_G(u)$ 表示图 G 中顶点 u 的所有邻点的集合. 应用 Schur 补公式, 我们能得到加权二部图 G 的基尔霍夫多项式 $t(G,w)$ 的表达式.

定理 6.6[148] 设加权二部图 G 具有二部划分 $V(G)=V_1\cup V_2$, 则

$$\begin{aligned}t(G,w)&=\prod_{i\in V_1}d_i(G)\sum_{T\in\mathbb{T}(G(V_2))}\prod_{uv\in E(T)}\left(\sum_{i\in N_G(u)\cap N_G(v)}\frac{w_{ui}(G)w_{vi}(G)}{d_i(G)}\right)\\&=\prod_{i\in V_2}d_i(G)\sum_{T\in\mathbb{T}(G(V_1))}\prod_{uv\in E(T)}\left(\sum_{i\in N_G(u)\cap N_G(v)}\frac{w_{ui}(G)w_{vi}(G)}{d_i(G)}\right),\end{aligned}$$

其中 $G(V_k)$ 的边集为

$$\{uv:u\neq v,u,v\in V_k,N_G(u)\cap N_G(v)\neq\varnothing\}\ (k=1,2).$$

证明 加权二部图 G 的拉普拉斯矩阵可分块表示为

$$L_G=\begin{pmatrix}L_1 & B\\ B^\top & L_2\end{pmatrix},$$

其中 L_1 和 L_2 分别是顶点子集 V_1 和 V_2 中顶点度构成的对角阵. 由命题 6.4 可得

$$t(G,w)=\det(L_1)t(G(V_2),w)=t(G(V_2),w)\prod_{i\in V_1}d_i(G).\tag{6.1}$$

加权图 $G(V_2)$ 的拉普拉斯矩阵是 Schur 补 $L_{G(V_2)}=L_2-B^\top L_1^{-1}B$. 对于 $u,v\in V_2$, 点 u 和点 v 在 $G(V_2)$ 中邻接当且仅当 $(L_2-B^\top L_1^{-1}B)_{uv}\neq 0$, 即 $N_G(u)\cap N_G(v)\neq\varnothing$. 如果点 u 和点 v 在 $G(V_2)$ 中邻接, 则 $G(V_2)$ 中边 $\{u,v\}$ 的权等于

$$w_{uv}(G(V_2))=(B^\top L_1^{-1}B)_{uv}=\sum_{i\in N_G(u)\cap N_G(v)}\frac{w_{ui}(G)w_{vi}(G)}{d_i(G)}.$$

因此

$$t(G(V_2),w)=\sum_{T\in\mathbb{T}(G(V_2))}\prod_{uv\in E(T)}w_{uv}(G(V_2))$$

$$= \sum_{T\in\mathbb{T}(G(V_2))} \prod_{uv\in E(T)} \left(\sum_{i\in N_G(u)\cap N_G(v)} \frac{w_{ui}(G)w_{vi}(G)}{d_i(G)} \right).$$

由等式 (6.1) 可得

$$\begin{aligned} t(G,w) &= t(G(V_2),w) \prod_{i\in V_1} d_i(G) \\ &= \prod_{i\in V_1} d_i(G) \sum_{T\in\mathbb{T}(G(V_2))} \prod_{uv\in E(T)} \left(\sum_{i\in N_G(u)\cap N_G(v)} \frac{w_{ui}(G)w_{vi}(G)}{d_i(G)} \right). \end{aligned}$$

类似于以上证明还能得到

$$t(G,w) = \prod_{i\in V_2} d_i(G) \sum_{T\in\mathbb{T}(G(V_1))} \prod_{uv\in E(T)} \left(\sum_{i\in N_G(u)\cap N_G(v)} \frac{w_{ui}(G)w_{vi}(G)}{d_i(G)} \right). \quad \square$$

由定理 6.6 可得到二部图的生成树计数的如下公式.

定理 6.7 设 G 是具有二部划分 $V(G)=V_1\cup V_2$ 的连通二部图, 则

$$\begin{aligned} |\mathbb{T}(G)| &= \prod_{i\in V_1} d_i(G) \sum_{T\in\mathbb{T}(G(V_2))} \prod_{uv\in E(T)} \left(\sum_{i\in N_G(u)\cap N_G(v)} \frac{1}{d_i(G)} \right) \\ &= \prod_{i\in V_2} d_i(G) \sum_{T\in\mathbb{T}(G(V_1))} \prod_{uv\in E(T)} \left(\sum_{i\in N_G(u)\cap N_G(v)} \frac{1}{d_i(G)} \right), \end{aligned}$$

其中 $G(V_k)$ 的边集为

$$\{uv : u\neq v, u,v\in V_k, N_G(u)\cap N_G(v)\neq\varnothing\}\ (k=1,2).$$

6.3 生成树计数的局部变换公式

通过使用上一节的 Schur 补公式, 我们能得到基尔霍夫多项式 $t(G,w)$ 的如下局部变换公式.

定理 6.8[148] 设 $U\subseteq V(G)$ 是加权图 G 的一个顶点子集, 加权图 G_U 的顶点集为 $V(G)\cup\{v\}$, 且 $w_{ij}(G_U)$ 满足

$$w_{ij}(G_U) = \begin{cases} w_j(G)\sum\limits_{u\in U} w_u(G), & i=v, j\in U, \\ 0, & i=v, j\in V(G)\backslash U, \\ w_{ij}(G)-w_i(G)w_j(G), & \{i,j\}\subseteq U, \\ w_{ij}(G), & \text{其他}, \end{cases}$$

其中 $\{w_i(G)\}_{i\in U}$ 是 U 上的不定元. 加权图 G_U 的基尔霍夫多项式为

$$t(G_U,w)=\left(\sum_{u\in U}w_u(G)\right)^2 t(G,w).$$

证明 加权图 G_U 的拉普拉斯矩阵可分块表示为

$$L_{G_U}=\begin{pmatrix} d_v(G_U) & x^\top \\ x & L_2\end{pmatrix},$$

其中 L_2 是 $V(G)$ 对应的主子阵. 对于顶点 $i,j\in V(G)$, 根据 $w_{ij}(G_U)$ 的定义, 我们有

$$(L_2)_{ij}=\begin{cases}-w_{ij}(G)+w_i(G)w_j(G), & \{i,j\}\subseteq U,\\ -w_{ij}(G), & \text{其他},\end{cases}$$

并且点 v 的加权度等于

$$d_v(G_U)=\sum_{j\in U}w_{vj}(G_U)=\left(\sum_{u\in U}w_u(G)\right)^2.$$

Schur 补加权图 $G_U(V(G))$ 具有拉普拉斯矩阵 $L_{G_U(V(G))}=L_2-d_v(G_U)^{-1}xx^\top$. 如果 $j\in U$ 则 $(x)_j=-w_j(G)\sum_{u\in U}w_u(G)$, 如果 $j\in V(G)\backslash U$ 则 $(x)_j=0$. 对于任意两个顶点 $i,j\in V(G)$, 我们有

$$(xx^\top)_{ij}=\begin{cases}\left(\sum\limits_{u\in U}w_u(G)\right)^2 w_i(G)w_j(G), & \{i,j\}\subseteq U,\\ 0, & \text{其他},\end{cases}$$

并且

$$(L_2-d_v(G_U)^{-1}xx^\top)_{ij}=-w_{ij}(G).$$

因此 $L_{G_U(V(G))}=L_G$, 即 $G_U(V(G))$ 和 G 是同构的加权图. 由命题 6.4 可得

$$t(G_U,w)=d_v(G_U)t(G_U(V(G)),w)=\left(\sum_{u\in U}w_u(G)\right)^2 t(G,w). \qquad \square$$

在定理 6.8 中对每个 $i\in U$ 取 $w_i(G)=1$ 可得到下面的推论.

推论 6.9 设 $U\subseteq V(G)$ 是加权图 G 的一个顶点子集, 加权图 G_U 的顶点集为 $V(G)\cup\{v\}$, 且 $w_{ij}(G_U)$ 满足

$$w_{ij}(G_U) = \begin{cases} |U|, & i = v, j \in U, \\ 0, & i = v, j \in V(G)\backslash U, \\ w_{ij}(G) - 1, & \{i, j\} \subseteq U, \\ w_{ij}(G), & \text{其他}. \end{cases}$$

加权图 G_U 的基尔霍夫多项式为

$$t(G_U, w) = |U|^2 t(G, w).$$

在推论 6.9 中, 如果 U 是一个团且对任意 $\{i, j\} \subseteq U$ 均有 $w_{ij}(G) = 1$, 那么我们能得到基尔霍夫多项式 $t(G, w)$ 的如下变换公式.

推论 6.10[124]　设 K_c 是加权图 G 的一个完全子图, 并且 K_c 的每条边的权都是 1. 如果将子图 K_c 替换为星 $K_{1,c}$ ($K_{1,c}$ 的每条边的权都是 c) 得到新的加权图 H, 则

$$t(H, w) = c^2 t(G, w).$$

设 $\{w_i(G)\}_{i\in V(G)}$ 是顶点集 $V(G)$ 上的不定元. 如果 G 的每条边 $\{u, v\}$ 的权为

$$w_{uv}(G) = w_u(G) w_v(G),$$

则称 G 是由点权导出的加权图, 或者称 G 的边权由不定元 $\{w_i(G)\}_{i\in V(G)}$ 导出.

由定理 6.8 可得到如下推论.

推论 6.11[148]　设加权图 G 的边权由不定元 $\{w_i(G)\}_{i\in V(G)}$ 导出, 并且 G_0 是 G 的一个诱导子图. 设 H 是将 G 的诱导子图 G_0 替换为 $K_1 \vee \overline{G_0}$ 得到的加权图, 其边权满足

$$w_{ij}(H) = \begin{cases} w_j(G) \displaystyle\sum_{u\in V(G_0)} w_u(G), & i \notin V(G), j \in V(G_0), \\ -w_i(G) w_j(G), & ij \in E(\overline{G_0}), \\ w_i(G) w_j(G), & ij \in E(G)\backslash E(G_0). \end{cases}$$

加权图 H 的基尔霍夫多项式为

$$t(H, w) = \left(\sum_{u\in V(G_0)} w_u(G) \right)^2 t(G, w).$$

由推论 6.11 的局部变换公式可得到如下补变换公式.

推论 6.12[148] 设加权图 G 的边权由不定元 $\{w_i(G)\}_{i\in V(G)}$ 导出, 加权图 $H=K_1\vee\overline{G}$ 的边权由不定元 $\{w_i(H)\}_{i\in V(H)}$ 导出, 其中

$$w_i(H)=\begin{cases}w_i(G), & i\in V(G),\\ -\displaystyle\sum_{u\in V(G)}w_u(G), & i\notin V(G).\end{cases}$$

加权图 H 的基尔霍夫多项式为

$$t(H,w)=(-1)^{|V(G)|}\left(\sum_{u\in V(G)}w_u(G)\right)^2 t(G,w).$$

证明 在推论 6.11 中, 取 $G_0=G$ 可得到一个加权图 $H_0=K_1\vee\overline{G}$ 使得

$$t(H_0,w)=\left(\sum_{u\in V(G)}w_u(G)\right)^2 t(G,w),$$

并且 H_0 的边权为

$$w_{ij}(H_0)=\begin{cases}w_j(G)\displaystyle\sum_{u\in V(G)}w_u(G), & i\notin V(G),j\in V(G),\\ -w_i(G)w_j(G), & ij\in E(\overline{G}).\end{cases}$$

因为对所有边 ij 均有 $w_{ij}(H)=-w_{ij}(H_0)$, 所以

$$t(H,w)=(-1)^{|V(G)|}t(H_0,w)=(-1)^{|V(G)|}\left(\sum_{u\in V(G)}w_u(G)\right)^2 t(G,w). \qquad \square$$

由 Cayley 公式我们知道完全图 K_n 有 n^{n-2} 个生成树. 下面的例子是 Cayley 公式的加权推广, 也被称为 Cayley-Prüfer 定理. 我们可以由推论 6.12 直接推出该定理.

例 6.3(Cayley-Prüfer 定理) 设完全图 K_n 的边权由不定元 $\{w_1,\cdots,w_n\}$ 导出, 则

$$t(K_n,w)=w_1\cdots w_n(w_1+\cdots+w_n)^{n-2}.$$

证明 由推论 6.12 可得

$$t(K_n,w)=(-1)^n\left(\sum_{i=1}^n w_i\right)^{-2} t(K_{1,n},w)=w_1\cdots w_n(w_1+\cdots+w_n)^{n-2},$$

其中 $K_{1,n}$ 是边权为 $-w_j\sum_{i=1}^n w_i\ (j=1,\cdots,n)$ 的星. $\square$

下面我们用推论 6.12 给出如下例子.

例 6.4 设加权图 G 是将完全图 K_n 删去 q 条边的匹配 M 得到的近似完全图, 并且 G 的边权由不定元 $\{w_1,\cdots,w_n\}$ 导出, 则

$$t(G,w)=\left(\sum_{i=1}^{n}w_i\right)^{n-q-2}\left(\prod_{i=1}^{n}w_i\right)\prod_{ij\in M}\sum_{k\neq i,j}w_k.$$

如果 $w_1=\cdots=w_n=1$, 则

$$|\mathbb{T}(G)|=n^{n-q-2}(n-2)^q=n^{n-2}\left(1-\frac{2}{n}\right)^q.$$

证明 设 $H=K_1\vee\overline{G}$ 是由不定元 $\{w_0,w_1,\cdots,w_n\}$ 导出的加权图, 其中 $w_0=-\sum_{i=1}^{n}w_i$. 由推论 6.12 可得

$$t(G,w)=(-1)^n\left(\sum_{i=1}^{n}w_i\right)^{-2}t(H,w). \tag{6.2}$$

经计算可得

$$t(H,w)=\left(-\sum_{i=1}^{n}w_i\right)^{n-q}\left(\prod_{i=1}^{n}w_i\right)\prod_{ij\in M}\left(-\sum_{k\neq i,j}w_k\right),$$

由等式 (6.2) 可得

$$t(G,w)=\left(\sum_{i=1}^{n}w_i\right)^{n-q-2}\left(\prod_{i=1}^{n}w_i\right)\prod_{ij\in M}\sum_{k\neq i,j}w_k.$$ □

6.4 交图与图的团划分

令 $V(H)$ 和 $E(H)$ 分别表示超图的顶点集和边集, 每条边 $e\in E(H)$ 都是 $V(H)$ 的一个子集. 如果每条边都恰好包含两个顶点, 则 H 即为通常的图. 如果任意两条边最多有一个交点, 则称 H 是线性超图. 超图 H 的交图 $\Omega(H)$ 的有顶点集为 $E(H)$, 两个顶点 e_1,e_2 在 $\Omega(H)$ 中邻接当且仅当 $e_1\cap e_2\neq\varnothing$. 如果图 G 和 (线性) 超图 H 满足 $G=\Omega(H)$, 则称 H 是图 G 的一个 (线性) 交表示.

如果图 G 的一个团的集合 $\varepsilon=\{Q_1,\cdots,Q_r\}$ 覆盖了图 G 的所有边, 即 G 的每条边至少属于一个 Q_i, 则称 ε 是 G 的团覆盖. 如果 G 的每条边恰好属于 ε 中的一个团, 即团覆盖 ε 中任意两个团最多有一个交点, 则称 ε 是 G 的团划分.

显然, 任意图 G 都至少有一个团划分 (由于每条边可看作一个团). Erdös 等在 [55] 中指出, 连通图 G 的团划分和线性交表示之间存在如下一一对应.

引理 6.13[55] 设 $\varepsilon = \{Q_1, \cdots, Q_r\}$ 是连通图 G 的一个团覆盖. 对于顶点 $u \in V(G)$, 令 $S_u = \{Q_i : u \in Q_i\}$ 表示 ε 中所有包含点 u 的团的集合. 设超图 H_ε 具有顶点集 $\varepsilon = \{Q_1, \cdots, Q_r\}$ 和边集 $\{S_u : u \in V(G)\}$, 则 $G = \Omega(H_\varepsilon)$. 如果 ε 是 G 的团划分, 则 H_ε 是线性超图.

引理 6.14[55] 如果 (线性) 超图 H 是图 G 的交表示, 则与 H 的一个顶点关联的所有边对应于 G 的一个团, 并且所有这样的团形成了 G 的一个团覆盖 (团划分).

下面是图的团划分和交表示的一个例子.

例 6.5 图 6.1 中的图 G 有一个团划分 $\varepsilon = \{Q_1, Q_2, Q_3\}$, 其中 $Q_1 = \{1, 2, 3\}, Q_2 = \{2, 4, 5\}, Q_3 = \{3, 5, 6\}$. 令 $S_i = \{Q_j : i \in Q_j\}$ 表示 ε 中所有包含点 i 的团的集合, 则

$$S_1 = \{Q_1\},\ S_2 = \{Q_1, Q_2\},\ S_3 = \{Q_1, Q_3\},$$
$$S_4 = \{Q_2\},\ S_5 = \{Q_2, Q_3\},\ S_6 = \{Q_3\}.$$

顶点集为 $\{Q_1, Q_2, Q_3\}$、边集为 $\{S_1, \cdots, S_6\}$ 的线性超图是图 G 的一个交表示.

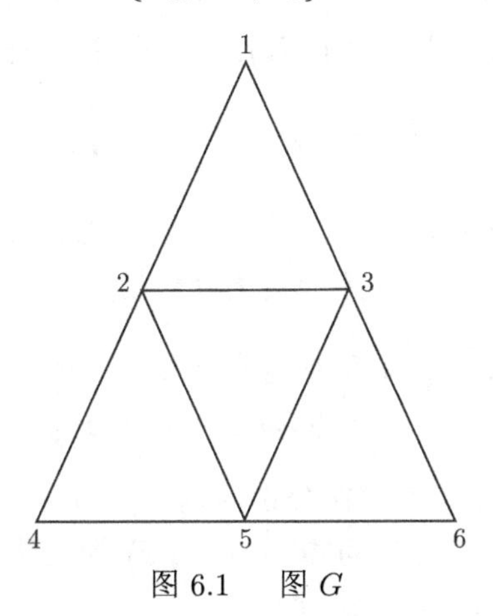

图 6.1 图 G

超图 H 的 2-section 图 $H_{(2)}$ 具有顶点集 $V(H)$, 并且 $uv \in E(H_{(2)})$ 当且仅当存在 $e \in E(H)$ 使得 $\{u, v\} \subseteq e$. 超图 H 的关联图 I_H 是具有二部划分 $V(I_H) = V(H) \cup E(H)$ 的二部图, 并且 $u \in V(H)$ 和 $e \in E(H)$ 在 I_H 中邻接当且仅当 u 和 e 在 H 中关联.

例 6.6 设超图 H 具有顶点集 $V(H) = \{1, 2, 3, 4\}$ 和边集 $E(H) = \{e, f\}$, 其中 $e = 123$, $f = 234$. 交图 $\Omega(H)$、2-section 图 $H_{(2)}$ 和关联图 I_H 的顶点集、边集如下:

$$V(\Omega(H)) = \{e, f\}, \quad E(\Omega(H)) = \{ef\},$$

$$V(H_{(2)}) = \{1,2,3,4\}, \quad E(H_{(2)}) = \{12,13,23,24,34\},$$
$$V(I_H) = \{1,2,3,4,e,f\}, \quad E(I_H) = \{1e,2e,3e,2f,3f,4f\}.$$

交图 $\Omega(H)$、2-section 图 $H_{(2)}$ 和关联图 I_H 的生成树有如下关系.

定理 6.15[148] 设 H 是一个连通超图. 对于 $u \in V(H)$ 和与 u 关联的边 $e \in E(H)$, 关联图 I_H 的边 ue 的权是不定元 w_{ue}. 关联图 I_H 的基尔霍夫多项式为

$$\begin{aligned} t(I_H, w) &= \prod_{i \in V(H)} \alpha_i \sum_{T \in \mathbb{T}(\Omega(H))} \prod_{ef \in E(T)} \left(\sum_{u \in e \cap f} \frac{w_{ue} w_{uf}}{\alpha_u} \right) \\ &= \prod_{e \in E(H)} \alpha_e \sum_{T \in \mathbb{T}(H_{(2)})} \prod_{uv \in E(T)} \left(\sum_{\{u,v\} \subseteq e \in E(H)} \frac{w_{ue} w_{ve}}{\alpha_e} \right), \end{aligned}$$

其中

$$\alpha_i = \sum_{i \in f \in E(H)} w_{if} \ (i \in V(H)), \quad \alpha_e = \sum_{i \in V(H), i \in e} w_{ie} \ (e \in E(H)).$$

证明 对于 $i \in V(H)$ 和 $e \in E(H)$, 它们在 I_H 中的加权度为

$$\alpha_i = \sum_{i \in f \in E(H)} w_{if}, \quad \alpha_e = \sum_{i \in V(H), i \in e} w_{ie}.$$

注意到 $V(I_H) = V(H) \cup E(H)$ 是二部图 I_H 的二部划分. 由定理 6.6 可知, Schur 补加权图 $I_H(E(H))$ 和 $I_H(V(H))$ 的边集分别是

$$\{ef : e, f \in E(H), e \cap f \neq \varnothing\},$$
$$\{uv : u, v \in V(H), uv \in E(H_{(2)})\}.$$

故 $I_H(E(H))$ 和 $I_H(V(H))$ 的底图分别同构于 $\Omega(H)$ 和 $H_{(2)}$. 在定理 6.6 中取 $G = I_H, V_1 = V(H), V_2 = E(H)$ 可得到 $t(I_H, w)$ 的表达式. □

在定理 6.15 中, 当 $w_{ue} = d_u w_e$ $(d_u = \sum_{u \in e \in E(H)} w_e)$ 时, 可得到 $\Omega(H)$ 的如下生成树计数公式.

定理 6.16[148] 设 H 是一个连通超图. 对于两条相交非空的边 $e, f \in E(H)$, 交图 $\Omega(H)$ 中边 $\{e, f\}$ 的权为 $|e \cap f| w_e w_f$, 其中 $\{w_e\}_{e \in E(H)}$ 是 $E(H)$ 上的不定元. 交图 $\Omega(H)$ 的基尔霍夫多项式为

$$t(\Omega(H), w) = \frac{\prod\limits_{e \in E(H)} \left(w_e \sum\limits_{u \in e} d_u \right)}{\prod\limits_{u \in V(H)} d_u^2} \sum_{T \in \mathbb{T}(H_{(2)})} \prod_{uv \in E(T)} \left(\sum_{\{u,v\} \subseteq e \in E(H)} \frac{d_u d_v w_e}{\sum\limits_{i \in e} d_i} \right),$$

其中 $d_u=\sum_{u\in e\in E(H)} w_e$.

令 $d_i(H)$ 表示超图 H 中包含顶点 i 的边数, 即点 i 的度. 对于 $e\in E(H)$, 令 $d_e=\sum_{u\in e} d_u(H)$. 令 $\Omega^w(H)$ 表示将 $\Omega(H)$ 的边 e_1e_2 ($\{e_1,e_2\}\subseteq E(H), |e_1\cap e_2|>0$) 赋予权 $|e_1\cap e_2|$ 得到的加权交图[1].

定理 6.17[148] 设 H 是一个连通超图, 则

$$t(\Omega^w(H),w)=\frac{\prod\limits_{e\in E(H)} d_e}{\prod\limits_{u\in V(H)} d_u^2(H)}\sum_{T\in\mathbb{T}(H_{(2)})}\prod_{uv\in E(T)}\left(\sum_{\{u,v\}\subseteq e\in E(H)}\frac{d_u(H)d_v(H)}{d_e}\right).$$

证明 在定理 6.16 中, 将 H 的每条边的权 w_e 取 1 可得到 $t(\Omega^w(H),w)$ 的表达式. □

对于一个线性超图 H, 如果 $uv\in E(H_{(2)})$, 则存在唯一的边 $e(u,v)\in E(H)$ 包含 u 和 v. 由定理 6.17 可得到如下结果.

定理 6.18[148] 设 H 是一个连通的线性超图, 且其交图 $\Omega(H)$ 的权由不定元 $\{w_e\}_{e\in E(H)}$ 导出, 则

$$t(\Omega(H),w)=\frac{\prod\limits_{e\in E(H)}(w_e\sum\limits_{u\in e} d_u)}{\prod\limits_{u\in V(H)} d_u^2}\sum_{T\in\mathbb{T}(H_{(2)})}\prod_{uv\in E(T)}\frac{d_u d_v w_{e(u,v)}}{\sum\limits_{i\in e(u,v)} d_i},$$

其中 $d_u=\sum_{u\in e\in E(H)} w_e$, $e(u,v)\in E(H)$ 是包含 u 和 v 的唯一的边.

在定理 6.18 中, 将每条边的权值取 1 可得到 $|\mathbb{T}(\Omega(H))|$ 的公式.

推论 6.19[148] 设 H 是一个连通的线性超图, 则

$$|\mathbb{T}(\Omega(H))|=\frac{\prod\limits_{e\in E(H)} d_e}{\prod\limits_{u\in V(H)} d_u^2(H)}\sum_{T\in\mathbb{T}(H_{(2)})}\prod_{uv\in E(T)}\frac{d_u(H)d_v(H)}{d_{e(u,v)}},$$

其中 $e(u,v)\in E(H)$ 是包含 u 和 v 的唯一的边.

设 $\varepsilon=\{Q_1,\cdots,Q_r\}$ 是图 G 的一个团划分. 对于顶点 $u\in V(G)$, 令 $S_u=\{Q_i:u\in Q_i\}$ 表示 ε 中所有包含点 u 的团的集合. 令 $\Omega(\varepsilon)$ 表示顶点集为 $\varepsilon=\{Q_1,\cdots,Q_r\}$ 且边集为 $\{Q_iQ_j:Q_i\cap Q_j\neq\varnothing\}$ 的团图.

下面是 $t(G,w)$ 的团划分公式.

定理 6.20[148] 设 G 是一个连通的加权图, 其边权由不定元 $\{w_i\}_{i\in V(G)}$ 导

出. 对于 G 的一个团划分 $\varepsilon=\{Q_1,\cdots,Q_r\}$, 我们有

$$t(G,w)=\frac{\prod\limits_{u\in V(G)}\left(w_u\sum\limits_{Q_i\in S_u}d_{Q_i}\right)}{\prod\limits_{i=1}^{r}d_{Q_i}^2}\sum_{T\in\mathbb{T}(\Omega(\varepsilon))}\prod_{Q_iQ_j\in E(T)}\frac{d_{Q_i}d_{Q_j}w_{\kappa(Q_i,Q_j)}}{\sum\limits_{Q_u\in S_{\kappa(Q_i,Q_j)}}d_{Q_u}},$$

其中 $d_{Q_i}=\sum_{u\in Q_i}w_u$ 并且 $\kappa(Q_i,Q_j)\in Q_i\cap Q_j$ 是 Q_i 和 Q_j 的唯一公共点.

证明　设 H_ε 是具有顶点集 $\varepsilon=\{Q_1,\cdots,Q_r\}$ 和边集 $\{S_u:u\in V(G)\}$ 的线性超图, 则 $G=\Omega(H_\varepsilon)$. 如果 $\Omega(H_\varepsilon)$ 中每条边 S_uS_v 的权为 w_uw_v, 则 $t(G,w)=t(\Omega(H_\varepsilon),w)$. 由定理 6.18 可得到 $t(G,w)$ 的表达式. □

下面是图的生成树个数的团划分公式.

定理 6.21[148]　设 $\varepsilon=\{Q_1,\cdots,Q_r\}$ 是连通图 G 的一个团划分, 则

$$|\mathbb{T}(G)|=\frac{\prod\limits_{u\in V(G)}f_u}{\prod\limits_{i=1}^{r}|Q_i|^2}\sum_{T\in\mathbb{T}(\Omega(\varepsilon))}\prod_{Q_iQ_j\in E(T)}\frac{|Q_i||Q_j|}{f_{\kappa(Q_i,Q_j)}},$$

其中 $f_u=\sum_{Q_i\in S_u}|Q_i|=d_u(G)+|S_u|$ 并且 $\kappa(Q_i,Q_j)\in Q_i\cap Q_j$ 是 Q_i 和 Q_j 的唯一公共点.

证明　在定理 6.20 中, 如果每个顶点 $u\in V(G)$ 上的不定元 $w_u=1$, 则 $d_{Q_i}=|Q_i|$ 并且 $\sum_{Q_i\in S_u}|Q_i|=d_u(G)+|S_u|$. $|\mathbb{T}(G)|$ 的表达式可由定理 6.20 中 $t(G,w)$ 的表达式得到. □

下面是团划分公式的一个例子.

例 6.7　设 G 是将完全图 K_m 和 K_n 之间连接 p 个不相交的边得到的图, 则

$$|\mathbb{T}(G)|=m^{m-p-1}n^{n-p-1}(mn+m+n)^{p-1}p.$$

证明　图 G 有一个团划分 $\varepsilon=\{C_1,C_2,Q_1,\cdots,Q_p\}$, 其中 $|C_1|=m,|C_2|=n$, $Q_1,\cdots,Q_p$ 是团 C_1 和 C_2 之间 p 个不相交的边. 由定理 6.21 可得

$$|\mathbb{T}(G)|=\frac{m^{m-p}n^{n-p}(m+2)^p(n+2)^p}{m^2n^24^p}t(\Omega(\varepsilon),w),\tag{6.3}$$

其中团图 $\Omega(\varepsilon)$ 是具有二部划分 $\{C_1,C_2\}\cup\{Q_1,\cdots,Q_p\}$ 的完全二部加权图, 并且 $\Omega(\varepsilon)$ 中边 C_1Q_t 和 C_2Q_t 的权分别为 $w_{C_1Q_t}=\dfrac{2m}{m+2}$ 和 $w_{C_2Q_t}=\dfrac{2n}{n+2}$ $(t=1,\cdots,p)$. $\Omega(\varepsilon)$ 中 Q_t 的加权度为 $\dfrac{2m}{m+2}+\dfrac{2n}{n+2}=\dfrac{4(mn+m+n)}{(m+2)(n+2)}$. 由定

理 6.6 可得

$$t(\Omega(\varepsilon), w) = \frac{4^p(mn+m+n)^p}{(m+2)^p(n+2)^p} \frac{w_{C_1Q_t}w_{C_2Q_t}p}{w_{C_1Q_t}+w_{C_2Q_t}} = \frac{4^p(mn+m+n)^{p-1}mnp}{(m+2)^p(n+2)^p}.$$

由等式 (6.3) 可得 $|\mathbb{T}(G)| = m^{m-p-1}n^{n-p-1}(mn+m+n)^{p-1}p.$ □

对于图 G 的一个团划分 $\varepsilon = \{Q_1, \cdots, Q_r\}$, 令 $I(Q_i) = |\{u \in Q_i : |S_u| > 1\}|$. 下面我们用顶点集 $\{u \in V(G) : |S_u| > 1\}$ 的诱导子图来表示图 G 的生成树个数.

定理 6.22[148] 设 $\varepsilon = \{Q_1, \cdots, Q_r\}$ $(r > 1)$ 是连通图 G 的一个团划分, 则

$$|\mathbb{T}(G)| = \prod_{|S_u|=1}(d_u(G)+1)\prod_{i=1}^{r}\frac{I(Q_i)}{|Q_i|}\sum_{T\in\mathbb{T}(\widetilde{G})}\prod_{e\in E(T)}\frac{|Q_e|}{I(Q_e)},$$

其中 $\widetilde{G}$ 是图 G 关于顶点集 $\{u \in V(G) : |S_u| > 1\}$ 的诱导子图, Q_e 是 ε 中包含边 e 的唯一的团.

证明 令 $P_i = \{u : u \in Q_i, |S_u| > 1\}$, 并且令 H 是具有顶点集 $V(H) = \{u \in V(G) : |S_u| > 1\}$ 和边集 $E(H) = \{P_1, \cdots, P_r\}$ 的线性超图. 那么团图 $\Omega(\varepsilon) = \Omega(H)$ 即为 H 的交图, 并且 2-section 图 $H_{(2)}$ 是图 G 关于顶点集 $V(H)$ 的诱导子图. 对于 $u \in V(H)$ 和 $P_i \ni u$, 我们将关联图 I_H 中的边 $\{u, P_i\}$ 赋予权 $|Q_i|$, 由定理 6.15 可得

$$\begin{aligned} t(I_H, w) &= \prod_{u\in V(H)} f_u \sum_{T\in\mathbb{T}(\Omega(\varepsilon))}\prod_{Q_iQ_j\in E(T)}\frac{|Q_i||Q_j|}{f_{\kappa(Q_i,Q_j)}} \\ &= \prod_{i=1}^{r} I(Q_i)|Q_i| \sum_{T\in\mathbb{T}(H_{(2)})}\prod_{e\in E(T)}\frac{|Q_e|^2}{I(Q_e)|Q_e|}, \end{aligned}$$

其中 $f_u = \sum_{Q_i\in S_u}|Q_i| = d_u(G) + |S_u|$, 并且 $\kappa(Q_i, Q_j) \in Q_i \cap Q_j$ 是 Q_i 和 Q_j 的唯一公共点. 由定理 6.21 可得

$$\begin{aligned} |\mathbb{T}(G)| &= \frac{\prod\limits_{u\in V(G)} f_u}{\prod\limits_{i=1}^{r}|Q_i|^2} \sum_{T\in\mathbb{T}(\Omega(\varepsilon))}\prod_{Q_iQ_j\in E(T)}\frac{|Q_i||Q_j|}{f_{\kappa(Q_i,Q_j)}} \\ &= \frac{\prod\limits_{|S_u|=1}(d_u(G)+1)}{\prod\limits_{i=1}^{r}|Q_i|^2} t(I_H, w) \\ &= \prod_{|S_u|=1}(d_u(G)+1)\prod_{i=1}^{r}\frac{I(Q_i)}{|Q_i|}\sum_{T\in\mathbb{T}(H_{(2)})}\prod_{e\in E(T)}\frac{|Q_e|}{I(Q_e)}. \end{aligned}$$ □

应用定理 6.22 能得到下面的图的边团扩展的生成树计数公式.

推论 6.23　设 G 是有 n 个顶点和 m 条边的连通图, 并且 $\widetilde{G}$ 表示将 G 的每条边 $e \in E(G)$ 替换为团 Q_e 得到的图, 则

$$|\mathbb{T}(\widetilde{G})| = 2^{m-n+1} \prod_{e\in E(G)} |Q_e|^{|Q_e|-3} \sum_{T\in\mathbb{T}(G)} \prod_{e\in E(T)} |Q_e|.$$

证明　当 $m = 1$ 时结论显然成立, 我们只考虑 $m > 1$ 的情况. 注意到 $\{Q_e\}_{e\in E(G)}$ 是 $\widetilde{G}$ 的一个团划分并且 $\{u \in V(\widetilde{G}) : |S_u| > 1\} = \{u \in V(G) : d_u(G) > 1\}$. 令 G_0 为将 G 的所有悬挂点删去得到的图, 则 G_0 的每个生成树有 $n - |P(G)| - 1$ 条边, 其中 $P(G)$ 是 G 的悬挂边的集合. 由定理 6.22 可得

$$\begin{aligned}|\mathbb{T}(\widetilde{G})| &= \frac{2^{m-|P(G)|} \prod\limits_{e\in E(G)} |Q_e|^{|Q_e|-2} \prod\limits_{e\in P(G)} |Q_e|}{\prod\limits_{e\in E(G)} |Q_e|} \sum_{T\in\mathbb{T}(G_0)} \prod_{e\in E(T)} \frac{|Q_e|}{2} \\ &= 2^{m-n+1} \prod_{e\in E(G)} |Q_e|^{|Q_e|-3} \sum_{T\in\mathbb{T}(G)} \prod_{e\in E(T)} |Q_e|.\end{aligned}$$

□

由推论 6.23 能得到下面的结果.

推论 6.24　设 $\widetilde{G}$ 是将连通图 G 的一条边 $e \in E(G)$ 替换为团 K_s 得到的图, 则

$$|\mathbb{T}(\widetilde{G})| = s^{s-2}|\mathbb{T}(G)| - s^{s-3}(s-2)|\mathbb{T}(G-e)|.$$

证明　令 $n = |V(G)|, m = |E(G)|$, 由推论 6.23 可得

$$\begin{aligned}|\mathbb{T}(\widetilde{G})| &= 2^{m-n+1}2^{-(m-1)}s^{s-3}(2^{n-1}|\mathbb{T}(G-e)| + 2^{n-2}s|\mathbb{T}_e(G)|) \\ &= s^{s-3}(2|\mathbb{T}(G-e)| + s|\mathbb{T}_e(G)|),\end{aligned}$$

其中 $\mathbb{T}_e(G) \subseteq \mathbb{T}(G)$ 是包含边 e 的生成树集合. 由 $|\mathbb{T}_e(G)| = |\mathbb{T}(G)| - |\mathbb{T}(G-e)|$ 可得

$$|\mathbb{T}(\widetilde{G})| = s^{s-2}|\mathbb{T}(G)| - s^{s-3}(s-2)|\mathbb{T}(G-e)|.$$

□

给定一个图序列 $\{G_n\}_{n\geqslant 1}$, 如果极限

$$\lim_{|V(G_n)|\to\infty} \frac{\log|\mathbb{T}(G_n)|}{|V(G_n)|}$$

存在, 则该极限称为图序列 $\{G_n\}_{n\geqslant 1}$ 的生成树的渐进增长常数[98]. 下面的例子给出了扇图的生成树个数和生成树的渐进增长常数.

例 6.8 扇图 $F_n = K_1 \vee P_n$ 是一个孤立点 K_1 和一个道路 P_n 的联图. 注意到将 F_{n-1} 的一条边替换为 K_3 能得到 F_n. 由推论 6.24 可得

$$|\mathbb{T}(F_n)| = 3|\mathbb{T}(F_{n-1})| - |\mathbb{T}(F_{n-2})|.$$

求解这个递推关系可得

$$|\mathbb{T}(F_n)| = 5^{-\frac{1}{2}}\left[\left(\frac{3+\sqrt{5}}{2}\right)^n - \left(\frac{3-\sqrt{5}}{2}\right)^n\right].$$

$\{F_n\}_{n\geqslant 1}$ 的生成树的渐进增长常数为

$$\lim_{n\to\infty}\frac{\log|\mathbb{T}(F_n)|}{n+1} = \log\frac{3+\sqrt{5}}{2}.$$

由引理 6.3 和定理 6.20 可得到点加权图的定向生成树计数的如下团划分公式.

定理 6.25[148] 设 G 是一个点加权图, 并且每个顶点 $u \in V(G)$ 的权是一个不定元 w_u. 对于 G 的一个团划分, 我们有

$$\kappa(G,w) = \frac{\sum\limits_{u\in V(G)} w_u \prod\limits_{u\in V(G)}\left(\sum\limits_{Q_i\in S_u} d_{Q_i}\right)}{\prod\limits_{i=1}^{r} d_{Q_i}^2}\sum_{T\in\mathbb{T}(\Omega(\varepsilon))}\prod_{Q_iQ_j\in E(T)}\frac{d_{Q_i}d_{Q_j}w_{\kappa(Q_i,Q_j)}}{\sum\limits_{Q_u\in S_{\kappa(Q_i,Q_j)}} d_{Q_u}},$$

其中 $d_{Q_i} = \sum_{u\in Q_i} w_u$, 并且 $\kappa(Q_i,Q_j) \in Q_i \cap Q_j$ 是 Q_i 和 Q_j 的唯一公共点.

6.5 图运算的生成树

在定理 6.15 中取 $w_{ue} = 1$ 可得到超图的关联图的生成树计数的如下公式.

定理 6.26 设 H 是一个连通的超图, 则

$$|\mathbb{T}(I_H)| = \prod_{e\in E(H)}|e|\sum_{T\in\mathbb{T}(H_{(2)})}\prod_{uv\in E(T)}\left(\sum_{\{u,v\}\subseteq e\in E(H)}|e|^{-1}\right).$$

每条边恰好包含 k 个顶点的超图称为 k 一致超图. 一个 2-(v,k,λ) 设计可以看作是一个顶点数为 v、度为 $r = \dfrac{\lambda(v-1)}{k-1}$ 的 k 一致正则超图, 并且存在常数 λ 使得任意两点 $x,y \in V(H)$ 均满足 $|\{e\in E(H) : x,y\in e\}| = \lambda$.

例 6.9 设 H 是一个 2-(v,k,λ) 设计对应的超图. 由定理 6.26 可得

$$|\mathbb{T}(I_H)| = k^{b-v+1}\lambda^{v-1}v^{v-2},$$

其中 $b=\dfrac{\lambda v(v-1)}{k(k-1)}$.

定理 6.26 可推出如下公式.

推论 6.27　设 H 是有 n 个顶点和 m 条边的 k 一致线性超图, 则

$$|\mathbb{T}(I_H)|=k^{m-n+1}|\mathbb{T}(H_{(2)})|.$$

将图 G 的每条边替换为 P_3 得到的图称为 G 的细分图, 记为 $S(G)$. 细分图 $S(G)$ 可以看作是图 G 的关联图, 故由推论 6.27 可得到细分图的生成树计数的如下公式.

推论 6.28　设 G 是有 n 个顶点和 m 条边的图, 则

$$|\mathbb{T}(S(G))|=2^{m-n+1}|\mathbb{T}(G)|.$$

应用图谱方法能得到正则图 G 和它的线图 $\mathcal{L}(G)$ 的生成树个数之间有如下关系.

定理 6.29[9]　设 G 是有 n 个顶点和 m 条边的 d 正则图, 则

$$|\mathbb{T}(\mathcal{L}(G))|=2^{m-n+1}d^{m-n-1}|\mathbb{T}(G)|.$$

半正则图的线图的生成树个数之间有如下公式.

定理 6.30[116]　设 G 是具有参数 (n_1,n_2,r_1,r_2) $(n_1\leqslant n_2)$ 的连通半正则图, 则

$$|\mathbb{T}(\mathcal{L}(G))|=\frac{m-n}{m}\frac{(r_1+r_2)^{m-n+1}}{(r_1-1)(r_2-1)-1}\left(\frac{r_1}{r_2}\right)^{n_2-n_1}|\mathbb{T}(G)|,$$

其中 $m=n_1r_1=n_2r_2$, $n=n_1+n_2$.

对于正则图 G 的细分图 $S(G)$, 它的线图的生成树个数有如下公式.

定理 6.31[141]　设 G 是有 n 个顶点和 m 条边的 d 正则图, 则

$$|\mathbb{T}(\mathcal{L}(S(G)))|=d^{m-n-1}(d+2)^{m-n+1}|\mathbb{T}(G)|.$$

2013 年, 晏卫根给出了一类非正则线图的生成树计数的如下公式.

定理 6.32[136]　设 G 是有 $n+s$ 个顶点和 $m+s$ 条边的连通图, 其中 n 个顶点的度为 k, s 个顶点的度为 1. 线图 $\mathcal{L}(G)$ 的生成树个数为

$$|\mathbb{T}(\mathcal{L}(G))|=2^{m-n+1}k^{m+s-n-1}|\mathbb{T}(G)|.$$

2017 年, 董峰明和晏卫根给出了一般线图的生成树个数的如下公式.

定理 6.33[48] 设 G 是一个连通图, 则

$$|\mathbb{T}(\mathcal{L}(G))| = \prod_{i\in V(G)} d_i(G)^{d_i(G)-2} \sum_{T\in\mathbb{T}(G)} \prod_{uv\in E(G)\setminus E(T)} \frac{d_u(G)+d_v(G)}{d_u(G)d_v(G)}.$$

2018 年, 龚和林和金贤安给出了线图的生成树个数的如下等价公式.

定理 6.34[71] 设 G 是一个连通图, 则

$$|\mathbb{T}(\mathcal{L}(G))| = \frac{\prod\limits_{\{u,v\}\in E(G)} (d_u(G)+d_v(G))}{\prod\limits_{i\in V(G)} d_i(G)^2} \sum_{T\in\mathbb{T}(G)} \prod_{uv\in E(T)} \frac{d_u(G)d_v(G)}{d_u(G)+d_v(G)}.$$

下面是加权线图的生成树计数公式, 它是定理 6.18 的特殊情形.

定理 6.35[148] 令 $\{w_e\}_{e\in E(G)}$ 为连通图 G 边集上的不定元, 并且线图 $\mathcal{L}(G)$ 的权由 $\{w_e\}_{e\in E(G)}$ 导出, 则

$$t(\mathcal{L}(G),w) = \frac{\prod\limits_{\{u,v\}\in E(G)} w_{uv}(d_u(G)+d_v(G))}{\prod\limits_{i\in V(G)} d_i(G)^2} \sum_{T\in\mathbb{T}(G)} \prod_{uv\in E(T)} \frac{w_{uv}d_u(G)d_v(G)}{d_u(G)+d_v(G)},$$

其中 $d_i(G) = \sum_{j\in V(G)} w_{ij}(G)$.

证明 线图 $\mathcal{L}(G)$ 可看作是图 G 的交图. 由定理 6.18 可得到 $t(\mathcal{L}(G),w)$ 的表达式. □

注解 6.1 对于图 G 的一个顶点 u, 所有与 u 关联的边形成 $\mathcal{L}(G)$ 的一个团, 并且所有这样的团是 $\mathcal{L}(G)$ 的一个自然的团划分. 故定理 6.35 的公式也可以由定理 6.20 推出.

将图 G 的每条边上插入一个新的顶点, 然后将 G 的邻接边上对应的新插入的顶点连边, 得到的图称为 G 的中图, 记为 $M(G)$. 中图 $M(G)$ 的顶点集为 $V(G)\cup E(G)$, 它的边集是线图 $\mathcal{L}(G)$ 和细分图 $S(G)$ 的边集的并.

半正则二部图的中图的生成树个数有如下公式.

定理 6.36[117] 设 G 是具有参数 (n_1,n_2,q_1+1,q_2+1) 的连通半正则图, 则

$$|\mathbb{T}(M(G))| = (q_1+2)^{n_2-1}(q_2+2)^{n_1-1}(q_1+q_2+4)^{|E(G)|-n_1-n_2+1}|\mathbb{T}(G)|.$$

正则图的中图的生成树个数有如下公式.

定理 6.37[84] 设 G 是有 n 个顶点和 m 条边的 d 正则图, 则

$$|\mathbb{T}(M(G))| = 2^{m-n+1}(d+1)^{m-1}|\mathbb{T}(G)|.$$

下面是一般中图的生成树个数公式.

定理 6.38[137]　设 G 是一个连通图, 则

$$|\mathbb{T}(M(G))|=\frac{\prod\limits_{\{u,v\}\in E(G)}(f_u+f_v)}{\prod\limits_{i\in V(G)}f_i}\sum_{T\in\mathbb{T}(G)}\prod_{uv\in E(T)}\frac{f_uf_v}{f_u+f_v},$$

其中 $f_u=d_u(G)+1$.

下面是加权中图的生成树个数公式, 它是定理 6.18 的特殊情形.

定理 6.39[148]　设 $\{w_u\}_{u\in V(G)}$ 和 $\{w_e\}_{e\in E(G)}$ 分别是连通图 G 的顶点集和边集上的不定元, 并且 $M(G)$ 的权由 $\{w_u\}_{u\in V(G)}$ 和 $\{w_e\}_{e\in E(G)}$ 导出, 则

$$t(M(G),w)=\frac{\prod\limits_{u\in V(G)}w_u\prod\limits_{\{u,v\}\in E(G)}w_{uv}(f_u+f_v)}{\prod\limits_{i\in V(G)}f_i}\sum_{T\in\mathbb{T}(G)}\prod_{uv\in E(T)}\frac{w_{uv}f_uf_v}{f_u+f_v},$$

其中 $f_i=w_i+\sum_{j\in V(G)}w_{ij}(G)$.

证明　设 H 是顶点集为 $V(H)=V(G)$ 边集为 $E(H)=E(G)\cup\{\{u\}:u\in V(G)\}$ 的线性超图. 注意到 $M(G)$ 是 H 的交图. 由定理 6.18 可得到 $t(M(G),w)$ 的表达式. □

注解 6.2　对于图 G 的一个顶点 u, 点 u 以及所有与 u 关联的边形成 $M(G)$ 的一个团, 并且所有这样的团是 $M(G)$ 的一个自然的团划分. 故定理 6.39 的公式也可以由定理 6.20 推出.

图 G 的全图 $\mathcal{T}(G)$ 具有顶点集 $V(\mathcal{T}(G))=V(G)\cup E(G)$, 并且 $\mathcal{T}(G)$ 的两个顶点邻接当且仅当它们在图 G 中邻接或关联. 线图与中图的生成树计数研究自然引导我们考虑全图的生成树计数问题. 下面给出全图的生成树个数公式.

定理 6.40[148]　设 $\{1,\cdots,n\}$ 是图 G 的顶点集. 对任意 $p,q\in\{1,\cdots,n\}$, 我们有

$$|\mathbb{T}(\mathcal{T}(G))|=\frac{(-1)^{p+q}\det(F(p,q))}{\prod\limits_{u\in V(G)}(d_u(G)+1)}\prod_{uv\in E(G)}(d_u(G)+d_v(G)+2),$$

其中 $F=L_{\widetilde{G}}(D_G+I)^{-1}L_G+L_G+L_{\widetilde{G}}$, $\widetilde{G}$ 是在图 G 的每条边 $uv\in E(G)$ 赋予权值 $w_{uv}(\widetilde{G})=\dfrac{(d_u(G)+1)(d_v(G)+1)}{d_u(G)+d_v(G)+2}$ 得到的加权图.

证明 对于 $u \in V(G)$, 令 $Q_u = \{u\} \cup \{e : u \in e \in E(G)\}$, 则 $\{Q_u\}_{u\in V(G)}$ 是 $\mathcal{T}(G)$ 中边分离的团. 对于 $\mathcal{T}(G)$ 中所有 Q_u 连续执行推论 6.9 中的局部变换 (在推论 6.9 中取 $U = Q_u$), 可得到加权图 H 使得

$$t(H,w) = |\mathbb{T}(\mathcal{T}(G))| \prod_{u\in V(G)} |Q_u|^2 = |\mathbb{T}(\mathcal{T}(G))| \prod_{u\in V(G)} (d_u(G)+1)^2, \tag{6.4}$$

并且 H 的拉普拉斯矩阵为

$$L_H = \begin{pmatrix} C & 0 & -B^\top \\ 0 & L_G + D_G + I & -(D_G+I) \\ -B & -(D_G+I) & (D_G+I)^2 \end{pmatrix},$$

其中 C 是对角元为 $C_{ee} = d_u(G) + d_v(G) + 2$ $(e = uv \in E(G))$ 的 $|E(G)|$ 阶对角阵, B 是一个 $n \times |E(G)|$ 矩阵, 其元素 $(B)_{ie} = d_i(G) + 1$ 如果点 i 和边 e 关联, 其他元素为零.

拉普拉斯矩阵 L_H 中 C 的 Schur 补为

$$\begin{aligned} S &= \begin{pmatrix} L_G + D_G + I & -(D_G+I) \\ -(D_G+I) & (D_G+I)^2 \end{pmatrix} - \begin{pmatrix} 0 \\ -B \end{pmatrix} C^{-1} \begin{pmatrix} 0 & -B^\top \end{pmatrix} \\ &= \begin{pmatrix} L_G + D_G + I & -(D_G+I) \\ -(D_G+I) & L_{\widetilde{G}} + D_G + I \end{pmatrix}, \end{aligned}$$

其中 $\widetilde{G}$ 是在图 G 的每条边 $uv \in E(G)$ 赋予权值

$$w_{uv}(\widetilde{G}) = \frac{(d_u(G)+1)(d_v(G)+1)}{d_u(G)+d_v(G)+2}$$

得到的加权图. 令 $G(S)$ 为拉普拉斯矩阵等于 S 的 Schur 补加权图. 由命题 6.4 可得

$$t(H,w) = \det(C)t(G(S),w) = t(G(S),w) \prod_{uv\in E(G)} (d_u(G)+d_v(G)+2). \tag{6.5}$$

对任意 $p \in V(\widetilde{G}), q \in V(G)$, 由定理 6.1 可得

$$t(G(S),w) = (-1)^{n+p+q} \det(S(n+p,q)).$$

令 $S_0 = \begin{pmatrix} -(D_G+I) & L_G + D_G + I \\ L_{\widetilde{G}} + D_G + I & -(D_G+I) \end{pmatrix}$, 则

$$\det(S(n+p,q)) = (-1)^{n(n-1)} \det(S_0(n+p,n+q))$$

并且

$$t(G(S),w) = (-1)^{n+p+q} \det(S_0(n+p,n+q)). \tag{6.6}$$

S_0 中 $-(D_G+I)$ 的 Schur 补为

$$\begin{aligned}F &= -(D_G+I)+(L_{\widetilde{G}}+D_G+I)(D_G+I)^{-1}(L_G+D_G+I)\\ &= L_{\widetilde{G}}(D_G+I)^{-1}L_G+L_G+L_{\widetilde{G}}.\end{aligned}$$

由定理 1.78 可得

$$\begin{aligned}\det(S_0(n+p,n+q)) &= \det(-(D_G+I))\det(F(p,q))\\ &= (-1)^n\det(F(p,q))\prod_{u\in V(G)}(d_u(G)+1).\end{aligned}$$

由等式 (6.6) 可得

$$t(G(S),w)=(-1)^{p+q}\det(F(p,q))\prod_{u\in V(G)}(d_u(G)+1). \tag{6.7}$$

由等式 (6.4)、(6.5) 和 (6.7) 可得

$$\begin{aligned}|\mathbb{T}(\mathcal{T}(G))| &= \left(\prod_{u\in V(G)}(d_u(G)+1)^{-2}\right)t(H,w)\\ &= \frac{(-1)^{p+q}\det(F(p,q))}{\prod\limits_{u\in V(G)}(d_u(G)+1)}\prod_{uv\in E(G)}(d_u(G)+d_v(G)+2).\end{aligned}$$

□

下面是正则图的全图的生成树个数公式.

推论 6.41　设 G 是有 n 个顶点和 m 条边的 d 正则图, 则

$$|\mathbb{T}(\mathcal{T}(G))|=2^{m-n+1}(d+1)^{m-n}\left(\prod_{i=1}^{n-1}(\mu_i(G)+d+3)\right)|\mathbb{T}(G)|.$$

证明　由于 G 是 d 正则图, 定理 6.40 中的矩阵 $L_{\widetilde{G}}$ 和 F 分别为

$$L_{\widetilde{G}}=\frac{d+1}{2}L_G,\quad F=(d+1)^{-1}L_{\widetilde{G}}L_G+L_G+L_{\widetilde{G}}=\frac{1}{2}L_G^2+\frac{d+3}{2}L_G.$$

设 $\mu_1=\mu_1(G)\geqslant\cdots\geqslant\mu_{n-1}=\mu_{n-1}(G)>0$ 是 L_G 的所有非零特征值, 则 F 的所有非零特征值为

$$\frac{1}{2}\mu_i^2+\frac{d+3}{2}\mu_i,\quad i=1,\cdots,n-1.$$

由定理 6.40 可知, 行列式 $\det(F(p,p))$ 的取值和点 p 的选择无关. 因此

$$\prod_{i=1}^{n-1}\left(\frac{1}{2}\mu_i^2+\frac{d+3}{2}\mu_i\right)=\sum_{p=1}^{n}\det(F(p,p))=n\det(F(p,p)).$$

由定理 6.1 可得

$$\det(F(p,p)) = \frac{1}{n}\prod_{i=1}^{n-1}\left(\frac{1}{2}\mu_i^2 + \frac{d+3}{2}\mu_i\right) = 2^{-(n-1)}\left(\prod_{i=1}^{n-1}(\mu_i + d + 3)\right)|\mathbb{T}(G)|.$$

由定理 6.40 可得

$$\begin{aligned}|\mathbb{T}(\mathcal{T}(G))| &= \frac{\det(F(p,p))}{(d+1)^n}(2(d+1))^m \\ &= 2^{m-n+1}(d+1)^{m-n}\left(\prod_{i=1}^{n-1}(\mu_i + d + 3)\right)|\mathbb{T}(G)|.\end{aligned}$$

□

例 6.10 设 $K_{1,n}$ 是 n 条边的星, 则

$$|\mathbb{T}(\mathcal{T}(K_{1,n}))| = 3(2n+3)^{n-1}.$$

证明 星 $G = K_{1,n}$ 的拉普拉斯矩阵可表示为

$$L_G = \begin{pmatrix} I & -j_n \\ -j_n^\top & n \end{pmatrix},$$

其中 j_n 表示元素都取 1 的 n 维列向量. 定理 6.40 中定义的加权图 $\widetilde{G}$ 的拉普拉斯矩阵可表示为

$$L_{\widetilde{G}} = \begin{pmatrix} \dfrac{2(n+1)}{n+3}I & -\dfrac{2(n+1)}{n+3}j_n \\ -\dfrac{2(n+1)}{n+3}j_n^\top & \dfrac{2n(n+1)}{n+3} \end{pmatrix}.$$

经计算, 定理 6.40 中的矩阵 F 等于

$$\begin{aligned}F &= L_{\widetilde{G}}\begin{pmatrix} 2^{-1}I & 0 \\ 0 & (n+1)^{-1} \end{pmatrix}L_G + L_G + L_{\widetilde{G}} \\ &= \begin{pmatrix} \dfrac{4n+6}{n+3}I + \dfrac{2}{n+3}J_n & -\dfrac{6(n+1)}{n+3}j_n \\ -\dfrac{6(n+1)}{n+3}j_n^\top & \dfrac{6n(n+1)}{n+3} \end{pmatrix},\end{aligned}$$

其中 J_n 表示元素都取 1 的 n 阶方阵. 由定理 6.40 可得

$$\begin{aligned}|\mathbb{T}(\mathcal{T}(K_{1,n}))| &= \det\left(\frac{4n+6}{n+3}I + \frac{2}{n+3}J_n\right)2^{-n}(n+1)^{-1}(n+3)^n \\ &= \frac{6(n+1)}{n+3}\left(\frac{4n+6}{n+3}\right)^{n-1} 2^{-n}(n+1)^{-1}(n+3)^n \\ &= 3(2n+3)^{n-1}.\end{aligned}$$

□

设 G 是具有 n 个顶点的图. 将 G 的每个顶点 $u \in V(G)$ 替换为一个图 H_u 得到一个点扩展图 $G[H_1, \cdots, H_n]$, 并且对任意 $x \in V(H_u)$ 和任意 $y \in V(H_v)$, x, y 在点扩展图中邻接当且仅当 $\{u, v\} \in E(G)$. 例如, 如果 $G, \overline{H_1}, \cdots, \overline{H_n}$ 是完全图, 则 $G[H_1, \cdots, H_n]$ 是完全多部图.

下面是 $G[H_1, \cdots, H_n]$ 的生成树个数公式.

定理 6.42[148]　设 $G, H_1, \cdots, H_n$ 是连通图, 且 $G_0 = G[H_1, \cdots, H_n]$, 则

$$|\mathbb{T}(G_0)| = \prod_{u \in V(G)} \frac{\prod\limits_{i=1}^{m_u - 1} \left(\mu_i(H_u) + \sum\limits_{v \in N_G(u)} m_v \right)}{m_u} \sum_{T \in \mathbb{T}(G)} \prod_{uv \in E(T)} m_u m_v,$$

其中 $m_u = |V(H_u)|$.

证明　对于 $e = \{u, v\} \in E(G)$, 令 $Q_e = V(H_u) \cup V(H_v)$, $w_e = m_u + m_v$. 对于 G_0 中所有顶点子集 Q_e, 连续执行推论 6.9 中的局部变换 (在推论 6.9 中取 $U = Q_u$) 可得到加权图 H 使得

$$t(H, w) = |\mathbb{T}(G_0)| \prod_{e \in E(G)} |Q_e|^2 = |\mathbb{T}(G_0)| \prod_{e \in E(G)} w_e^2, \tag{6.8}$$

并且 H 的拉普拉斯矩阵为 $L_H = \begin{pmatrix} C & -B^\top \\ -B & E \end{pmatrix}$, 其中 C 是对角元为 $C_{ee} = w_e^2$ 的 $|E(G)|$ 阶对角阵, $E = \mathrm{diag}(E_1, \cdots, E_n)$ 是一个对角块矩阵使得

$$E_i = L_{H_i} - d_i(G)(m_i I - J_{m_i}) + \left(\sum_{e \ni i} w_e \right) I = L_{H_i} + \left(\sum_{v \in N_G(i)} m_v \right) I + d_i(G) J_{m_i},$$

B 是一个 $(\sum_{i=1}^n m_i) \times |E(G)|$ 矩阵, 其元素 $(B)_{ie} = w_e$ 如果 $i \in V(H_u)$ 且 u 与 e 在 G 中关联, 其他元素为零.

令 j_m 表示全 1 的 m 维列向量, 经计算可得

$$\det(E_u) = \sum_{e \ni u} w_e \prod_{i=1}^{m_u - 1} \left(\mu_i(H_u) + \sum_{v \in N_G(u)} m_v \right), \quad j_{m_u}^\top E_u^{-1} j_{m_u} = \frac{m_u}{\sum_{e \ni i} w_e}. \tag{6.9}$$

L_H 中 E 的 Schur 补为 $S = C - B^\top E^{-1} B$. 对 G 的任意两条边 e 和 f, 经计算可得

$$(B^\top E^{-1} B)_{ef} = \begin{cases} 0, & e \cap f = \varnothing, \\ w_e w_f j_{m_k}^\top E_k^{-1} j_{m_k} = \dfrac{m_k w_e w_f}{\sum\limits_{e \ni k} w_e}, & e \cap f = \{k\}. \end{cases}$$

对于 $e \cap f = \{k\}$, 我们对线图 $\mathcal{L}(G)$ 的边 ef 赋予权值 $\dfrac{m_k w_e w_f}{\sum_{e \ni k} w_e}$. 那么 S 是加权线图 $\mathcal{L}(G)$ 的拉普拉斯矩阵. 由命题 6.4 可得

$$t(H,w) = \det(E)t(\mathcal{L}(G),w) = \prod_{u \in V(G)} \det(E_u) \sum_{T \in \mathbb{T}(\mathcal{L}(G))} \prod_{ef \in E(T)} \frac{m_{k(e,f)} w_e w_f}{\sum\limits_{e \ni \kappa(e,f)} w_e}, \tag{6.10}$$

其中 $\kappa(e,f)$ 表示 e 和 f 的唯一公共点. 注意到 $\mathcal{L}(G) = \Omega(G)$ 是图 G 的交图. 在定理 6.15 中, 取 $w_{ue} = m_u w_e$ 可得

$$\begin{aligned} &\prod_{u \in V(G)} \left(m_u \sum_{e \ni u} w_e \right) \sum_{T \in \mathbb{T}(\mathcal{L}(G))} \prod_{ef \in E(T)} \frac{m_{k(e,f)} w_e w_f}{\sum\limits_{e \ni k(e,f)} w_e} \\ = &\prod_{e \in E(G)} w_e^2 \sum_{T \in \mathbb{T}(G)} \prod_{uv \in E(T)} m_u m_v. \end{aligned} \tag{6.11}$$

由等式 (6.8)~(6.11) 可得到 $|\mathbb{T}(G_0)|$ 的表达式. □

如果对每个顶点 $u \in V(G)$ 都取 $H_u = H$, 则 $G[H_1, \cdots, H_n]$ 称为图 G 和图 H 的字典积, 记为 $G[H]$. 由定理 6.42 可得到以下两个推论.

推论 6.43[60] 设 $G_0 = G[H_1, \cdots, H_n]$, 其中 $G, H_1, \cdots, H_n$ 是连通图. 如果对每个 $u \in V(G)$ 均有 $|V(H_u)| = m$, 则

$$|\mathbb{T}(G_0)| = m^{n-2} \left(\prod_{u \in V(G)} \prod_{i=1}^{m-1} (\mu_i(H_u) + m d_u(G)) \right) |\mathbb{T}(G)|.$$

推论 6.44[60] 设 G 和 H 分别是 n 个顶点和 m 个顶点的连通图, 则

$$|\mathbb{T}(G[H])| = m^{n-2} \left(\prod_{u \in V(G)} \prod_{i=1}^{m-1} (\mu_i(H) + m d_u(G)) \right) |\mathbb{T}(G)|.$$

如果 $G = K_2$, 则 $G[H_1, H_2] = H_1 \vee H_2$ 是 H_1 和 H_2 的联图. 由定理 6.42 能推出如下公式.

推论 6.45 设 H_1 和 H_2 分别是 m_1 个顶点和 m_2 个顶点的图, 则

$$|\mathbb{T}(H_1 \vee H_2)| = \prod_{i=1}^{m_1-1} (\mu_i(H_1) + m_2) \prod_{i=1}^{m_2-1} (\mu_i(H_2) + m_1).$$

例 6.11 如果 $H_1 = K_{m_1}, \cdots, H_n = K_{m_n}$ 都是完全图, 则 $G_0 = G[H_1, \cdots, H_n]$ 也被称为 G 的团扩展. $H_i = K_{m_i}$ 的拉普拉斯特征值为

$$\mu_1(H_i) = \cdots = \mu_{m_i-1}(H_i) = m_i, \ \mu_{m_i}(H_i) = 0.$$

由定理 6.42 可得

$$|\mathbb{T}(G_0)| = \prod_{u\in V(G)} \frac{\left(m_u + \sum\limits_{v\in N_G(u)} m_v\right)^{m_u-1}}{m_u} \sum_{T\in\mathbb{T}(G)} \prod_{uv\in E(T)} m_u m_v.$$

如果 $m_1 = \cdots = m_n = m$, 则

$$|\mathbb{T}(G_0)| = m^{mn-2}\left(\prod_{u\in V(G)} (d_u(G)+1)^{m-1}\right)|\mathbb{T}(G)|.$$

下面给出广义线图的生成树个数公式.

定理 6.46[148]　设 $\widehat{H} = H(a_1,\cdots,a_n)$, 其中 H 是 n 个顶点的连通图, 则

$$|\mathbb{T}(\mathcal{L}(\widehat{H}))| = \prod_{i\in V(H)} b_i^{a_i-2}(b_i-2)^{a_i} \prod_{\{u,v\}\in E(H)} (b_u+b_v) \sum_{T\in\mathbb{T}(H)} \prod_{uv\in E(T)} \frac{b_u b_v}{b_u+b_v},$$

其中 $b_i = d_i(H) + 2a_i$.

证明　令 $b_i = d_i(H) + 2a_i$, $i = 1,\cdots,n$. 对于 $u \in V(\widehat{H})$ 和与 u 关联的 $e \in E(\widehat{H})$, 我们对关联图 $I_{\widehat{H}}$ 的边 ue 赋予权值 w_{ue} 使得

$$w_{ue} = \begin{cases} b_u, & u\in V(H), \\ -2, & u\in V(\widehat{H})\setminus V(H). \end{cases}$$

注意到 $\mathcal{L}(\widehat{H})$ 和交图 $\Omega(\widehat{H})$ 有同样的顶点集, 并且将 $\widehat{H}$ 的每个花瓣替换为悬挂边即得到 2-section 图 $\widehat{H}_{(2)}$. 由定理 6.15 可得

$$\begin{aligned} t(I_{\widehat{H}}, w) &= \prod_{i\in V(\widehat{H})} \alpha_i \sum_{T\in\mathbb{T}(\Omega(\widehat{H}))} \prod_{ef\in E(T)} \sum_{u\in e\cap f} \frac{w_{ue}w_{uf}}{\alpha_u} \\ &= \prod_{e\in E(\widehat{H})} \alpha_e \sum_{T\in\mathbb{T}(\widehat{H}_{(2)})} \prod_{uv\in E(T)} \sum_{\{u,v\}\subseteq e\in E(\widehat{H})} \frac{w_{ue}w_{ve}}{\alpha_e}, \end{aligned}$$

其中

$$\alpha_i = \sum_{i\in f\in E(\widehat{H})} w_{if} = \begin{cases} b_i^2, & i\in V(H), \\ -4, & i\in V(\widehat{H})\setminus V(H), \end{cases}$$

$$\alpha_e = \sum_{i\in V(\widehat{H}), i\in e} w_{ie} = \begin{cases} b_u+b_v, & e = uv\in E(H), \\ b_u-2, & e = uv\in E(\widehat{H}), v\in V(\widehat{H})\setminus V(H). \end{cases}$$

那么

$$\prod_{i\in V(\widehat{H})}\alpha_i=(-4)^{\sum_{i=1}^n a_i}\prod_{i\in V(H)}b_i^2,\quad \prod_{e\in E(\widehat{H})}\alpha_e=\prod_{i\in V(H)}(b_i-2)^{a_i}\prod_{uv\in E(H)}(b_u+b_v),$$

并且

$$t(\Omega(\widehat{H}),w)(-4)^{\sum_{i=1}^n a_i}\prod_{i\in V(H)}b_i^2=t(\widehat{H}_{(2)},w)\prod_{i\in V(H)}(b_i-2)^{a_i}\prod_{uv\in E(H)}(b_u+b_v),\tag{6.12}$$

其中 $\Omega(\widehat{H})$ 和 $\widehat{H}_{(2)}$ 有如下边权

$$w_{ef}(\Omega(\widehat{H}))=\sum_{u\in e\cap f}\frac{w_{ue}w_{uf}}{\alpha_u},\quad w_{uv}(\widehat{H}_{(2)})=\sum_{\{u,v\}\subseteq e\in E(\widehat{H})}\frac{w_{ue}w_{ve}}{\alpha_e}.$$

对于 $ef\in E(\Omega(\widehat{H}))$, 我们有

$$\sum_{u\in e\cap f}\frac{w_{ue}w_{uf}}{\alpha_u}=\begin{cases}1, & |e\cap f|=1,\\ 0, & |e\cap f|=2.\end{cases}$$

因此

$$t(\Omega(\widehat{H}),w)=|\mathbb{T}(\mathcal{L}(\widehat{H}))|.\tag{6.13}$$

对于 $uv\in E(\widehat{H}_{(2)})$, 我们有

$$\sum_{\{u,v\}\subseteq e\in E(\widehat{H})}\frac{w_{ue}w_{ve}}{\alpha_e}=\begin{cases}\dfrac{b_ub_v}{b_u+b_v}, & e=uv\in E(H),\\ \dfrac{-4b_u}{b_u-2}, & e=uv\in E(\widehat{H}),v\in V(\widehat{H})\setminus V(H).\end{cases}$$

如果 $e=uv\in E(\widehat{H})$ 并且 $v\in V(\widehat{H})\setminus V(H)$, 则 e 是 $\widehat{H}_{(2)}$ 的一个悬挂边. 故 $\widehat{H}_{(2)}$ 的每个生成树可以由 G 的一个生成树加 $\sum_{i=1}^n a_i$ 个悬挂边得到. 因此

$$t(\widehat{H}_{(2)},w)=\prod_{i\in V(G)}\left(\frac{-4b_i}{b_i-2}\right)^{a_i}\sum_{T\in\mathbb{T}(H)}\prod_{uv\in E(T)}\frac{b_ub_v}{b_u+b_v}.\tag{6.14}$$

由等式 (6.12)~(6.14) 可得到 $|\mathbb{T}(\mathcal{L}(\widehat{H}))|$ 的表达式. □

由定理 6.46 可得到如下公式.

推论 6.47 设 $\widehat{H}=H(a_1,\cdots,a_n)$, 其中 H 是有 n 个顶点和 m 条边的连通图. 如果存在整数 b 使得 $d_i(H)+2a_i=b\ (i=1,\cdots,n)$, 则

$$|\mathbb{T}(\mathcal{L}(\widehat{H}))|=2^{m-n+1}b^{m-n-1+a}(b-2)^a|\mathbb{T}(H)|,$$

其中 $a=a_1+\cdots+a_n$.

第 7 章　图的电阻距离

图的电阻距离是一种图距离, 在图的随机游走、网络中心性和化学等方面有重要应用. 本章介绍了图的电阻距离的基本理论, 总结了作者在图的电阻距离的广义逆公式、图的电阻矩阵谱性质以及生成树均衡图的电阻刻画等方面的研究成果.

7.1　电阻距离的计算

对于一个连通图 G, 在 G 的每条边放置一个单位电阻, 形成一个与 G 对应的电阻网络 N. N 中节点间的等效电阻称为图 G 中顶点间的电阻距离. 我们通常用 $r_{ij}(G)$ 表示图 G 中顶点 i, j 之间的电阻距离. 对于结构非常简单的图, 其电阻距离可直接由电阻的串并联法则得到. 例如, 图 2.1 中顶点 3 和 5 之间有三个长度分别 1,2,3 的边不重的路构成并联, 因此 3 和 5 之间的电阻距离为

$$r_{35}(G) = \frac{1}{1 + \frac{1}{2} + \frac{1}{3}} = \frac{6}{11}.$$

图的电阻距离满足如下性质[92]:

(1) 非负性: $r_{ij}(G) \geqslant 0$ 且 $r_{ij}(G) = 0 \Leftrightarrow i = j$;

(2) 对称性: $r_{ij}(G) = r_{ji}(G)$;

(3) 三角不等式: $r_{ij}(G) + r_{jk}(G) \geqslant r_{ik}(G)$.

因此电阻距离是图上的距离函数.

令 $d_{uv}(G)$ 表示连通图 G 中顶点 u 和 v 之间的最短路距离. 由电阻的串并联法则不难看出, 电阻距离与最短路距离满足如下关系.

定理 7.1[92]　设 G 是一个连通图, 则 $r_{uv}(G) \leqslant d_{uv}(G)$, 取等号当且仅当 u 和 v 之间仅有一条道路.

具有割点的图的电阻距离有如下约化公式.

定理 7.2　设 u 是连通图 G 的割点且 $G-u$ 有 t 个连通分支 $G_1, \cdots, G_t$.

(1) 对任意 $v_1, v_2 \in V(G_i)$ $(1 \leqslant i \leqslant t)$, 我们有

$$r_{v_1v_2}(G) = r_{v_1v_2}(G_i).$$

(2) 对任意 $v_1 \in V(G_i), v_2 \in V(G_j)$ $(1 \leqslant i < j \leqslant t)$, 我们有

$$r_{v_1v_2}(G) = r_{v_1u}(G) + r_{uv_2}(G).$$

令 $(A)_{ij}$ 表示矩阵 A 的 (i,j) 位置元素. 图的电阻距离有如下广义逆公式.

定理 7.3[4, 122] 设 G 为一个连通图, 则

$$\begin{aligned} r_{uv}(G) &= (L_G^{(1)})_{uu} + (L_G^{(1)})_{vv} - (L_G^{(1)})_{uv} - (L_G^{(1)})_{vu} \\ &= (L_G^{\#})_{uu} + (L_G^{\#})_{vv} - 2(L_G^{\#})_{uv} \\ &= (L_G^{+})_{uu} + (L_G^{+})_{vv} - 2(L_G^{+})_{uv}. \end{aligned}$$

注解 7.1 由于拉普拉斯矩阵 L_G 是对称的, 因此 $L_G^{\#} = L_G^{+}$, 并且 $L_G^{\#} = L_G^{+}$ 是 L_G 的一个对称 $\{1\}$-逆. 故定理 7.3 中后两个公式是第一个 $\{1\}$-逆公式的特殊情况.

1997 年, Kirkland 等给出了拉普拉斯矩阵群逆的如下表达式.

定理 7.4[91] 设 G 是具有 n 个顶点的连通图, 则

$$L_G^{\#} = \frac{e^{\top}Me}{n^2}J + \begin{pmatrix} M - \frac{1}{n}MJ - \frac{1}{n}JM & -\frac{1}{n}Me \\ -\frac{1}{n}e^{\top}M & 0 \end{pmatrix},$$

其中 $M = (L_n)^{-1}$, L_n 是将 L_G 删去最后一行和最后一列得到的主子阵.

一般图 (不要求连通) 的拉普拉斯矩阵的群逆有如下表达式.

定理 7.5[20] 设图 G 的拉普拉斯矩阵分块表示为 $L_G = \begin{pmatrix} L_1 & L_2 \\ L_2^{\top} & L_3 \end{pmatrix}$ (L_1 是方阵), 则

$$L_G^{\#} = \begin{pmatrix} X & Y \\ Y^{\top} & Z \end{pmatrix},$$

其中

$$\begin{aligned} X &= L_1R^{\#}KR^{\#}L_1, \\ Y &= L_1R^{\#}KR^{\#}L_2S^{\pi} - L_1R^{\#}L_2S^{\#}, \\ Z &= S^{\pi}L_2^{\top}R^{\#}KR^{\#}L_2S^{\pi} - S^{\#}L_2^{\top}R^{\#}L_2S^{\pi} - S^{\pi}L_2^{\top}R^{\#}L_2S^{\#} + S^{\#}, \\ R &= L_1^2 + L_2S^{\pi}L_2^{\top}, \\ K &= L_1 + L_2S^{\#}L_2^{\top}, \\ S &= L_3 - L_2^{\top}L_1^{\#}L_2. \end{aligned}$$

证明 由于 L_1, L_3 实对称, 因此存在正交阵 P_1, P_2 使得

$$L_1 = P_1 \begin{pmatrix} \Delta_1 & 0 \\ 0 & 0 \end{pmatrix} P_1^\top, \quad L_3 = P_2 \begin{pmatrix} \Delta_2 & 0 \\ 0 & 0 \end{pmatrix} P_2^\top,$$

其中 Δ_1, Δ_2 是非奇异的对角阵, 零块可以为空. 此时

$$L_1^\# = P_1 \begin{pmatrix} \Delta_1^{-1} & 0 \\ 0 & 0 \end{pmatrix} P_1^\top, \quad L_3^\# = P_2 \begin{pmatrix} \Delta_2^{-1} & 0 \\ 0 & 0 \end{pmatrix} P_2^\top.$$

假设 $L_2 = P_1 \begin{pmatrix} M_1 & M_2 \\ M_3 & M_4 \end{pmatrix} P_2^\top$. 由引理 1.84 可得 $L_1^\pi L_2 = 0$, $L_2 L_3^\pi = 0$, 因此 $M_2 = 0$, $M_3 = 0$, $M_4 = 0$. 故

$$L_G^\# = \begin{pmatrix} P_1 & 0 \\ 0 & P_2 \end{pmatrix} \begin{pmatrix} \Delta_1 & 0 & M_1 & 0 \\ 0 & 0 & 0 & 0 \\ M_1^\top & 0 & \Delta_2 & 0 \\ 0 & 0 & 0 & 0 \end{pmatrix}^\# \begin{pmatrix} P_1^\top & 0 \\ 0 & P_2^\top \end{pmatrix} = U \begin{pmatrix} M^\# & 0 \\ 0 & 0 \end{pmatrix} U^{-1},$$

其中

$$M = \begin{pmatrix} \Delta_1 & M_1 \\ M_1^\top & \Delta_2 \end{pmatrix}, \quad U = \begin{pmatrix} P_1 & 0 \\ 0 & P_2 \end{pmatrix} \begin{pmatrix} I & 0 & 0 & 0 \\ 0 & 0 & I & 0 \\ 0 & I & 0 & 0 \\ 0 & 0 & 0 & I \end{pmatrix}.$$

由于 M 的 Schur 补 $\Delta_2 - M_1^\top \Delta_1^{-1} M_1$ 是对称的, 因此它的群逆存在. 由定理 1.83 可得

$$M^\# = \begin{pmatrix} \widetilde{X} & \widetilde{Y} \\ \widetilde{Y}^\top & \widetilde{W} \end{pmatrix},$$

其中

$$\begin{aligned}
\widetilde{X} &= \Delta_1 \widetilde{R}^{-1} \widetilde{K} \widetilde{R}^{-1} \Delta_1, \\
\widetilde{Y} &= \Delta_1 \widetilde{R}^{-1} \widetilde{K} \widetilde{R}^{-1} M_1 \widetilde{S}^\pi - \Delta_1 \widetilde{R}^{-1} M_1 \widetilde{S}^\#, \\
\widetilde{W} &= \widetilde{S}^\pi M_1^\top \widetilde{R}^{-1} \widetilde{K} \widetilde{R}^{-1} M_1 \widetilde{S}^\pi - \widetilde{S}^\# M_1^\top \widetilde{R}^{-1} M_1 \widetilde{S}^\pi - \widetilde{S}^\pi M_1^\top \widetilde{R}^{-1} M_1 \widetilde{S}^\# + \widetilde{S}^\#, \\
\widetilde{R} &= \Delta_1^2 + M_1 \widetilde{S}^\pi M_1^\top, \\
\widetilde{K} &= \Delta_1 + M_1 S^\# M_1^\top, \\
\widetilde{S} &= \Delta_2 - M_1^\top \Delta_1^{-1} M_1.
\end{aligned}$$

由 $L_G^{\#}=U\begin{pmatrix}M^{\#} & 0\\ 0 & 0\end{pmatrix}U^{-1}$ 可以得到 $L_G^{\#}$ 的表达式. □

对于图 G 的一个顶点 u, 令 $L_G(u)$ 表示将 L_G 中 u 对应的行列删去得到的主子阵. 利用 $L_G(u)$ 可以构造 L_G 的 $\{1\}$-逆.

引理 7.6 设 G 是具有 n 个顶点的连通图, 则 $\begin{pmatrix}L_G(u)^{-1} & 0\\ 0 & 0\end{pmatrix}\in\mathbb{R}^{n\times n}$ 是 L_G 的一个对称 $\{1\}$-逆, 其中 u 是 L_G 的最后一行对应的顶点.

证明 假设 $L_G=\begin{pmatrix}L_G(u) & x\\ x^{\top} & d_u\end{pmatrix}$, 其中 d_u 是 u 的度. 由于 G 连通, 因此 L_G 是不可约奇异 M 矩阵并且 $L_G(u)$ 非奇异. 由引理 1.76 可得

$$\operatorname{rank}(L_G)=\operatorname{rank}(L_G(u))+\operatorname{rank}(d_u-x^{\top}L_G(u)^{-1}x)=n-1.$$

由 $\operatorname{rank}(L_G(u))=n-1$ 可得 $d_u=x^{\top}L_G(u)^{-1}x$. 因此

$$L_G\begin{pmatrix}L_G(u)^{-1} & 0\\ 0 & 0\end{pmatrix}L_G=\begin{pmatrix}I & 0\\ x^{\top}L_G(u)^{-1} & 0\end{pmatrix}\begin{pmatrix}L_G(u) & x\\ x^{\top} & d_u\end{pmatrix}=L_G.$$

故 $\begin{pmatrix}L_G(u)^{-1} & 0\\ 0 & 0\end{pmatrix}$ 是 L_G 的一个对称 $\{1\}$-逆. □

由引理 7.6 和定理 7.3 可得到电阻距离的如下行列式公式.

定理 7.7 设 G 是一个连通图, $L_G(i,j)$ 是将 L_G 中 i,j 两点对应的两行两列删去得到的主子阵, 则

$$r_{ij}(G)=\frac{\det(L_G(i,j))}{t(G)},$$

其中 $t(G)$ 是图 G 的生成树个数.

2003 年, 肖文俊和 Gutman 通过拉普拉斯矩阵的秩 1 扰动给出了电阻距离的如下公式.

定理 7.8[132] 设 G 是具有 n 个顶点和 m 条边的连通图, 则

$$\begin{aligned}r_{ij}(G)&=\left(L_G+\frac{1}{n}J\right)^{-1}_{ii}+\left(L_G+\frac{1}{n}J\right)^{-1}_{jj}-2\left(L_G+\frac{1}{n}J\right)^{-1}_{ij}\\&=\left(L_G+\frac{1}{2m}D_GJD_G\right)^{-1}_{ii}+\left(L_G+\frac{1}{2m}D_GJD_G\right)^{-1}_{jj}\end{aligned}$$

$$-2\left(L_G+\frac{1}{2m}D_GJD_G\right)^{-1}_{ij},$$

其中 J 是元素全为 1 的 n 阶方阵.

二部图的电阻距离也可以通过无符号拉普拉斯矩阵的广义逆来计算.

定理 7.9[151]　设 G 是连通的二部图, 则以下结论成立:

(1) 如果 $d_{uv}(G)$ 是奇数, 则

$$r_{uv}(G)=(Q_G^{(1)})_{uu}+(Q_G^{(1)})_{vv}+(Q_G^{(1)})_{uv}+(Q_G^{(1)})_{vu}.$$

(2) 如果 $d_{uv}(G)$ 是偶数, 则

$$r_{uv}(G)=(Q_G^{(1)})_{uu}+(Q_G^{(1)})_{vv}-(Q_G^{(1)})_{uv}-(Q_G^{(1)})_{vu}.$$

证明　由于 G 是二部图, 它的邻接矩阵具有分块形式 $\begin{pmatrix}0 & B\\ B^\top & 0\end{pmatrix}$. 假设 $Q_G=\begin{pmatrix}D_1 & B\\ B^\top & D_2\end{pmatrix}$, 则 $L_G=\begin{pmatrix}D_1 & -B\\ -B^\top & D_2\end{pmatrix}$. 因此

$$Q_G=\begin{pmatrix}I & 0\\ 0 & -I\end{pmatrix}\begin{pmatrix}D_1 & -B\\ -B^\top & D_2\end{pmatrix}\begin{pmatrix}I & 0\\ 0 & -I\end{pmatrix},$$

并且

$$Q_G^{(1)}=\begin{pmatrix}I & 0\\ 0 & -I\end{pmatrix}\begin{pmatrix}D_1 & -B\\ -B^\top & D_2\end{pmatrix}^{(1)}\begin{pmatrix}I & 0\\ 0 & -I\end{pmatrix}.$$

对于 G 的两个顶点 u,v, 如果 $d_G(u,v)$ 是奇数, 则 u,v 在 G 的二部划分中属于不同的顶点集. 如果 $d_G(u,v)$ 是偶数, 则 u,v 在 G 的二部划分中属于相同的顶点集. 由定理 7.3 可知 (1) 和 (2) 成立.　□

设 G 是一个连通图, 它的拉普拉斯矩阵可以分块表示为 $L_G=\begin{pmatrix}L_1 & L_2\\ L_2^\top & L_3\end{pmatrix}$, 其中 L_1 是方阵. 由于 L_G 是一个不可约奇异 M-矩阵, 因此 L_1 是非奇异的. 由于 Schur 补 $S=L_3-L_2^\top L_1^{-1}L_2$ 是对称的, 因此 $S^\#$ 存在并且也是对称的. 我们用 $V(L_1)$ 和 $V(L_3)$ 分别表示子块 L_1 和 L_3 对应的顶点集. 下面给出 G 的电阻距离的分块计算公式.

定理 7.10　设 $L_G=\begin{pmatrix}L_1 & L_2\\ L_2^\top & L_3\end{pmatrix}$ (L_1 是方阵) 是连通图 G 的拉普拉斯矩阵,

并且令 $S = L_3 - L_2^\top L_1^{-1} L_2$, $T = L_1^{-1} + L_1^{-1} L_2 S^\# L_2^\top L_1^{-1}$. 图 G 的电阻距离表示如下:

(1) 对任意 $u, v \in V(L_3)$, 有

$$r_{uv}(G) = \left(S^\#\right)_{uu} + \left(S^\#\right)_{vv} - 2\left(S^\#\right)_{uv}.$$

(2) 对任意 $u \in V(L_1)$, $v \in V(L_3)$, 有

$$r_{uv}(G) = (T)_{uu} + (S^\#)_{vv} + 2(L_1^{-1} L_2 S^\#)_{uv}.$$

(3) 对任意 $u, v \in V(L_1)$, 有

$$r_{uv}(G) = (T)_{uu} + (T)_{vv} - 2(T)_{uv}.$$

证明 令 $M = \begin{pmatrix} T & -L_1^{-1} L_2 S^\# \\ -S^\# L_2^\top L_1^{-1} & S^\# \end{pmatrix}$. 直接计算可得

$$L_G M = \begin{pmatrix} I & 0 \\ L_2^\top L_1^{-1} - S S^\# L_2^\top L_1^{-1} & S S^\# \end{pmatrix},$$

$$L_G M L_G = \begin{pmatrix} L_1 & L_2 \\ L_2^\top & L_2^\top L_1^{-1} L_2 + S S^\# S \end{pmatrix} = \begin{pmatrix} L_1 & L_2 \\ L_2^\top & L_2^\top L_1^{-1} L_2 + S \end{pmatrix} = L_G.$$

因此 M 是 L_G 的一个对称的 $\{1\}$-逆. 由定理 7.3 可知 (1)~(3) 成立. □

例 7.1 图 G 的电阻矩阵 R_G 是指 (i, j) 位置元素等于 $r_{ij}(G)$ 的矩阵. 图 2.1 中图 G 的电阻矩阵为

$$R_G = \begin{pmatrix} 0 & \frac{8}{11} & \frac{10}{11} & \frac{13}{11} & \frac{8}{11} \\ \frac{8}{11} & 0 & \frac{8}{11} & \frac{13}{11} & \frac{10}{11} \\ \frac{10}{11} & \frac{8}{11} & 0 & \frac{7}{11} & \frac{6}{11} \\ \frac{13}{11} & \frac{13}{11} & \frac{7}{11} & 0 & \frac{7}{11} \\ \frac{8}{11} & \frac{10}{11} & \frac{6}{11} & \frac{7}{11} & 0 \end{pmatrix}.$$

证明 图 2.1 中图 G 的拉普拉斯矩阵为

$$L_G = \begin{pmatrix} 2 & -1 & 0 & 0 & -1 \\ -1 & 2 & -1 & 0 & 0 \\ 0 & -1 & 3 & -1 & -1 \\ 0 & 0 & -1 & 2 & -1 \\ -1 & 0 & -1 & -1 & 3 \end{pmatrix}.$$

将 L_G 划分为 $L_G=\begin{pmatrix} L_1 & L_2 \\ L_2^\top & L_3 \end{pmatrix}$, 其中 $L_1=\begin{pmatrix} 2 & -1 & 0 \\ -1 & 2 & -1 \\ 0 & -1 & 3 \end{pmatrix}$, $L_2=\begin{pmatrix} 0 & -1 \\ 0 & 0 \\ -1 & -1 \end{pmatrix}$, $L_3=\begin{pmatrix} 2 & -1 \\ -1 & 3 \end{pmatrix}$. 经计算, L_1 对应的 Schur 补矩阵为

$$\begin{aligned} S&=L_3-L_2^\top L_1^{-1}L_2=\begin{pmatrix} 2 & -1 \\ -1 & 3 \end{pmatrix}-\begin{pmatrix} 0 & 0 & -1 \\ -1 & 0 & -1 \end{pmatrix}\begin{pmatrix} \frac{5}{7} & \frac{3}{7} & \frac{1}{7} \\ \frac{3}{7} & \frac{6}{7} & \frac{2}{7} \\ \frac{1}{7} & \frac{2}{7} & \frac{3}{7} \end{pmatrix}\begin{pmatrix} 0 & -1 \\ 0 & 0 \\ -1 & -1 \end{pmatrix} \\ &=\begin{pmatrix} \frac{11}{7} & -\frac{11}{7} \\ -\frac{11}{7} & \frac{11}{7} \end{pmatrix}. \end{aligned}$$

因此

$$S^{\#}=\begin{pmatrix} \frac{7}{44} & -\frac{7}{44} \\ -\frac{7}{44} & \frac{7}{44} \end{pmatrix},$$

$$L_1^{-1}L_2S^{\#}=\begin{pmatrix} \frac{5}{7} & \frac{3}{7} & \frac{1}{7} \\ \frac{3}{7} & \frac{6}{7} & \frac{2}{7} \\ \frac{1}{7} & \frac{2}{7} & \frac{3}{7} \end{pmatrix}\begin{pmatrix} 0 & -1 \\ 0 & 0 \\ -1 & -1 \end{pmatrix}\begin{pmatrix} \frac{7}{44} & -\frac{7}{44} \\ -\frac{7}{44} & \frac{7}{44} \end{pmatrix}=\begin{pmatrix} \frac{5}{44} & -\frac{5}{44} \\ \frac{3}{44} & -\frac{3}{44} \\ \frac{1}{44} & -\frac{1}{44} \end{pmatrix}.$$

定理 7.10 中的矩阵 T 为

$$\begin{aligned} T&=L_1^{-1}+L_1^{-1}L_2S^{\#}L_2^\top L_1^{-1} \\ &=\begin{pmatrix} \frac{5}{7} & \frac{3}{7} & \frac{1}{7} \\ \frac{3}{7} & \frac{6}{7} & \frac{2}{7} \\ \frac{1}{7} & \frac{2}{7} & \frac{3}{7} \end{pmatrix}+\begin{pmatrix} \frac{5}{44} & -\frac{5}{44} \\ \frac{3}{44} & -\frac{3}{44} \\ \frac{1}{44} & -\frac{1}{44} \end{pmatrix}\begin{pmatrix} 0 & 0 & -1 \\ -1 & 0 & -1 \end{pmatrix}\begin{pmatrix} \frac{5}{7} & \frac{3}{7} & \frac{1}{7} \\ \frac{3}{7} & \frac{6}{7} & \frac{2}{7} \\ \frac{1}{7} & \frac{2}{7} & \frac{3}{7} \end{pmatrix} \end{aligned}$$

$$= \begin{pmatrix} \frac{35}{44} & \frac{21}{44} & \frac{7}{44} \\ \frac{21}{44} & \frac{39}{44} & \frac{13}{44} \\ \frac{7}{44} & \frac{13}{44} & \frac{19}{44} \end{pmatrix}.$$

由定理 7.10 可得

$$R_G = \begin{pmatrix} 0 & \frac{8}{11} & \frac{10}{11} & \frac{13}{11} & \frac{8}{11} \\ \frac{8}{11} & 0 & \frac{8}{11} & \frac{13}{11} & \frac{10}{11} \\ \frac{10}{11} & \frac{8}{11} & 0 & \frac{7}{11} & \frac{6}{11} \\ \frac{13}{11} & \frac{13}{11} & \frac{7}{11} & 0 & \frac{7}{11} \\ \frac{8}{11} & \frac{10}{11} & \frac{6}{11} & \frac{7}{11} & 0 \end{pmatrix}. \qquad \square$$

对于图 G 的一个顶点 i, 令 d_i 表示 i 的度, $\Gamma(i)$ 表示 i 在 G 中所有邻点的集合. 下面给出电阻距离的一些局部和法则.

定理 7.11[29] 设 G 是具有 n 个顶点的连通图, 则

$$\sum_{i<j, ij\in E(G)} r_{ij}(G) = n-1, \quad \sum_{i\in V(G)} d_i^{-1} \sum_{j,k\in\Gamma(i)} r_{jk}(G) = n-2.$$

定理 7.12[29] 设 G 是一个连通图, 则以下命题成立:

(1) 对任意 $i, j \in V(G)$, 有

$$d_i r_{ij}(G) + \sum_{k\in\Gamma(i)} (r_{ki}(G) - r_{kj}(G)) = 2.$$

(2) 对任意 $i \in V(G)$, 有

$$d_i^{-1} \sum_{k,l\in\Gamma(i)} r_{kl}(G) = \sum_{k\in\Gamma(i)} r_{ki}(G) - 1.$$

由上述定理可得到如下推论.

推论 7.13 设 G 是一个连通图. 对任意 $i, j \in V(G)$, 有

$$r_{ij}(G) = d_i^{-1} \left(1 + \sum_{k\in\Gamma(i)} r_{kj}(G) - d_i^{-1} \sum_{k,l\in\Gamma(i)} r_{kl}(G) \right).$$

设 G 是一个具有 n 个顶点的连通图. 对于 $i \in V(G)$, 其电阻距离中心性指标定义为 $Kf_i(G) = \sum_{j=1}^{n} r_{ij}(G)$. 电阻距离中心性是一种新的网络中心性指标, 在网络中心性分析中有重要应用[14, 56]. 我们可以利用拉普拉斯矩阵的群逆给出图的电阻中心性指标的如下公式.

定理 7.14 设 G 是一个具有 n 个顶点的连通图, 则

$$Kf_i(G) = n(L_G^{\#})_{ii} + \mathrm{tr}(L_G^{\#}), \quad i = 1, \cdots, n.$$

证明 由定理 7.3 可知

$$\begin{aligned} Kf_i(G) =& \sum_{j=1}^{n} r_{ij}(G) = \sum_{j=1}^{n} [(L_G^{\#})_{ii} + (L_G^{\#})_{jj} - 2(L_G^{\#})_{ij}] \\ =& n(L_G^{\#})_{ii} + \mathrm{tr}(L_G^{\#}) - 2\sum_{j=1}^{n} (L_G^{\#})_{ij}. \end{aligned}$$

由引理 1.75 可知

$$Kf_i(G) = n(L_G^{\#})_{ii} + \mathrm{tr}(L_G^{\#}).$$

□

由上述定理可得到如下推论.

推论 7.15 对于连通图 G 的任意两点 i 和 j, 有 $Kf_i(G) \leqslant Kf_j(G)$ 当且仅当 $(L_G^{\#})_{ii} \leqslant (L_G^{\#})_{jj}$.

7.2 图的基尔霍夫指标

连通图 G 的基尔霍夫指标 $Kf(G)$ 是指 G 中所有不同点对间的电阻距离之和, 即

$$Kf(G) = \sum_{\{i,j\} \subseteq V(G)} r_{ij}(G).$$

令 e 表示全 1 列向量. 首先给出基尔霍夫指标的广义逆公式.

定理 7.16[122] 设 G 是具有 n 个顶点的连通图, 则

$$Kf(G) = n\mathrm{tr}(L_G^{(1)}) - e^{\top} L_G^{(1)} e = n\mathrm{tr}(L_G^{\#}) = n\sum_{i=1}^{n-1} \frac{1}{\mu_i(G)}.$$

证明 由定理 7.3 可得

$$Kf(G) = \sum_{u<v} [(L_G^{(1)})_{uu} + (L_G^{(1)})_{vv} - (L_G^{(1)})_{uv} - (L_G^{(1)})_{vu}] = n\mathrm{tr}(L_G^{(1)}) - e^{\top} L_G^{(1)} e.$$

注意到 $L_G^{\#}$ 是 L_G 的 $\{1\}$-逆, 由引理 1.75 和定理 1.71 可得

$$Kf(G) = n\mathrm{tr}(L_G^{\#}) = n\sum_{i=1}^{n-1}\frac{1}{\mu_i(G)}. \qquad \square$$

接下来给出基尔霍夫指标的分块计算公式.

定理 7.17[85] 设 $L_G = \begin{pmatrix} L_1 & L_2 \\ L_2^\top & L_3 \end{pmatrix}$ (L_1 是方阵) 是连通图 G 的拉普拉斯矩阵, 并且令 $S = L_3 - L_2^\top L_1^{-1}L_2$, $T = L_1^{-1} + L_1^{-1}L_2S^{\#}L_2^\top L_1^{-1}$. 图 G 的基尔霍夫指标为

$$Kf(G) = n\mathrm{tr}(T) + n\mathrm{tr}(S^{\#}) - e^\top Te.$$

此外如果存在 c_1, c_2 使得 $L_2e = c_1e$ 并且 $L_2^\top e = c_2e$, 则

$$Kf(G) = n\mathrm{tr}(T) + n\mathrm{tr}(S^{\#}) + c_1^{-1}|V(L_1)|.$$

证明 令 $M = \begin{pmatrix} T & -L_1^{-1}L_2S^{\#} \\ -S^{\#}L_2^\top L_1^{-1} & S^{\#} \end{pmatrix}$. 直接计算可得

$$L_GM = \begin{pmatrix} I & 0 \\ L_2^\top L_1^{-1} - SS^{\#}L_2^\top L_1^{-1} & SS^{\#} \end{pmatrix},$$

$$L_GML_G = \begin{pmatrix} L_1 & L_2 \\ L_2^\top & L_2^\top L_1^{-1}L_2 + SS^{\#}S \end{pmatrix} = \begin{pmatrix} L_1 & L_2 \\ L_2^\top & L_2^\top L_1^{-1}L_2 + S \end{pmatrix} = L_G.$$

因此 M 是 L_G 的一个对称的 $\{1\}$-逆. 由定理 7.16 可得

$$Kf(G) = n\mathrm{tr}(T) + n\mathrm{tr}(S^{\#}) - e^\top Te - e^\top S^{\#}e + 2e^\top L_1^{-1}L_2S^{\#}e.$$

由 $L_Ge = 0$ 可得

$$L_1e + L_2e = 0, \quad L_2^\top e + L_3e = 0.$$

因此

$$Se = L_3e - L_2^\top L_1^{-1}L_2e = L_3e + L_2^\top L_1^{-1}L_1e = 0.$$

由引理 1.75 可得 $S^{\#}e = 0$. 故

$$Kf(G) = n\mathrm{tr}(T) + n\mathrm{tr}(S^{\#}) - e^\top Te.$$

接下来考虑 $L_2e = c_1e$ 并且 $L_2^\top e = c_2e$ 的情况. 由于 G 是连通的, 因此 $c_1 \neq 0$. 由 $L_Ge = 0$ 可知

$$L_1e = -L_2e = -c_1e, \quad L_1^{-1}e = -c_1^{-1}e, \quad S^{\#}L_2^\top L_1^{-1}e = -c_1^{-1}c_2S^{\#}e = 0.$$

此时

$$e^{\top}Te = e^{\top}(L_1^{-1} + L_1^{-1}L_2S^{\#}L_2^{\top}L_1^{-1})e = e^{\top}L_1^{-1}e = -c_1^{-1}|V(L_1)|.$$

因此

$$Kf(G) = n\mathrm{tr}(T) + n\mathrm{tr}(S^{\#}) - e^{\top}Te = n\mathrm{tr}(T) + n\mathrm{tr}(S^{\#}) + c_1^{-1}|V(L_1)|. \qquad \square$$

2007 年, 陈海燕和张福基在 [30] 中定义了图的乘法度基尔霍夫指标, 即

$$Kf^*(G) = \sum_{\{i,j\}\subseteq V(G)} d_i d_j r_{ij}(G).$$

2012 年, I. Gutman 等在 [77] 中定义了图的加法度基尔霍夫指标, 即

$$Kf^+(G) = \sum_{\{i,j\}\subseteq V(G)} (d_i + d_j) r_{ij}.$$

下面给出这两种度基尔霍夫指标的广义逆公式.

定理 7.18[85] 设 G 是具有 n 个顶点 m 条边的连通图, 则

$$\begin{aligned}
Kf^*(G) &= 2m\mathrm{tr}(D_G L_G^{(1)}) - \pi^{\top} L_G^{(1)} \pi = 2m\mathrm{tr}(D_G L_G^{\#}) - \pi^{\top} L_G^{\#} \pi, \\
Kf^+(G) &= n\mathrm{tr}(D_G L_G^{\#}) + \frac{2m}{n} Kf(G),
\end{aligned}$$

其中 D_G 是 G 的顶点度构成的对角阵, $\pi = (d_1, \cdots, d_n)^{\top}$ 是 G 的顶点度构成的列向量.

证明 由定理 7.3 可得

$$\begin{aligned}
Kf^*(G) &= \frac{1}{2} \sum_{i,j=1}^{n} d_i d_j [(L_G^{(1)})_{ii} + (L_G^{(1)})_{jj} - (L_G^{(1)})_{ij} - (L_G^{(1)})_{ji}] \\
&= \frac{1}{2} \sum_{i=1}^{n} d_i \sum_{j=1}^{n} (d_j (L_G^{(1)})_{ii} + d_j (L_G^{(1)})_{jj}) - \sum_{i,j=1}^{n} d_i d_j (L_G^{(1)})_{ij} \\
&= \frac{1}{2} \sum_{i=1}^{n} d_i [2m (L_G^{(1)})_{ii} + \mathrm{tr}(D_G L_G^{(1)})] - \pi^{\top} L_G^{(1)} \pi \\
&= 2m\mathrm{tr}(D_G L_G^{(1)}) - \pi^{\top} L_G^{(1)} \pi.
\end{aligned}$$

由于 $L_G^{\#}$ 是 L_G 的 $\{1\}$-逆, 因此

$$Kf^*(G) = 2m\mathrm{tr}(D_G L_G^{\#}) - \pi^{\top} L_G^{\#} \pi.$$

由定理 7.3 可得

$$\begin{aligned}Kf^+(G)&=\frac{1}{2}\sum_{i,j=1}^{n}(d_i+d_j)[(L_G^\#)_{ii}+(L_G^\#)_{jj}-2(L_G^\#)_{ij}]\\&=\frac{1}{2}\sum_{i,j=1}^{n}(d_i+d_j)[(L_G^\#)_{ii}+(L_G^\#)_{jj}]-\sum_{i,j=1}^{n}(d_i+d_j)(L_G^\#)_{ij}.\end{aligned}$$

由引理 1.75 可知, $L_G^\#$ 的所有行和与列和均为零. 因此

$$\sum_{i,j=1}^{n}(d_i+d_j)(L_G^\#)_{ij}=0.$$

并且

$$Kf^+(G)=\frac{1}{2}\sum_{i,j=1}^{n}(d_i+d_j)[(L_G^\#)_{ii}+(L_G^\#)_{jj}]=n\mathrm{r}(D_GL_G^\#)+2m\mathrm{tr}(L_G^\#).$$

由定理 7.16 可得

$$Kf^+(G)=n\mathrm{tr}(D_GL_G^\#)+\frac{2m}{n}Kf(G).$$

□

周波和 Trinajstić 给出了关于 $Kf^*(G)$ 和 $Kf(G)$ 的如下不等式.

定理 7.19[144] 设 G 是具有 n 个顶点和 m 条边的连通图, 并且 Δ 和 δ 分别为 G 的最大度和最小度, 则

$$\frac{2m\delta}{n}Kf(G)\leqslant Kf^*(G)\leqslant\frac{2m\Delta}{n}Kf(G),$$

任意一侧不等式取等号的充分必要条件均为 G 正则.

关于 $Kf^+(G)$ 和 $Kf(G)$ 有如下不等式.

定理 7.20[85] 设 G 是具有 n 个顶点 m 条边的连通图, 并且 Δ 和 δ 分别为 G 的最大度和最小度, 则

$$\left(\delta+\frac{2m}{n}\right)Kf(G)\leqslant Kf^+(G)\leqslant\left(\Delta+\frac{2m}{n}\right)Kf(G),$$

任意一侧不等式取等号的充分必要条件均为 G 正则.

证明 由定理 7.18 知

$$Kf^+(G)=n\mathrm{tr}(D_GL_G^\#)+\frac{2m}{n}Kf(G).$$

由定理 7.4 可知 $L_G^\#$ 的对角元素均为正数. 由定理 7.16 可得

$$\left(\delta+\frac{2m}{n}\right)Kf(G)\leqslant Kf^+(G)\leqslant\left(\Delta+\frac{2m}{n}\right)Kf(G),$$

任意一侧不等式取等号的充分必要条件均为 G 正则. □

7.3 图运算的电阻距离与基尔霍夫指标

将图 G 的每条边上插入一个新的点得到的图称为 G 的细分图, 记为 $S(G)$. 下面我们用 G 的电阻距离给出 $S(G)$ 的电阻距离计算公式.

定理 7.21[29, 122] 设 G 是一个连通图, 则 $S(G)$ 的电阻距离表示如下.

(1) 对任意 $u, v \in V(G)$, 有

$$r_{uv}(S(G)) = 2r_{uv}(G).$$

(2) 对任意 $e = ij \in E(G)$, $k \in V(G)$, 有

$$r_{ek}(S(G)) = \frac{1}{2} + r_{ik}(G) + r_{jk}(G) - \frac{1}{2}r_{ij}(G).$$

(3) 对任意 $e = ij, f = uv \in E(G)$ $(e \neq f)$, 有

$$r_{ef}(S(G)) = 1 + \frac{1}{2}[r_{iu}(G) + r_{iv}(G) + r_{ju}(G) + r_{jv}(G) - r_{ij}(G) - r_{uv}(G)].$$

证明 $S(G)$ 的拉普拉斯矩阵可以分块表示为

$$L_{S(G)} = \begin{pmatrix} 2I & -B^\top \\ -B & D_G \end{pmatrix},$$

其中 B 是 G 的点边关联矩阵. 由于 $Q_G = BB^\top$, 因此 $2I$ 对应的补为

$$D_G - \frac{1}{2}BB^\top = D_G - \frac{1}{2}Q_G = \frac{1}{2}L_G.$$

由定理 7.10 知 (1) 成立.

由推论 7.13 知 (2) 和 (3) 成立. □

定理 7.22[122] 设 G 是一个连通的 d 正则图. 对任意 $e = ij, f = uv \in E(G)$ $(e \neq f)$, 线图 $\mathcal{L}(G)$ 中 e, f 之间的电阻距离为

$$r_{ef}(\mathcal{L}(G)) = d^{-1} + (2d)^{-1}[r_{iu}(G) + r_{iv}(G) + r_{ju}(G) + r_{jv}(G) - r_{ij}(G) - r_{uv}(G)].$$

证明 $S(G)$ 的拉普拉斯矩阵可以分块表示为

$$L_{S(G)} = \begin{pmatrix} dI & -B \\ -B^\top & 2I \end{pmatrix},$$

其中 B 是 G 的点边关联矩阵. 由于 $B^\top B = 2I + A_{\mathcal{L}(G)}$, 因此

$$2I - d^{-1}B^\top B = d^{-1}[(2d-2)I - A_{\mathcal{L}(G)}] = d^{-1}L_{\mathcal{L}(G)}.$$

对任意 $e, f \in E(G)$, 由定理 7.10 可得

$$r_{ef}(S(G)) = dr_{ef}(\mathcal{L}(G)).$$

由定理 7.21 可证明结论成立. □

正则图的线图的基尔霍夫指标具有如下表达式.

定理 7.23[63] 设 G 是具有 n 个顶点的连通 d 正则图, 则

$$Kf(\mathcal{L}(G)) = \frac{d}{2}Kf(G) + \frac{(d-2)n^2}{8}.$$

正则图的细分图的基尔霍夫指标具有如下表达式.

定理 7.24[63] 设 G 是具有 n 个顶点的连通 d 正则图, 则

$$Kf(S(G)) = \frac{(d+2)^2}{2}Kf(G) + \frac{(d^2-4)n^2+4n}{8}.$$

令 $R(G)$ 表示图 G 的三角化, 即对应 G 的每条边 $uv \in E(G)$ 增加一个新的点, 并且该点的邻点是 u 和 v. 下面我们用 G 的电阻距离给出 $R(G)$ 的电阻距离公式.

定理 7.25 设 G 是一个连通图, 则 $R(G)$ 的电阻距离表示如下.

(1) 对任意 $u, v \in V(G)$, 有

$$r_{uv}(R(G)) = \frac{2}{3}r_{uv}(G).$$

(2) 对任意 $e = ij \in E(G)$, $k \in V(G)$, 有

$$r_{ek}(R(G)) = \frac{1}{2} + \frac{1}{3}r_{ik}(G) + \frac{1}{3}r_{jk}(G) - \frac{1}{6}r_{ij}(G).$$

(3) 对任意 $e = ij, f = uv \in E(G)$ $(e \neq f)$, 有

$$r_{ef}(R(G)) = 1 + \frac{1}{6}[r_{iu}(G) + r_{iv}(G) + r_{ju}(G) + r_{jv}(G) - r_{ij}(G) - r_{uv}(G)].$$

证明 $R(G)$ 的拉普拉斯矩阵可以分块表示为

$$L_{R(G)} = \begin{pmatrix} 2I & -B^\top \\ -B & 2D_G - A_G \end{pmatrix},$$

其中 B 是 G 的点边关联矩阵. 此时定理 7.10 中定义的矩阵 S, T 为

$$S = 2D_G - A_G - \frac{1}{2}BB^\top = 2D_G - A_G - \frac{1}{2}(D_G + A_G) = \frac{3}{2}L_G,$$

$$T=\frac{1}{2}I+\frac{1}{6}B^{\top}L_G^{\#}B.$$

对任意 $u,v\in V(G)$, 由定理 7.10 可得

$$r_{uv}(R(G))=\frac{2}{3}[(L_G^{\#})_{uu}+(L_G^{\#})_{vv}-2(L_G^{\#})_{uv}]=\frac{2}{3}r_{uv}(G).$$

因此 (1) 成立.

由推论 7.13 知 (2) 和 (3) 成立. □

注解 7.2 定理 7.25 出自文献 [85] 的最初手稿, 后来在发表的版本中被删去. 杨玉军和 Klein 在 [140] 中应用定理 7.25 给出了 $R(G)$ 的基尔霍夫指标的计算公式.

下面给出中图 $M(G)$ 和线图 $\mathcal{L}(G)$ 的电阻距离之间的关系.

定理 7.26 设 G 是一个连通的 d 正则图, 则 $M(G)$ 的电阻距离表示如下:

(1) 对任意 $e,f\in E(G)$, 有

$$r_{ef}(M(G))=\frac{d}{d+1}r_{ef}(\mathcal{L}(G)).$$

(2) 对任意 $u\in V(G),f\in E(G)$, 有

$$r_{uf}(M(G))=\frac{1}{d}+\sum_{i=1}^{d}\frac{r_{e_if}(\mathcal{L}(G))}{d+1}-\sum_{i<j}\frac{r_{e_ie_j}(\mathcal{L}(G))}{d(d+1)},$$

其中 $e_1,\cdots,e_d$ 是与 u 关联的 d 条边.

(3) 对任意 $u,v\in V(G)$ $(u\neq v)$, 有

$$r_{uv}(M(G))=\frac{2}{d}+\sum_{i,j=1}^{d}\frac{r_{e_if_j}(\mathcal{L}(G))}{d(d+1)}-\sum_{i<j}\frac{r_{e_ie_j}(\mathcal{L}(G))}{d(d+1)}-\sum_{i<j}\frac{r_{f_if_j}(\mathcal{L}(G))}{d(d+1)},$$

其中 $e_1,\cdots,e_d$ 是与 u 关联的 d 条边, $f_1,\cdots,f_d$ 是与 v 关联的 d 条边.

证明 $M(G)$ 的拉普拉斯矩阵可以分块表示为

$$L_{Q(G)}=\begin{pmatrix} dI & -B \\ -B^{\top} & 2dI-A_{\mathcal{L}(G)} \end{pmatrix},$$

其中 B 是 G 的点边关联矩阵. 此时定理 7.10 中定义的矩阵 S,T 为

$$S=2dI-A_{\mathcal{L}(G)}-\frac{1}{d}B^{\top}B=2dI-A_{\mathcal{L}(G)}-\frac{1}{d}(2I+A_{\mathcal{L}(G)})=\frac{d+1}{d}L_{\mathcal{L}(G)},$$

$$T=\frac{1}{d}I+\frac{1}{d(d+1)}BL_{\mathcal{L}(G)}^{\#}B^{\top}.$$

对任意 $e, f \in E(G)$, 由定理 7.10 可得

$$r_{ef}(M(G)) = \frac{d}{d+1} r_{ef}(\mathcal{L}(G)).$$

因此 (1) 成立.

由推论 7.13 知 (2) 和 (3) 成立. □

下面给出联图的电阻距离公式.

定理 7.27 设 G_1 和 G_2 分别为具有 n_1 和 n_2 个顶点的图, 则

(1) 对任意 $i \in V(G_1), j \in V(G_2)$, 有

$$r_{ij}(G_1 \vee G_2) = (L_{G_1} + n_2 I)^{-1}_{ii} + (L_{G_2} + n_1 I)^{-1}_{jj} - \frac{1}{n_1 n_2}.$$

(2) 对任意 $i, j \in V(G_1)$, 有

$$r_{ij}(G_1 \vee G_2) = (L_{G_1} + n_2 I)^{-1}_{ii} + (L_{G_1} + n_2 I)^{-1}_{jj} - 2(L_{G_1} + n_2 I)^{-1}_{ij}.$$

(3) 对任意 $i, j \in V(G_2)$, 有

$$r_{ij}(G_1 \vee G_2) = (L_{G_2} + n_1 I)^{-1}_{ii} + (L_{G_2} + n_1 I)^{-1}_{jj} - 2(L_{G_2} + n_1 I)^{-1}_{ij}.$$

证明 $G_1 \vee G_2$ 的拉普拉斯矩阵可以分块表示为

$$L_{G_1 \vee G_2} = \begin{pmatrix} L_{G_1} + n_2 I & -J \\ -J & L_{G_2} + n_1 I \end{pmatrix}.$$

Schur 补 $S = L_{G_1} + n_2 I - J(L_{G_2} + n_1 I)^{-1} J$. 由 $(L_{G_2} + n_1 I)J = n_1 J$ 可得

$$J(L_{G_2} + n_1 I)^{-1} J = \frac{n_2}{n_1} J.$$

因此 $S = L_{G_1} + n_2 I - \frac{n_2}{n_1} J$. 经计算可得

$$\begin{aligned} \left(S + \frac{n_2}{n_1} J\right)\left(S^{\#} + \frac{1}{n_1 n_2} J\right) &= SS^{\#} + \frac{1}{n_1 n_2} SJ + \frac{n_2}{n_1} JS^{\#} + \frac{1}{n_1^2} J^2 \\ &= I - \frac{1}{n_1} J + 0 + 0 + \frac{1}{n_1} J = I. \end{aligned}$$

故

$$(L_{G_1} + n_2 I)^{-1} = \left(S + \frac{n_2}{n_1} J\right)^{-1} = S^{\#} + \frac{1}{n_1 n_2} J,$$

$$S^{\#}=(L_{G_1}+n_2I)^{-1}-\frac{1}{n_1n_2}J.$$

由定理 1.81 可得

$$(L_{G_1\vee G_2})^{(1)}=\begin{pmatrix}(L_{G_1}+n_2I)^{-1}-\dfrac{1}{n_1n_2}J & 0\\ 0 & (L_{G_2}+n_1I)^{-1}\end{pmatrix}.$$

对任意 $i\in V(G_1)$,$j\in V(G_2)$, 由定理 7.3 可得

$$r_{ij}(G_1\vee G_2)=(L_{G_1}+n_2I)^{-1}_{ii}+(L_{G_2}+n_1I)^{-1}_{jj}-\frac{1}{n_1n_2}.$$

因此 (1) 成立.

对任意 $i,j\in V(G_1)$, 由定理 7.3 可得

$$r_{ij}(G_1\vee G_2)=(L_{G_1}+n_2I)^{-1}_{ii}+(L_{G_1}+n_2I)^{-1}_{jj}-2(L_{G_1}+n_2I)^{-1}_{ij},$$

因此 (2) 成立.

对任意 $i,j\in V(G_2)$, 由定理 7.3 可得

$$r_{ij}(G_1\vee G_2)=(L_{G_2}+n_1I)^{-1}_{ii}+(L_{G_2}+n_1I)^{-1}_{jj}-2(L_{G_2}+n_1I)^{-1}_{ij},$$

因此 (3) 成立. □

边冠是文献 [83] 中介绍的一种重要的网络复合运算. 对于两个图 G_1 和 G_2, 复制 $|E(G_1)|$ 个 G_2, 将 G_1 的第 i ($i=1,\cdots,|E(G_1)|$) 条边上两个顶点与第 i 个 G_2 的每个点都连边, 得到的新图称为 G_1 和 G_2 的边冠, 记为 $G_1\diamond G_2$. 令 $G_1\underline{\diamond}G_2$ 表示将 $G_1\diamond G_2$ 中所有属于 $E(G_1)$ 的边删去得到的图. 图 7.1 给出了复合图 $P_3\diamond P_2$ 和 $P_3\underline{\diamond}P_2$ 的例子. 如果 $G_2=K_1$ 是一个孤立点, 则 $G_1\diamond K_1$ 是 G_1 的三角化, 并且 $G_1\underline{\diamond}K_1$ 是 G_1 的细分图.

令 I_n 表示 n 阶单位阵, j_n 表示 n 维全 1 列向量. 边冠 $G_1\diamond G_2$ 的邻接矩阵具有如下形式:

$$A_{G_1\diamond G_2}=\begin{pmatrix}I_{m_1}\otimes A_{G_2} & B^{\top}\otimes j_{n_2}\\ B\otimes j_{n_2}^{\top} & A_{G_1}\end{pmatrix},\tag{7.1}$$

其中 B 是 G_1 的点边关联矩阵, $m_1=|E(G_1)|$, $n_2=|V(G_2)|$. 显然 $G_1\underline{\diamond}G_2$ 的邻接矩阵具有如下形式:

$$A_{G_1\underline{\diamond}G_2}=\begin{pmatrix}I_{m_1}\otimes A_{G_2} & B^{\top}\otimes j_{n_2}\\ B\otimes j_{n_2}^{\top} & 0\end{pmatrix}.\tag{7.2}$$

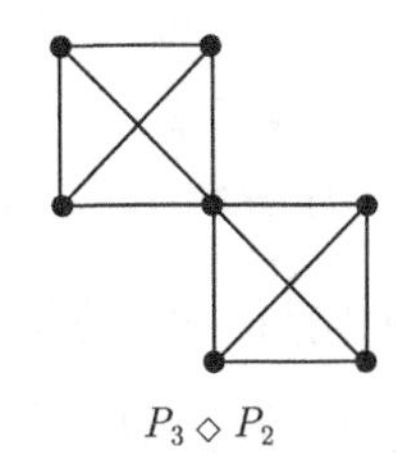

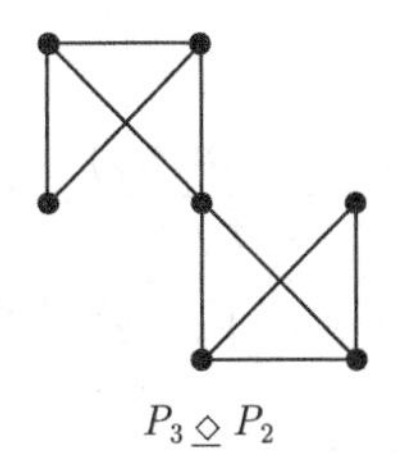

图 7.1 $P_3 \diamond P_2$ 和 $P_3 \underline{\diamond} P_2$

下面给出复合图 $G_1 \underline{\diamond} G_2$ 的基尔霍夫指标的计算公式.

定理 7.28[85] 设 G_1 是具有 n_1 个顶点 m_1 条边的连通图, G_2 是具有 n_2 个顶点的图, 则

$$Kf(G_1 \underline{\diamond} G_2) = \frac{2}{n_2} Kf(G_1) + Kf^+(G_1) + \frac{n_2}{2} Kf^*(G_1) + \sum_{i=1}^{n_2} \frac{m_1(n_1 + m_1 n_2)}{\mu_i(G_2) + 2} - \frac{(n_1 + m_1 n_2)(n_1 - 1) + m_1 n_2}{2}.$$

证明 由 (7.2) 可知, $G_1 \underline{\diamond} G_2$ 的拉普拉斯矩阵可以分块表示为

$$L_{G_1 \underline{\diamond} G_2} = \begin{pmatrix} I_{m_1} \otimes (L_{G_2} + 2I_{n_2}) & -B^\top \otimes j_{n_2} \\ -B \otimes j_{n_2}^\top & n_2 D_{G_1} \end{pmatrix},$$

其中 B 是 G_1 的点边关联矩阵. 定理 7.17 中定义的矩阵 S 为

$$\begin{aligned} S &= n_2 D_{G_1} - (B \otimes j_{n_2}^\top)(I_{m_1} \otimes (L_{G_2} + 2I_{n_2})^{-1})(B^\top \otimes j_{n_2}) \\ &= n_2 D_{G_1} - (B \otimes j_{n_2}^\top)\left(B^\top \otimes \frac{1}{2} j_{n_2}\right) \\ &= n_2 D_{G_1} - \frac{n_2}{2} B B^\top = n_2 D_{G_1} - \frac{n_2}{2}(D_{G_1} + A_{G_1}) = \frac{n_2}{2} L_{G_1}. \end{aligned}$$

因此 $S^\# = \dfrac{2}{n_2} L_{G_1}^\#$. 定理 7.17 中定义的矩阵 T 为

$$\begin{aligned} T &= I_{m_1} \otimes (L_{G_2} + 2I_{n_2})^{-1} + (I_{m_1} \otimes (L_{G_2} + 2I_{n_2})^{-1})(B^\top \otimes j_{n_2}) S^\# (B \otimes j_{n_2}^\top) \\ &\quad (I_{m_1} \otimes (L_{G_2} + 2I_{n_2})^{-1}) \\ &= I_{m_1} \otimes (L_{G_2} + 2I_{n_2})^{-1} + \left(B^\top \otimes \frac{1}{2} j_{n_2}\right) S^\# \left(B \otimes \frac{1}{2} j_{n_2}^\top\right) \\ &= I_{m_1} \otimes (L_{G_2} + 2I_{n_2})^{-1} + \frac{1}{2n_2} B^\top L_{G_1}^\# B \otimes J_{n_2}, \end{aligned}$$

其中 J_{n_2} 是 n_2 阶的全一矩阵. 由于 $S^\# = \dfrac{2}{n_2} L_{G_1}^\#$, 根据定理 7.17 和定理 7.16, 我

们有

$$Kf(G_1 \diamond G_2) = \frac{2(n_1 + m_1 n_2)}{n_1 n_2} Kf(G_1) + (n_1 + m_1 n_2)\mathrm{tr}(T) - j^\top T j. \tag{7.3}$$

令 $\pi = (d_1, \cdots, d_n)^\top$ 为 G 的顶点度构成的列向量. 经计算我们有

$$j^\top T j = m_1 j^\top (L_{G_2} + 2I_{n_2})^{-1} j + \frac{n_2^2}{2n_2} \pi^\top L_{G_1}^{\#} \pi = \frac{m_1 n_2}{2} + \frac{n_2}{2} \pi^\top L_{G_1}^{\#} \pi, \tag{7.4}$$

$$\begin{aligned}\mathrm{tr}(T) &= m_1 \mathrm{tr}[(L_{G_2} + 2I_{n_2})^{-1}] + \frac{n_2}{2n_2} \mathrm{tr}(B^\top L_{G_1}^{\#} B) \\ &= \sum_{i=1}^{n_2} \frac{m_1}{\mu_i(G_2) + 2} + \frac{1}{2} \sum_{ij \in E(G_1)} [(L_{G_1}^{\#})_{ii} + (L_{G_1}^{\#})_{jj} + 2(L_{G_1}^{\#})_{ij}].\end{aligned}$$

由定理 7.3 和定理 7.11 可得

$$\begin{aligned}\mathrm{tr}(T) &= \sum_{i=1}^{n_2} \frac{m_1}{\mu_i(G_2) + 2} + \frac{1}{2} \sum_{ij \in E(G_1)} [2(L_{G_1}^{\#})_{ii} + 2(L_{G_1}^{\#})_{jj} - r_{ij}(G_1)] \\ &= \sum_{i=1}^{n_2} \frac{m_1}{\mu_i(G_2) + 2} + \mathrm{tr}(D_{G_1} L_{G_1}^{\#}) - \frac{n_1 - 1}{2}.\end{aligned}$$

由 (7.3)、(7.4) 和上式可得

$$\begin{aligned}Kf(G_1 \diamond G_2) = {} & \frac{2(n_1 + m_1 n_2)}{n_1 n_2} Kf(G_1) - \frac{n_2}{2} \pi^\top L_{G_1}^{\#} \pi + (n_1 + m_1 n_2)\mathrm{tr}(D_{G_1} L_{G_1}^{\#}) \\ & - \frac{(n_1 + m_1 n_2)(n_1 - 1) + m_1 n_2}{2} + \sum_{i=1}^{n_2} \frac{m_1(n_1 + m_1 n_2)}{\mu_i(G_2) + 2}.\end{aligned}$$

由定理 7.18 可得

$$\begin{aligned}\pi^\top L_{G_1}^{\#} \pi &= 2m_1 \mathrm{tr}(D_{G_1} L_{G_1}^{\#}) - Kf^*(G_1), \\ n_1 \mathrm{tr}(D_{G_1} L_{G_1}^{\#}) &= Kf^+(G_1) - \frac{2m_1}{n_1} Kf(G_1).\end{aligned}$$

因此

$$\begin{aligned}Kf(G_1 \diamond G_2) = {} & \frac{2(n_1 + m_1 n_2)}{n_1 n_2} Kf(G_1) + \frac{n_2}{2} Kf^*(G_1) + \sum_{i=1}^{n_2} \frac{m_1(n_1 + m_1 n_2)}{\mu_i(G_2) + 2} \\ & - \frac{(n_1 + m_1 n_2)(n_1 - 1) + m_1 n_2}{2} + n_1 \mathrm{tr}(D_{G_1} L_{G_1}^{\#}) \\ = {} & \frac{2}{n_2} Kf(G_1) + Kf^+(G_1) + \frac{n_2}{2} Kf^*(G_1) + \sum_{i=1}^{n_2} \frac{m_1(n_1 + m_1 n_2)}{\mu_i(G_2) + 2} \\ & - \frac{(n_1 + m_1 n_2)(n_1 - 1) + m_1 n_2}{2}.\end{aligned}$$

□

例 7.2 图 3.1 中复合图 $P_3 \underline{\diamond} P_2$ 的基尔霍夫指标为 $Kf(P_3 \underline{\diamond} P_2) = \dfrac{43}{2}$.

证明 道路 P_3 的基尔霍夫指标和度基尔霍夫指标为

$$Kf(P_3) = 4, \quad Kf^+(P_3) = 10, \quad Kf^*(P_3) = 6.$$

道路 P_2 的拉普拉斯特征值为 2, 0. 由定理 7.28 可得

$$Kf(P_3 \underline{\diamond} P_2) = Kf(P_3) + Kf^+(P_3) + Kf^*(P_3) - 9 + \frac{21}{2} = \frac{43}{2}. \qquad \square$$

复合图 $G_1 \diamond G_2$ 的基尔霍夫指标有如下计算公式.

定理 7.29[85] 设 G_1 是具有 n_1 个顶点 m_1 条边的连通图, G_2 是具有 n_2 个顶点的图, 则

$$\begin{aligned}
Kf(G_1 \diamond G_2) = &\frac{2}{n_2+2} Kf(G_1) + \frac{n_2}{n_2+2}\left[Kf^+(G_1) + \frac{n_2}{2} Kf^*(G_1)\right] \\
&- \frac{n_2(n_1^2 - n_1 + m_1 n_1 n_2 + 2m_1)}{2(n_2+2)} + \sum_{i=1}^{n_2} \frac{m_1(n_1 + m_1 n_2)}{\mu_i(G_2)+2}.
\end{aligned}$$

证明 由 (7.1) 可知, $G_1 \diamond G_2$ 的拉普拉斯矩阵可以分块表示为

$$L_{G_1 \diamond G_2} = \begin{pmatrix} I_{m_1} \otimes (L_{G_2} + 2I_{n_2}) & -B^\top \otimes j_{n_2} \\ -B \otimes j_{n_2}^\top & L_{G_1} + n_2 D_{G_1} \end{pmatrix},$$

其中 B 是 G_1 的点边关联矩阵. 经计算, 定理 7.17 中定义的矩阵 S 和 T 为

$$\begin{aligned}
S &= L_{G_1} + n_2 D_{G_1} - (B \otimes j_{n_2}^\top)(I_{m_1} \otimes (L_{G_2} + 2I_{n_2})^{-1})(B^\top \otimes j_{n_2}) \\
&= L_{G_1} + n_2 D_{G_1} - \frac{n_2}{2} BB^\top = \frac{n_2+2}{2} L_{G_1}, \\
T &= I_{m_1} \otimes (L_{G_2} + 2I_{n_2})^{-1} + (I_{m_1} \otimes (L_{G_2} + 2I_{n_2})^{-1})(B^\top \otimes j_{n_2}) S^\#(B \otimes j_{n_2}^\top) \\
&\quad (I_{m_1} \otimes (L_{G_2} + 2I_{n_2})^{-1}) \\
&= I_{m_1} \otimes (L_{G_2} + 2I_{n_2})^{-1} + \frac{1}{2(n_2+2)} B^\top L_{G_1}^\# B \otimes J_{n_2},
\end{aligned}$$

其中 J_{n_2} 是 n_2 阶的全 1 矩阵. 故 $S^\# = \dfrac{2}{n_2+2} L_{G_1}^\#$. 由定理 7.17 和定理 7.16 可得

$$Kf(G_1 \diamond G_2) = \frac{2(n_1 + m_1 n_2)}{n_1(n_2+2)} Kf(G_1) + (n_1 + m_1 n_2)\mathrm{tr}(T) - e^\top T e. \tag{7.5}$$

令 $\pi = (d_1, \cdots, d_{n_1})^\top$ 表示 G_1 的顶点度构成的列向量. 经计算可得

$$j^\top T j = \frac{m_1 n_2}{2} + \frac{n_2^2}{2(n_2+2)} \pi^\top L_{G_1}^\# \pi, \tag{7.6}$$

$$\mathrm{tr}(T)=\sum_{i=1}^{n_2}\frac{m_1}{\mu_i(G_2)+2}+\frac{n_2}{n_2+2}\mathrm{tr}(D_{G_1}L_{G_1}^{\#})-\frac{n_2(n_1-1)}{2(n_2+2)}. \tag{7.7}$$

由 (7.5) ∼ (7.7) 可得

$$\begin{aligned}Kf(G_1\diamond G_2)=&\frac{2(n_1+m_1n_2)}{n_1(n_2+2)}Kf(G_1)\\&+\sum_{i=1}^{n_2}\frac{m_1(n_1+m_1n_2)}{\mu_i(G_2)+2}+\frac{n_2(n_1+m_1n_2)}{n_2+2}\mathrm{tr}(D_{G_1}L_{G_1}^{\#})\\&-\frac{n_2(n_1^2-n_1+m_1n_1n_2+2m_1)}{2(n_2+2)}-\frac{n_2^2}{2(n_2+2)}\pi^\top L_{G_1}^{\#}\pi.\end{aligned}$$

由定理 7.18 可得

$$\begin{aligned}\pi^\top L_{G_1}^{\#}\pi&=2m_1\mathrm{tr}(D_{G_1}L_{G_1}^{\#})-Kf^*(G_1),\\n_1\mathrm{tr}(D_{G_1}L_{G_1}^{\#})&=Kf^+(G_1)-\frac{2m_1}{n_1}Kf(G_1).\end{aligned}$$

因此

$$\begin{aligned}Kf(G_1\diamond G_2)=&\frac{2(n_1+m_1n_2)}{n_1(n_2+2)}Kf(G_1)+\frac{n_1n_2}{n_2+2}\mathrm{tr}(D_{G_1}L_{G_1}^{\#})\\&+\frac{n_2^2}{2(n_2+2)}Kf^*(G_1)\\&-\frac{n_2(n_1^2-n_1+m_1n_1n_2+2m_1)}{2(n_2+2)}+\sum_{i=1}^{n_2}\frac{m_1(n_1+m_1n_2)}{\mu_i(G_2)+2}\\=&\frac{2}{n_2+2}Kf(G_1)+\frac{n_2}{n_2+2}\left[Kf^+(G_1)+\frac{n_2}{2}Kf^*(G_1)\right]\\&+\sum_{i=1}^{n_2}\frac{m_1(n_1+m_1n_2)}{\mu_i(G_2)+2}-\frac{n_2(n_1^2-n_1+m_1n_1n_2+2m_1)}{2(n_2+2)}.\end{aligned}$$ □

例 7.3　图 3.1 中复合图 $P_3\diamond P_2$ 的基尔霍夫指标为 $Kf(P_3\diamond P_2)=15$.

证明　道路 P_3 的基尔霍夫指标和度基尔霍夫指标为

$$Kf(P_3)=4,\quad Kf^+(P_3)=10,\quad Kf^*(P_3)=6.$$

道路 P_2 的拉普拉斯特征值为 2, 0. 由定理 7.29 可得

$$Kf(P_3\diamond P_2)=\frac{1}{2}Kf(P_3)+\frac{1}{2}[Kf^+(P_3)+Kf^*(P_3)]+\frac{21}{2}-\frac{11}{2}=15.$$ □

半正则图的线图的基尔霍夫指标有如下计算公式.

定理 7.30[85] 设 G 是具有参数 (n_1,n_2,r_1,r_2) $(n_1\geqslant n_2)$ 的半正则连通图, 则

$$Kf(\mathcal{L}(G))=\frac{m}{n}Kf(G)+\frac{m(m-n)}{r_1+r_2}-(n_1-n_2)^2.$$

证明 设 $\lambda_1,\cdots,\lambda_{n_2}$ 是邻接矩阵 A_G 的前 n_2 大特征值. 由于 G 是二部图, L_G 和 Q_G 有相同的谱. 由定理 3.26 可知, L_G 的特征值为

$$0,\quad r_1+r_2,\quad r_1^{(n_1-n_2)},\quad \frac{r_1+r_2\pm\sqrt{(r_1-r_2)^2+4\lambda_i^2}}{2},\quad i=2,\cdots,n_2. \tag{7.8}$$

由例 3.2 可知, $\mathcal{L}(G)$ 的拉普拉斯特征值为

$$\begin{aligned}&0,\quad (r_1+r_2)^{(n_1r_1-n_1-n_2+1)},\\&r_2^{(n_1-n_2)},\quad \frac{r_1+r_2\pm\sqrt{(r_1-r_2)^2+4\lambda_i^2}}{2},\quad i=2,\cdots,n_2.\end{aligned} \tag{7.9}$$

由 (7.8)、(7.9) 和定理 7.16 可得

$$\begin{aligned}Kf(\mathcal{L}(G))=&\frac{m(m-n+1)}{r_1+r_2}+\frac{m(n_1-n_2)}{r_2}+\sum_{i=2}^{n_2}\frac{2m}{r_1+r_2+\sqrt{(r_1-r_2)^2+4\lambda_i^2}}\\&+\sum_{i=2}^{n_2}\frac{2m}{r_1+r_2-\sqrt{(r_1-r_2)^2+4\lambda_i^2}},\\Kf(G)=&\frac{n}{r_1+r_2}+\frac{n(n_1-n_2)}{r_1}+\sum_{i=2}^{n_2}\frac{2n}{r_1+r_2+\sqrt{(r_1-r_2)^2+4\lambda_i^2}}\\&+\sum_{i=2}^{n_2}\frac{2n}{r_1+r_2-\sqrt{(r_1-r_2)^2+4\lambda_i^2}}.\end{aligned}$$

由以上等式得到

$$\begin{aligned}Kf(\mathcal{L}(G))&=\frac{m}{n}Kf(G)+\frac{m(m-n)}{r_1+r_2}+m(n_1-n_2)\left(\frac{1}{r_2}-\frac{1}{r_1}\right)\\&=\frac{m}{n}Kf(G)+\frac{m(m-n)}{r_1+r_2}-(n_1-n_2)^2.\end{aligned}$$

□

例 7.4 星 $K_{1,n}$ 的线图的基尔霍夫指标为 $Kf(\mathcal{L}(K_{1,n}))=n-1$.

证明 已知 $K_{1,n}$ 的基尔霍夫指标为 $Kf(K_{1,n})=n^2$. 注意到 $K_{1,n}$ 是具有参数 $(1,n,n,1)$ 的半正则图, 由定理 7.30 可得

$$Kf(\mathcal{L}(K_{1,n}))=\frac{n}{n+1}Kf(K_{1,n})+\frac{-n}{n+1}-(n-1)^2=n-1.$$

□

对于一个图 G, 我们把 $G \diamond \overline{K_t}$ 的线图称为 G 的 t-para 线图, 记为 $C_t(G)$. 下面是正则图的 t-para 线图的基尔霍夫指标计算公式.

定理 7.31 设 G 是一个具有 n 个顶点的连通 r 正则图, 则

$$Kf(C_t(G)) = r(rt+2)Kf(G) + \frac{nrt(1-2n)}{rt+2} + n^2(rt-1).$$

证明 由于 G 是 r 正则的, 它的边数为 $m = \frac{nr}{2}$. 注意到 $G \diamond \overline{K_t}$ 是具有参数 $(n, mt, rt, 2)$ 的半正则图, 其中 $\overline{K_t}$ 是 K_t 的补. 由于 $C_t(G)$ 是 $G \diamond \overline{K_t}$ 的线图, 根据定理 7.30 可得

$$\begin{aligned}
Kf(C_t(G)) &= \frac{nrt}{n+mt}Kf(G \diamond \overline{K_t}) + \frac{nrt(nrt-n-mt)}{rt+2} - (n-mt)^2 \\
&= \frac{2rt}{rt+2}Kf(G \diamond \overline{K_t}) + \frac{nrt(nrt-n-mt)}{rt+2} - (n-mt)^2.
\end{aligned}$$

由定理 7.28 可得

$$\begin{aligned}
Kf(G \diamond \overline{K_t}) &= \frac{2}{t}Kf(G) + Kf^+(G) + \frac{t}{2}Kf^*(G) \\
&\quad - \frac{(n+mt)(n-1)+mt}{2} + \frac{mt(n+mt)}{2} \\
&= \frac{(rt+2)^2}{2t}Kf(G) + \frac{m^2t^2-n^2+n}{2}.
\end{aligned}$$

根据 $Kf(C_t(G))$ 和 $Kf(G \diamond \overline{K_t})$ 的表达式可得

$$\begin{aligned}
&Kf(C_t(G)) \\
&= r(rt+2)Kf(G) + \frac{rt(m^2t^2-n^2+n) + nrt(nrt-n-mt)}{rt+2} - (n-mt)^2 \\
&= r(rt+2)Kf(G) + \frac{nrt(nrt-2n-mt+1) - 2m^2t^2}{rt+2} - (n^2-2mnt).
\end{aligned}$$

由 $m = \frac{nr}{2}$ 得到

$$Kf(C_t(G)) = r(rt+2)Kf(G) + \frac{nrt(1-2n)}{rt+2} + n^2(rt-1). \qquad \square$$

例 7.5 完全图 K_n 的 t-para 线图的基尔霍夫指标为

$$Kf(C_t(K_n)) = (n-1)^2((n-1)t+2) + n^2((n-1)t-1) + \frac{n(n-1)(1-2n)t}{(n-1)t+2}.$$

证明 已知 K_n 的基尔霍夫指标为 $Kf(K_n) = n-1$. 注意到 K_n 是一个 $n-1$ 正则图, 由定理 7.31 可得

$$\begin{aligned}Kf(C_t(K_n)) &= (n-1)((n-1)t+2)Kf(K_n) \\ &\quad + \frac{n(n-1)(1-2n)t}{(n-1)t+2} + n^2((n-1)t-1) \\ &= (n-1)^2((n-1)t+2) + n^2((n-1)t-1) \\ &\quad + \frac{n(n-1)(1-2n)t}{(n-1)t+2}.\end{aligned}$$

□

7.4 图的电阻矩阵

以顶点间的最短路距离为元素形成了图的距离矩阵. 距离矩阵的谱性质研究源于 1971 年 Graham 和 Pollack 的工作[73].

定理 7.32[73] 设 T 是 n 个顶点的树, 则 T 的距离矩阵 D 的行列式为

$$\det(D) = (-1)^{n-1}(n-1)2^{n-2}.$$

定理 7.33[73] 设 T 是 n 个顶点的树, 则 T 的距离矩阵 D 有 1 个正特征值和 $n-1$ 个负特征值.

Graham 和 Lovász 在 [72] 中证明了树的距离矩阵的逆是拉普拉斯矩阵和一个秩 1 矩阵的线性组合.

定理 7.34[72] 设 T 是 n 个顶点的树, D 是 T 的距离矩阵, 则

$$D^{-1} = -\frac{1}{2}L_G + \frac{1}{2(n-1)}\tau\tau^{\top},$$

其中 $\tau = (2-d_1(T), \cdots, 2-d_n(T))^{\top}$.

Merris 给出了树的距离矩阵特征值和拉普拉斯特征值的如下交错不等式.

定理 7.35[103] 设 T 是具有 n 个顶点的树, D 是 T 的距离矩阵, 则

$$0 > -\frac{2}{\mu_1(T)} \geqslant \lambda_2(D) \geqslant -\frac{2}{\mu_2(T)} \geqslant \cdots \geqslant -\frac{2}{\mu_{n-1}(T)} \geqslant \lambda_n(D).$$

对于有 n 个顶点的连通图 G, 其电阻矩阵定义为 $R_G = (r_{ij}(G))_{n\times n}$. 由于电阻距离是图的距离函数, 因此电阻矩阵是一种新型的 "距离矩阵". 图的电阻矩阵与拉普拉斯矩阵具有如下关系.

引理 7.36[134] 对任意连通图 G, 有 $L_G R_G L_G = -2L_G$.

由于树的电阻矩阵等于它的距离矩阵, 因此下面的交错不等式将定理 7.35 推广到一般图.

定理 7.37[122] 设 G 是具有 n 个顶点的连通图, 则

$$0 > -\frac{2}{\mu_1(G)} \geqslant \lambda_2(R_G) \geqslant -\frac{2}{\mu_2(G)} \geqslant \cdots \geqslant -\frac{2}{\mu_{n-1}(G)} \geqslant \lambda_n(R_G).$$

证明 存在正交阵 P 使得

$$L_G = P\begin{pmatrix} \Delta & 0 \\ 0 & 0 \end{pmatrix} P^\top,$$

其中 Δ 是对角元素为 $\mu_1(G), \cdots, \mu_{n-1}(G)$ 的对角阵. 设 $R = P\begin{pmatrix} X_1 & X_2 \\ X_2^\top & X_3 \end{pmatrix} P^\top$, 其中 X_1 是一个 $n-1$ 阶方阵. 由引理 7.36 可知

$$\Delta X_1 \Delta = -2\Delta,\ X_1 = -2\Delta^{-1}.$$

由于 $X_1 = -2\Delta^{-1}$ 是 $\begin{pmatrix} X_1 & X_2 \\ X_2^\top & X_3 \end{pmatrix}$ 的主子阵, 根据实对称矩阵特征值的交错性质可知

$$0 > -\frac{2}{\mu_1(G)} \geqslant \lambda_2(R_G) \geqslant -\frac{2}{\mu_2(G)} \geqslant \cdots \geqslant -\frac{2}{\mu_{n-1}(G)} \geqslant \lambda_n(R_G). \qquad \square$$

下面是定理 7.33 的推广.

定理 7.38[133] 设 G 是具有 n 个顶点的连通图, 则 R_G 有 1 个正特征值和 $n-1$ 个负特征值.

证明 由定理 7.37 可知结论成立. $\square$

应用上述定理可得到图的基尔霍夫指标与度基尔霍夫指标的如下不等式.

定理 7.39[85] 设 G 是一个连通图, 则

$$Kf^+(G) \geqslant 2\sqrt{Kf(G)Kf^*(G)},$$

取等号当且仅当 G 正则.

证明 令 $j = (1, 1, \cdots, 1)^\top$, $\pi = (d_1, \cdots, d_n)^\top$, 其中 $d_1, \cdots, d_n$ 是 G 的度序列. 令 R_G 为 G 的电阻矩阵. 经计算我们有

$$j^\top R_G j = \sum_{i,j=1}^{n} r_{ij}(G) = 2Kf(G),$$

$$\pi^\top R_G \pi = \sum_{i,j=1}^{n} d_i d_j r_{ij}(G) = 2Kf^*(G),$$

$$j^\top R_G\pi=\sum_{i,j=1}^{n} d_j r_{ij}(G)=\sum_{\{i,j\}\subseteq V(G)}(d_i+d_j)r_{ij}(G)=Kf^+(G).$$

由定理 1.32 和定理 7.38 可得

$$(Kf^+(G))^2\geqslant 4Kf(G)Kf^*(G),$$

取等号当且仅当 G 正则. □

令 $J_{n\times n}$ 表示 n 阶全 1 矩阵. 下面定理的 (3) 和 (5) 分别是定理 7.34 和定理 7.32 的推广.

定理 7.40[3, 4] 设 G 是具有 n 个顶点的连通图, 令

$$X=(L_G+\frac{1}{n}J_{n\times n})^{-1},\quad \widetilde{X}=\mathrm{diag}((X)_{11},\cdots,(X)_{nn}),\quad \tau=(\tau_1,\cdots,\tau_n)^\top,$$

其中 $\tau_i=2-\sum_{ij\in E(G)}r_{ij}(G)$. 那么以下命题成立:

(1) $\tau=L_G\widetilde{X}e+\dfrac{2}{n}e$, 其中 e 是全 1 列向量.

(2) $R_G=\widetilde{X}J_{n\times n}+J_{n\times n}\widetilde{X}-2X$.

(3) R_G 非奇异并且

$$R_G^{-1}=-\frac{1}{2}L_G+(\tau^{\mathrm{T}}R_G\tau)^{-1}\tau\tau^\top.$$

(4) $L_G^+=L_G^\#=X-\dfrac{1}{n}J_{n\times n}$.

(5) 电阻矩阵的行列式为

$$\det(R_G)=(-1)^{n-1}2^{n-3}\frac{\tau^\top R_G\tau}{t(G)},$$

其中 $t(G)$ 是 G 的生成树个数.

电阻矩阵所有行和都相当 (即所有顶点的电阻中心性指标都相等) 的图称为电阻平衡图.

命题 7.41[102] 设 G 是具有 n 个顶点的连通图, 则

$$\lambda_1(R_G)\geqslant\frac{2Kf(G)}{n},$$

取等号当且仅当 G 是电阻平衡的.

证明 令 e 是全 1 列向量, 则

$$\lambda_1(R_G)\geqslant\frac{e^\top R_Ge}{e^\top e}=\frac{2Kf(G)}{n},$$

取等号当且仅当 $R_Ge=\lambda_1(R_G)e$, 即 G 是电阻平衡的. □

下面利用电阻矩阵给出电阻平衡图的一些等价条件.

定理 7.42[153]　设 G 是具有 n 个顶点的连通图, 则以下命题等价:

(1) G 是电阻平衡的.

(2) R_G 的谱半径为 $\lambda_1(R_G) = \dfrac{2Kf(G)}{n}$.

(3) R_G 的谱为

$$\lambda_1(R_G) = \frac{2Kf(G)}{n}, \quad \lambda_i(R_G) = -\frac{2}{\mu_{i-1}(G)}, \ i = 2, \cdots, n.$$

(4) $(L_G^{\#})_{11} = \cdots = (L_G^{\#})_{nn}$.

(5) $\left(L_G + \dfrac{1}{n}J_{n\times n}\right)^{-1}$ 的所有对角元素都相等.

(6) 对每个 $i \in V(G)$, 有

$$\sum_{ij\in E(G)} r_{ij}(G) = 2 - \frac{2}{n}.$$

证明　由命题 7.41 可知 (1)⇔(2).

(3)⇒(2) 显然, 下证 (2)⇒(3). R_G 的迹为

$$\sum_{i=1}^{n} \lambda_i(R_G) = \frac{2Kf(G)}{n} + \sum_{i=2}^{n} \lambda_i(R_G) = 0.$$

由定理 7.37 和定理 7.16 可知

$$\lambda_i(R_G) = -\frac{2}{\mu_{i-1}(G)}, \ i = 2, \cdots, n.$$

由定理 7.14 可知 (1)⇔(4), 由定理 7.40 可知 (4)⇔(5)⇔(6). □

通路正则图包括了点传递图和距离正则图, 这些图都是电阻平衡的.

定理 7.43[153]　连通的通路正则图是电阻平衡的.

证明　对于通路正则图 G, $L_G^{\#}$ 是 A_G 的多项式并且 $L_G^{\#}$ 的对角元素都相等. 由定理 7.42 可知 G 是电阻平衡的. □

图 G 的电阻矩阵的特征值称为 G 的电阻特征值, 下面我们刻画具有较少相异电阻特征值的图.

定理 7.44[153]　如果连通图 G 有两个相异电阻特征值, 则 G 是完全图.

证明　设 $\lambda_1 > \lambda_2$ 是 G 的两个相异的电阻特征值. 由于 R_G 是不可约非负矩阵, 因此 λ_1 是单特征值. 故 $R_G - \lambda_2 I$ 是秩 1 矩阵. 由于 R_G 的对角元素均为零, 因此

$$R_G - \lambda_2 I = -\lambda_2 J_{n\times n}, \ R_G = \lambda_2(I - J_{n\times n}).$$

此时 G 是电阻平衡的. 由定理 7.42 可知, L_G 仅有一个非零特征值, 此时 G 是完全图. □

定理 7.45[153] 如果电阻平衡图 G 有三个相异电阻特征值, 则 G 是强正则的.

证明 由定理 7.42 可知, L_G 有两个非零特征值. 设 $\mu_1 > \mu_2 > 0$ 是 L_G 的两个非零特征值. 由于 $(L_G - \mu_1 I)(L_G - \mu_2 I)$ 是秩 1 矩阵并且所有行和都为 $\mu_1\mu_2$, 因此

$$(L_G - \mu_1 I)(L_G - \mu_2 I) = \frac{\mu_1\mu_2}{n} J_{n\times n},$$
$$L_G^2 - (\mu_1 + \mu_2)L_G + \mu_1\mu_2 I = \frac{\mu_1\mu_2}{n} J_{n\times n}.$$

上式左右都乘上 $L_G^{\#}$ 可得

$$L_G - (\mu_1 + \mu_2)\left(I - \frac{1}{n}J_{n\times n}\right) + \mu_1\mu_2 L_G^{\#} = 0.$$

由定理 7.42 可知, G 是正则的. 由于 L_G 有两个非零特征值, 因此 G 是强正则的. □

下面应用电阻距离和电阻矩阵的性质刻画图的强正则性.

定理 7.46[153] 设 G 是直径至少为 2 的连通正则图, 则 G 是强正则的当且仅当所有邻接点对间的电阻距离相同并且所有非邻接点对间的电阻距离相同.

证明 假设 G 有 n 个顶点和 m 条边, 我们需要证明 G 是强正则的当且仅当存在 c_1, c_2 使得

$$R_G = c_1 A_G + c_2(J_{n\times n} - I - A_G). \tag{7.10}$$

如果 G 是强正则的, 则 (7.10) 成立.

如果 (7.10) 成立, 则由定理 7.11 可得 $c_1 = \dfrac{n-1}{m}$. 对任意 $i \in V(G)$, 有

$$\sum_{ij\in E(G)} r_{ij}(G) = \frac{(n-1)k}{m} = 2 - \frac{2}{n},$$

其中 k 是 G 的度. 由定理 7.42 可知, 存在 c_0 使得 $c_0 = X_{11} = \cdots = X_{nn}$, 其中 $X = \left(L_G + \dfrac{1}{n}J_{n\times n}\right)^{-1} = \left(kI + \dfrac{1}{n}J_{n\times n} - A_G\right)^{-1}$. 由定理 7.40 和 (7.10) 可得

$$R_G = 2c_0 J_{n\times n} - 2X = c_2(J_{n\times n} - I) + (c_1 - c_2)A_G,$$
$$2c_0 J_{n\times n}X^{-1} - 2I = c_2(J_{n\times n} - I)X^{-1} + (c_1 - c_2)A_G X^{-1}.$$

由于 G 正则, 由上式可知, 存在 a_1, a_2, a_3 使得

$$(c_1 - c_2)A_G^2 + a_1 A_G = a_2 I + a_3 J_{n\times n}. \tag{7.11}$$

如果 $c_1 = c_2$, 则由 (7.10) 可得 $R_G = c_1(J_{n\times n} - I)$. 此时 R_G 有两个相异特征值, 由定理 7.44 知 G 是完全图, 与 G 的直径至少为 2 矛盾. 故 $c_1 \neq c_2$. 由 (7.11) 可知, 对任意邻接点对 $i, j \in V(G)$, $(A_G^2)_{ij}$ 是常数, 对任意非邻接点对 $i, j \in V(G)$, $(A_G^2)_{ij}$ 也是常数. 因此 G 是强正则的. □

下面我们证明电阻矩阵可以完全决定图的结构, 即两个具有相同电阻矩阵的图一定同构.

定理 7.47[153] 对任意连通图 G, G 的结构可由电阻矩阵 R_G 唯一确定.

证明 由引理 7.6 可知

$$L_G^{(1)} = \begin{pmatrix} L_G(u)^{-1} & 0 \\ 0 & 0 \end{pmatrix},$$

其中 u 是 L_G 最后一行对应的顶点. 如果已知 R_G 的元素, 则由定理 7.3 可得到 $L_G(u)^{-1}$ 的所有元素, 即 L_G 可由 R_G 唯一确定. 因此 G 的结构可由 R_G 唯一确定. □

令 $R_G(u)$ 表示将电阻矩阵 R_G 中顶点 u 对应的行列删去得到的主子阵. 下面我们证明在一定条件下 $R_G(u)$ 可以完全决定图 G 的结构, 即如果 $R_G(u) = R_H(v)$ 且 $d_u > 1$, 则 G 和 H 同构.

定理 7.48[153] 设 G 是一个连通图, 如果 u 是 G 的一个度大于 1 的点, 则 G 的结构可由 $R_G(u)$ 唯一确定.

证明 不妨设 L_G 第一行对应顶点 u, 最后一行对应顶点 v. 由引理 7.6 可知

$$L_G^{(1)} = \begin{pmatrix} L_G(v)^{-1} & 0 \\ 0 & 0 \end{pmatrix}.$$

假设 $L_G(v) = \begin{pmatrix} d_u & L_2 \\ L_2^\top & L_3 \end{pmatrix}$, 其中 d_u 是顶点 u 的度. 令 $S = L_3 - d_u^{-1} L_2^\top L_2$, 由定理 1.80 可得

$$L_G^{(1)} = \begin{pmatrix} L_G(v)^{-1} & 0 \\ 0 & 0 \end{pmatrix} = \begin{pmatrix} d_u^{-1} + d_u^{-2} L_2 S^{-1} L_2^\top & -d_u^{-1} L_2 S^{-1} & 0 \\ -d_u^{-1} S^{-1} L_2^\top & S^{-1} & 0 \\ 0 & 0 & 0 \end{pmatrix}.$$

如果已知 $R_G(u)$ 的元素, 则由定理 7.3 可得到 S^{-1} 的所有元素, 即 S 可由 $R_G(u)$ 唯一确定. 由于 $d_u > 1$ 并且 $S = L_3 - d_u^{-1} L_2^\top L_2$, 因此以下陈述成立:

(1) 对于任意 $i \in V(G)\backslash\{u,v\}$, 如果 $(S)_{ii}$ 不是整数, 则 i 和 u 邻接, 如果 $(S)_{ii}$ 是整数, 则 i 和 u 不邻接. 此外 i 的度为 $d_i = \lceil (S)_{ii} \rceil$, 其中 $\lceil (S)_{ii} \rceil$ 是大于等于 $(S)_{ii}$ 的最小整数.

(2) 存在 $i \in V(G)\backslash\{u,v\}$ 使得 i 和 u 邻接并且 $d_u = (\lceil (S)_{ii} \rceil - (S)_{ii})^{-1}$.

(3) 对任意 $i,j \in V(G)\backslash\{u,v\}$, 如果 $(S)_{ij} \leqslant -1$, 则 i 和 j 邻接, 如果 $(S)_{ij} > -1$, 则 i 和 j 非邻接.

由 (1)~(3) 可知, 图 G 的结构可由 S 唯一确定. 由于 S 可由 $R_G(u)$ 唯一确定, 因此 $R_G(u)$ 可以完全确定图 G 的结构. □

注解 7.3 上述定理中的条件"u 是度大于 1 的点"是必要的, 因为存在两个非同构的连通图 G, H 使得 $G-u$ 和 $H-v$ 同构, 其中 u,v 分别是 G 和 H 的悬挂点.

如果一个匹配覆盖 G 的所有点, 则该匹配称为 G 的完美匹配. 对于 G 的两个顶点子集 V_1 和 V_2, 令 $E(V_1,V_2) = \{ij \in E(G) : i \in V_1, j \in V_2\}$. 下面我们证明在一定条件下 G 的生成树个数可由电阻矩阵的部分元素唯一确定.

定理 7.49 设连通图 G 具有点集划分 $V(G) = V_1 \cup V_2 \cup \{u\}$, 并且 $G-u$ 存在唯一的完美匹配 M 满足 $M \subseteq E(V_1,V_2)$. 令 $R_G = \begin{pmatrix} R_1 & R_3 & a_1 \\ R_3^\top & R_2 & a_2 \\ a_1^\top & a_2^\top & 0 \end{pmatrix}$, 其中 R_1 和 R_2 分别是对应 V_1 和 V_2 的主子阵. 图 G 的生成树个数 $t(G)$ 可由 a_1, a_2 和 R_3 唯一确定.

证明 不妨设 L_G 最后一行对应顶点 u. 由引理 7.6 可知

$$L_G^{(1)} = \begin{pmatrix} L_G(u)^{-1} & 0 \\ 0 & 0 \end{pmatrix}.$$

由于 $G-u$ 存在唯一的完美匹配 M 满足 $M \subseteq E(V_1,V_2)$, 因此 $L_G(u)$ 可分块表示为 $L_G(u) = \begin{pmatrix} L_1 & L_3 \\ L_3^\top & L_2 \end{pmatrix}$, 其中 L_3 是上三角矩阵, L_1 和 L_2 分别是对应 V_1 和 V_2 的主子阵. 令 $S = L_2 - L_3^\top L_1^{-1} L_3$, 由定理 1.80 可得

$$L_G^{(1)} = \begin{pmatrix} L_G(u)^{-1} & 0 \\ 0 & 0 \end{pmatrix} = \begin{pmatrix} L_1^{-1} + L_1^{-1} L_3 S^{-1} L_3^\top L_1^{-1} & -L_1^{-1} L_3 S^{-1} & 0 \\ -S^{-1} L_3^\top L_1^{-1} & S^{-1} & 0 \\ 0 & 0 & 0 \end{pmatrix}.$$

如果 a_1, a_2 已知, 那么由定理 7.3 可得到 $L_G(u)^{-1}$ 的所有对角元素. 如果 R_3 已

知, 那么由定理 7.3 可得到矩阵 $A = -L_1^{-1}L_3S^{-1}$ 的所有元素. 因此行列式

$$\det(A) = \det(-L_3)[\det(L_1)\det(S)]^{-1}$$

可由 a_1, a_2 和 R_3 唯一确定. 由于 $-L_3$ 是对角元素全为 1 的上三角阵, 因此

$$\det(A) = [\det(L_1)\det(S)]^{-1}.$$

由矩阵树定理可得

$$t(G) = \det(L_G(u)) = \det(L_1)\det(S).$$

因此 $t(G)$ 可由 a_1, a_2 和 R_3 唯一确定. □

7.5 生成树均衡图的电阻刻画

如果图 G 中包含一条边 e 的生成树个数与边 e 的选择无关, 则称图 G 是生成树均衡图. 哪些图是生成树均衡的是 Hell 和 Mendelsohn 提出的问题[67]. 显然不连通图、树和边传递图都是生成树均衡图.

令 $t(G)$ 表示图 G 的生成树个数, $t(G,e)$ 表示包含图 G 的边 e 的生成树个数. 下面用电阻距离给出生成树均衡图的判定条件.

定理 7.50[150] 设 G 是有 n 个顶点和 m 条边的连通图, 则以下命题等价.

(1) 图 G 是生成树均衡图.

(2) 对任意 $ij, uv \in E(G)$, 均有 $t(G - ij) = t(G - uv)$.

(3) 对任意 $ij, uv \in E(G)$, 均有 $\det(L_G(i,j)) = \det(L_G(u,v))$.

(4) 对任意 $ij, uv \in E(G)$, 均有 $r_{ij} = r_{uv}$.

(5) 每条边 $ij \in E(G)$ 均满足 $r_{ij} = \dfrac{n-1}{m}$.

(6) 图 G 的所有块 $B_1, \cdots, B_s$ $(s \geqslant 1)$ 都是生成树均衡的, 并且

$$\frac{|V(B_i)| - 1}{|E(B_i)|} = \frac{n-1}{m} \quad (i = 1, \cdots, s).$$

证明 对于每条边 $ij \in E(G)$ 均有 $t(G) = t(G - ij) + t(G, ij)$, 因此 (1)⇔(2).

对每条边 $ij \in E(G)$, 由定理 3.12 可知行列式 $\det(L_G(i,j))$ 等于分离 i, j 两点的生成 2 森林的个数, 它等于包含边 ij 的生成树个数. 因此 (1) 和 (3) 等价.

由定理 7.7 可知 (3) 和 (4) 等价.

由定理 7.11 可知 (4) 和 (5) 等价.

对任意 $uv \in E(B_i)$, 均有 $r_{uv}(B_i) = r_{uv}(G)$. 故 (5) 和 (6) 等价. □

对于两个不交的图 G 和 H, 它们的粘结 $G\cdot H$ 是将 G 的一个顶点与 H 的一个顶点合并为一个点得到的图. 由定理 7.50 的 (6) 可得到如下推论.

推论 7.51 设 G 和 H 是两个连通的生成树均衡图并且 $\dfrac{|V(G)|-1}{|E(G)|}=\dfrac{|V(H)|-1}{|E(H)|}$, 则 $G\cdot H$ 是生成树均衡图.

设连通图 G 的直径为 D, 邻接矩阵为 A. 给定一个整数 $m\leqslant D$. 对于距离不超过 m 的任意点对 u,v, 如果 $(A^\ell)_{uv}$ 仅与 u,v 之间的距离有关, 则称 G 是 m 通路正则图[43]. 图 G 是 D 通路正则的当且仅当它是距离正则的.

Godsil 证明了 1 通路正则图是生成树均衡图 (见 [67] 中的定理 5). 下面我们通过图的电阻距离证明这个结论.

定理 7.52[67, 150] 1 通路正则图是生成树均衡图.

证明 设 G 是 n 个顶点度为 d 的 1 通路正则图. 对任意 $i,j\in V(G)$, 由定理 7.3 可得

$$r_{ij}(G)=((dI-A)^{\#})_{ii}+((dI-A)^{\#})_{jj}-2((dI-A)^{\#})_{ij},$$

其中 A 是 G 的邻接矩阵. 由于 $(dI-A)^{\#}$ 是 A 的多项式且 G 是 1 通路正则图, 因此 $(dI-A)^{\#}$ 的对角元素都相等, 并且对每条边 $ij\in E(G)$, 元素 $((dI-A)^{\#})_{ij}$ 是一个常数. 故对每条边 $ij\in E(G)$, 电阻距离 $r_{ij}(G)$ 是一个常数. 由定理 7.50 可知 G 是生成树均衡图. □

通过图的克罗内克积可以由小的生成树均衡图构造大的生成树均衡图.

定理 7.53[67] 设 G_1 和 G_2 是两个 1 通路正则图, 则 $G_1\otimes G_2$ 是生成树均衡图.

证明 设 A_1 和 A_2 分别是 G_1 和 G_2 的邻接矩阵, 则 $A_1\otimes A_2$ 是 $G_1\otimes G_2$ 的邻接矩阵并且 $(A_1\otimes A_2)^l=A_1^l\otimes A_2^l$. 对于两个顶点 $(u_1,u_2),(v_1,v_2)\in V(G_1\otimes G_2)$, 我们有

$$((A_1\otimes A_2)^l)_{(u_1,u_2),(v_1,v_2)}=(A_1^l)_{u_1,v_1}(A_2^l)_{u_2,v_2}.$$

因此 $G_1\otimes G_2$ 也是 1 通路正则图. 由定理 7.52 可知 $G_1\otimes G_2$ 是生成树均衡图. □

下面给出正则图的线图是生成树均衡图的充分必要条件.

定理 7.54[150] 设 G 是一个连通的正则图, 则线图 $\mathcal{L}(G)$ 是生成树均衡图当且仅当对任意两个邻接的边 $ij,jk\in E(G)$, 电阻距离 $r_{ik}(G)$ 是一个常数.

证明 对任意两个邻接的边 $e=ij,f=jk\in E(G)$, 由定理 7.22 可得

$$r_{ef}(\mathcal{L}(G))=d^{-1}+(2d)^{-1}r_{ik}(G),$$

其中 d 是正则图 G 的度. 由定理 7.50 可知, 线图 $\mathcal{L}(G)$ 是生成树均衡图当且仅当 $r_{ik}(G)$ 是一个常数. □

如果正则图 G 的线图是生成树均衡图, 则图 G 满足如下条件.

定理 7.55[150] 设 G 是一个连通的正则图. 如果线图 $\mathcal{L}(G)$ 是生成树均衡的, 则 G 是完全图或是不含三角形的生成树均衡图.

证明 对任意两个邻接的顶点 i 和 j, 由推论 7.13 可得

$$r_{ij}(G) = d^{-1}\left(1 + \sum_{k\in N(i)} r_{kj}(G) - d^{-1}\sum_{\{k,l\}\subseteq N(i)} r_{kl}(G)\right), \tag{7.12}$$

其中 d 是正则图 G 的顶点度, $N(i)$ 表示点 i 的邻点的集合.

如果线图 $\mathcal{L}(G)$ 是生成树均衡的, 则定理 7.54 和等式 (7.12) 可知, 对每条边 $ij \in E(G)$, 电阻距离 $r_{ij}(G)$ 是常数. 由定理 7.50 可知 G 是生成树均衡的.

假设图 G 有三个顶点构成一个三角形. 由于 G 和 $\mathcal{L}(G)$ 是生成树均衡的, 根据定理 7.54 和定理 7.50 可知, 因此存在一个常数 c 使得对任意 $j,k,l \in N(i)$ 均有

$$c = r_{ij}(G) = r_{kl}(G).$$

由等式 (7.12) 可得

$$dc = 1 + (d-1)c - \frac{d-1}{2}c,$$
$$c = \frac{2}{d+1} = r_{ij}(G) = \frac{n-1}{m},$$

其中 $n = |V(G)|$, $m = |E(G)|$. 由 $2m = nd$ 可得 $n = d+1$. 因此如果 G 有三角形, 则 G 是完全图. □

下面我们给出一类生成树均衡的正则线图.

推论 7.56[150] 设 G 是不含三角形的 2 通路正则图, 则线图 $\mathcal{L}(G)$ 是生成树均衡的.

证明 设 $n = |V(G)|$ 并且 G 的度为 d. 对任意 $i,j \in V(G)$, 由定理 7.3 可得

$$r_{ij}(G) = ((dI-A)^{\#})_{ii} + ((dI-A)^{\#})_{jj} - 2((dI-A)^{\#})_{ij},$$

其中 A 是 G 的邻接矩阵. 由于 $(dI-A)^{\#}$ 是 A 的多项式且 A^k 的所有对角元素都相等, 因此 $(dI-A)^{\#}$ 的所有对角元素都相等. 由于 G 是不含三角形的 2 通路正则图, 因此对任意两个邻接的边 $ij, jk \in E(G)$, 元素 $(A^k)_{ik}$ 是常数, 即 $((dI-A)^{\#})_{ik}$ 是常数. 因此对任意两个邻接的边 $ij, jk \in E(G)$, 电阻距离

$$r_{ik}(G) = ((dI-A)^{\#})_{ii} + ((dI-A)^{\#})_{kk} - 2((dI-A)^{\#})_{ik}$$

是常数. 由定理 7.54 可知线图 $\mathcal{L}(G)$ 是生成树均衡的. □

注解 7.4 文献 [35, 43] 给出了一些不含三角形的 2 通路正则图类. 由推论 7.56 可知, 它们的线图是生成树均衡的.

设 G 是有 n 个顶点、m 条边和 c 个连通分支的可平面图. 可平面图 G 的对偶图 G^* 也是一个可平面图, G^* 的顶点、边和面分别对应 G 的面、边和顶点. 由欧拉公式可知, G 有 $m-n+c+1$ 个面, 即 G^* 有 $m-n+c+1$ 个顶点. 对于 G 的边 $e\in E(G)$, 令 e^* 表示对偶图 G^* 中对应的边. 下面是 G^* 生成树均衡的充分必要条件.

定理 7.57[150] 设 G 是一个可平面图, 则 G^* 是生成树均衡的当且仅当 G 的所有连通分支 $G_1,\cdots,G_s$ $(s\geqslant 1)$ 是生成树均衡的并且

$$\frac{|V(G_1)|-1}{|E(G_1)|}=\cdots=\frac{|V(G_s)|-1}{|E(G_s)|}.$$

证明 首先考虑 G 连通的情况. 令 $n=|V(G)|$, 则 $n-1$ 条边的集合 $\{e_1,\cdots,e_{n-1}\}$ 形成 G 的生成树当且仅当边集 $E(G^*)\setminus\{e_1^*,\cdots,e_{n-1}^*\}$ 形成 G^* 的生成树. 故对每条边 $e\in E(G)$ 均有 $t(G,e)=t(G^*-e^*)$. 由定理 7.50 可知, G^* 是生成树均衡的当且仅当 G 是生成树均衡的.

当 G 不连通时, 假设 G 有 $s>1$ 个连通分支 $G_1,\cdots,G_s$. 令 u 是 G^* 中对应的 G 的无界外部面的顶点, 则 u 是 G^* 的割点并且 $G^*-u=(G_1^*-u)\cup\cdots\cup(G_s^*-u)$. 故 $G_1^*,\cdots,G_s^*$ 是 G^* 的所有块. 由定理 7.50 可知, G^* 是生成树均衡的当且仅当 $G_1^*,\cdots,G_s^*$ 是生成树均衡的并且 $\dfrac{|V(G_1^*)|-1}{|E(G_1^*)|}=\cdots=\dfrac{|V(G_s^*)|-1}{|E(G_s^*)|}$, 即 $G_1,\cdots,G_s$ 是生成树均衡的并且 $\dfrac{|V(G_1)|-1}{|E(G_1)|}=\cdots=\dfrac{|V(G_s)|-1}{|E(G_s)|}$. □

下面是生成树均衡图的边连通度的下界.

定理 7.58[67] 设 G 是有 n 个顶点和 m 条边的连通图. 如果 G 是生成树均衡的, 则 G 的边连通度大于等于 $\dfrac{m}{n-1}$.

证明 存在顶点子集 $S\subseteq V(G)$ 使得 $E(S,\overline{S})=\{uv\in E(G):u\in S,v\in V(G)\backslash S\}$ 是图 G 的最小边割集. 由于每个生成树至少包含 $E(S,\overline{S})$ 中的一条边, 因此

$$\sum_{e\in E(S,\overline{S})}t(G,e)\geqslant t(G).$$

由定理 3.12 和定理 7.50 可知

$$\frac{t(G,e)}{t(G)}=\frac{n-1}{m}.$$

因此 $|E(S,\overline{S})| \geqslant \dfrac{m}{n-1}$. □

下面是可平面的生成树均衡图的围长的下界.

定理 7.59[150] 设 G 是有 n 个顶点和 m 条边的连通可平面图. 如果 G 是生成树均衡的并且 $m \geqslant n$, 则 G 的围长大于等于 $\dfrac{m}{m-n+1}$.

证明 如果 G 是生成树均衡的, 则由定理 7.57 可知, 它的对偶图 G^* 也是生成树均衡的. 由于 G 是可平面图, 因此它的一个边子集 $E \subseteq E(G)$ 构成 G 的最短圈当且仅当 $E^* = \{e^*|e \in E\}$ 是 G^* 的最小割, 其中 e^* 表示边 e 在 G^* 中相应的边. 因此 G 的围长等于 G^* 的边连通度. 对偶图 G^* 有 $m-n+2$ 个顶点和 m 条边. 由定理 7.58 可知 G 的围长大于等于 $\dfrac{m}{m-n+1}$. □

第 8 章　图的状态转移

量子自旋网络的状态转移是量子计算领域新兴的研究课题, 与图矩阵有密切联系. 本章介绍了图的状态转移的基本理论和作者的研究成果.

8.1　图的完美状态转移

设 A 是图 G 的邻接矩阵, 令 $H(t)$ 表示如下状态转移矩阵

$$H(t)=\exp(\mathrm{i}tA)=\sum_{n=0}^{\infty}\frac{\mathrm{i}^n t^n A^n}{n!},$$

其中 $\mathrm{i}=\sqrt{-1}$. 由于 A 是对称的, 因此 $H(t)$ 也是对称的. 注意到 $H(t)$ 的共轭转置是 $\exp(-\mathrm{i}tA)=H(t)^{-1}$, 因此 $H(t)$ 是一个酉矩阵. 如果存在某个时刻 τ 使得

$$|(H(\tau))_{uv}|=1,$$

则称 G 的顶点 u 和 v 之间 (在时刻 τ) 有完美状态转移 (perfect state transfer), 简称 u 和 v 之间有 PST.

量子自旋网络是量子信息系统的重要模型. 我们可以用连通图来表示量子自旋网络, 图的顶点代表量子自旋网络中的量子位. 如果图的两个顶点之间有 PST, 则相应的量子位之间的信息传输没有信息损失. 哪些图具有 PST 自然成为人们关心的重要问题, 这个问题的研究最初源于量子物理的文献 [25] 和 [31]. 图上的 PST 问题可参考 Godsil 的综述[69].

例 8.1　两个顶点的道路 P_2 的邻接矩阵为 $A=\begin{pmatrix}0&1\\1&0\end{pmatrix}$, 它的状态转移矩阵为

$$H(t)=\sum_{n=0}^{\infty}\frac{\mathrm{i}^n t^n A^n}{n!}=\begin{pmatrix}\cos(t)&\mathrm{i}\sin(t)\\\mathrm{i}\sin(t)&\cos(t)\end{pmatrix}.$$

故 $H(\pi/2)=\begin{pmatrix}0&\mathrm{i}\\\mathrm{i}&0\end{pmatrix}$. 道路 P_2 的两个顶点在时刻 $\pi/2$ 有 PST.

图 G 的邻接矩阵 A 有如下谱分解

$$A=\theta_1 P_1+\cdots+\theta_m P_m,$$

其中 $\theta_1,\cdots,\theta_m$ 是 A 的所有相异特征值, P_i 表示 θ_i 的特征子空间上的正交投影矩阵. 因此

$$\sum_{i=1}^{m} P_i=I,\quad P_i^2=P_i=P_i^{\top},\quad P_iP_j=0\ (i\neq j).$$

那么状态转移矩阵 $H(t)$ 可表示为

$$H(t)=\sum_{i=1}^{m}\exp(\mathrm{i}\theta_i t)P_i.$$

令 e_u 表示第 u 个分量为 1, 其余分量为零的单位列向量. 基于上述谱分解可以得到 PST 的如下存在性条件.

命题 8.1[69] 图 G 的顶点 u,v 之间在时刻 τ 有 PST 当且仅当存在模为 1 的常数 γ 使得

$$P_ie_u=\gamma\exp(-\mathrm{i}\theta_i\tau)P_ie_v,\quad i=1,\cdots,m.$$

证明 由于 $H(t)$ 是酉矩阵, 因此 u,v 之间在时刻 τ 有 PST 当且仅当 $H(\tau)$ 的第 v 列除 (u,v) 位置外所有其他元素都为零. 故充分性显然成立, 下面证明必要性. 如果 u,v 之间在时刻 τ 有 PST, 则存在模为 1 的常数 γ 使得

$$\gamma e_v=H(\tau)e_u.$$

因此对任意 P_i 均有

$$\gamma P_ie_v=P_iH(\tau)e_u=\exp(\mathrm{i}\theta_i\tau)P_ie_u,$$
$$P_ie_u=\gamma\exp(-\mathrm{i}\theta_i\tau)P_ie_v.$$

□

由命题 8.1 可得到如下结论.

命题 8.2[69] 如果图 G 的顶点 u 和 v 之间有 PST, 则

$$P_ie_u=\pm P_ie_v,\quad i=1,\cdots,m.$$

由上述命题可得到如下推论.

推论 8.3 设 y 是图 G 的某个特征值对应的特征向量. 如果图 G 的顶点 u 和 v 之间有 PST, 则 $y^{\top}e_u=\pm y^{\top}e_v$.

令 $w_k(i)$ 表示以 i 为起点的长度为 k 的闭通路个数.

定理 8.4[69] 如果图 G 的顶点 u 和 v 之间有 PST, 则 $G-u$ 和 $G-v$ 是同谱的并且

$$w_k(u)=w_k(v)\ (k=1,2,\cdots).$$

证明 设图 G 的邻接矩阵 A 有如下谱分解

$$A=\theta_1P_1+\cdots+\theta_mP_m,$$

其中 $\theta_1,\cdots,\theta_m$ 是 A 的所有相异特征值, P_i 表示 θ_i 的特征子空间上的正交投影矩阵. 对任意顶点 $w\in V(G)$, 我们有

$$\frac{\phi_{G-w}(x)}{\phi_G(x)}=((xI-A)^{-1})_{ww}=\sum_{i=1}^m(x-\theta_i)^{-1}(P_i)_{ww}.$$

由于 $(P_i)_{ww}=\|P_ie_w\|_2^2$, 根据命题 8.2 可得 $(P_i)_{uu}=(P_i)_{vv}$ 并且 $\phi_{G-u}(x)=\phi_{G-v}(x)$, 即 $G-u$ 和 $G-v$ 是同谱的. 由 A 的谱分解可得

$$A^k=\theta_1^kP_1+\cdots+\theta_m^kP_m.$$

因此

$$w_k(u)=(A^k)_{uu}=(A^k)_{vv}=w_k(v).$$ □

设 $V(G)=V_1\cup V_2\cup\cdots\cup V_k$ 是图 G 的一个点集划分. 如果对所有 $i,j\in\{1,2,\cdots,k\}$, 存在常数 b_{ij} 使得 V_i 的每个点在 V_j 中有 b_{ij} 个邻点, 则这个划分称为图 G 的均等划分. 矩阵 $B=(b_{ij})_{k\times k}$ 称为该均等划分的因子矩阵.

定理 8.5 设 $V(G)=V_1\cup V_2\cup\cdots\cup V_k$ 是图 G 的一个均等划分, 其中 $V_1=\{v\}$ 是一个单点集. 设 B 是该均等划分的因子矩阵. 对任意 $u\in V(G)$, 我们有

$$(H(t))_{uv}=(\exp(\mathrm{i}tB))_{V_iV_1},$$

其中 V_i 是包含点 u 的顶点子集.

证明 设 A 是图 G 的邻接矩阵, 则 $AC=CB$, 其中 $C\in\mathbb{R}^{|V(G)|\times k}$ 的列向量是 $V_1,\cdots,V_k$ 的指示向量. 因此

$$H(t)C=\left(\sum_{n=0}^{\infty}\frac{\mathrm{i}^nt^nA^n}{n!}\right)C=C\sum_{n=0}^{\infty}\frac{\mathrm{i}^nt^nB^n}{n!}=C\exp(\mathrm{i}tB).$$

由 $V_1=\{v\}$ 可得

$$(H(t))_{uv}=(H(t)C)_{uV_1}=(\exp(\mathrm{i}tB))_{V_iV_1},$$

其中 V_i 是包含点 u 的顶点子集. □

由上述定理可得到如下推论.

推论 8.6　设 $V(G)=V_1\cup V_2\cup\cdots\cup V_k$ 是图 G 的一个均等划分, 其中 $V_1=\{v\}$ 是一个单点集. 图 G 的顶点 u 和 v 之间有 PST 当且仅当存在时刻 τ 使得

$$|(\exp(\mathrm{i}\tau B))_{V_iV_1}|=1,$$

其中 V_i 是包含点 u 的顶点子集.

设 A 是图 G 的邻接矩阵. 如果 $\theta_1,\theta_2,\cdots,\theta_m$ 是 G 的所有相异特征值, 则 A 的最小多项式为

$$m(x)=(x-\theta_1)(x-\theta_2)\cdots(x-\theta_m).$$

令 $f(x)=\exp(\mathrm{i}tx)$, 则 $f(A)=\exp(\mathrm{i}tA)=H(t)$. 存在多项式 $g(x)=\xi_0+\xi_1x+\cdots+\xi_{m-1}x^{m-1}$ 使得 $g(A)=f(A)=H(t)$, 并且 $g(A)=H(t)$ 当且仅当

$$g(\theta_k)=f(\theta_k)\ (k=1,2,\cdots,m).$$

令

$$B=\begin{pmatrix}1&\theta_1&\cdots&\theta_1^{m-1}\\1&\theta_2&\cdots&\theta_2^{m-1}\\\vdots&\vdots&&\vdots\\1&\theta_m&\cdots&\theta_m^{m-1}\end{pmatrix},\quad \xi=\begin{pmatrix}\xi_0\\\xi_1\\\vdots\\\xi_{m-1}\end{pmatrix},\quad \eta(t)=\begin{pmatrix}\exp(\mathrm{i}\theta_1t)\\\exp(\mathrm{i}\theta_2t)\\\vdots\\\exp(\mathrm{i}\theta_mt)\end{pmatrix}.\qquad(8.1)$$

那么 $g(A)=H(t)$ 当且仅当

$$B\xi=\eta(t).$$

由以上论述可得图 G 的状态转移矩阵的如下表达式.

定理 8.7[149]　设 $\theta_1,\theta_2,\cdots,\theta_m$ 是图 G 的所有相异特征值, 令 B 和 $\eta(t)$ 分别是 (8.1) 中定义的矩阵和向量, 则

$$H(t)=\xi_0I+\xi_1A+\cdots+\xi_{m-1}A^{m-1},$$

其中

$$(\xi_0,\xi_1,\cdots,\xi_{m-1})^\top=B^{-1}\eta(t).$$

设 G 是直径为 D 的连通图, 则由定理 2.39 可知, G 至少有 $D+1$ 个相异特征值. 下面给出相异特征值个数取极值时 PST 的一个性质.

定理 8.8[149]　设 G 是直径为 D 的连通图, 且 G 有 $D+1$ 个相异特征值. 如果 G 的两个距离为 D 的顶点 u,v 之间有 PST, 则 u,v 之外的任意顶点到 u,v 的距离都小于 D.

证明 如果 G 的两个距离为 D 的顶点 u,v 之间有 PST, 则存在时刻 τ 使得 $|(H(\tau))_{u,v}|=1$. 由于 $H(t)$ 是酉矩阵, 因此 $H(\tau)_{u,v}$ 是第 u 行和第 v 列的唯一的非零元素. 令 A 为图 G 的邻接矩阵. 如果点 v_0 到点 u 的距离为 D, 则 $(A^D)_{uv_0}>0$ 并且

$$(A^k)_{uv_0}=0\ (k=1,\cdots,D-1).$$

由定理 8.7 可知, 如果 u,v 之间有 PST, 则 u,v 之外的任意顶点到 u,v 的距离都小于 D. □

由定理 8.7 可得到如下结果.

定理 8.9 设 G 是直径为 D 的连通图, 且 $\theta_1,\theta_2,\cdots,\theta_{D+1}$ 是 G 的所有相异特征值. 图 G 的两个距离为 D 的顶点 u,v 之间有 PST 当且仅当存在时刻 τ 使得

$$w_D(u,v)\left|\sum_{j=1}^{D+1}(-1)^j\exp(\mathrm{i}\theta_j\tau)\prod_{s<r,\ s,r\neq j}(\theta_r-\theta_s)\right|=\prod_{1\leqslant s<r\leqslant D+1}|\theta_r-\theta_s|,$$

其中 $w_D(u,v)$ 是从点 u 到点 v 长度为 D 的通路个数.

直径为 D 的距离正则图有 $D+1$ 个相异特征值. 下面的定理说明在距离正则图中, PST 仅可能在距离最大的两个顶点之间出现 (故这些点对自然也满足定理 8.8 的条件).

定理 8.10[68] 设 G 是直径为 D 的距离正则图. 如果图 G 在时刻 τ 有 PST, 则存在常数 γ 使得

$$\gamma H(\tau)=\mathrm{diag}(E,\cdots,E),$$

其中 $E=\begin{pmatrix}0&1\\1&0\end{pmatrix}$.

通过图的笛卡儿积可以构造具有 PST 的复合图. 设 A_1,A_2 分别是图 G_1,G_2 的邻接矩阵, 则笛卡儿积 $G_1\times G_2$ 的邻接矩阵为

$$A_{G_1\times G_2}=A_1\otimes I+I\otimes A_2.$$

由于 $A_1\otimes I$ 和 $I\otimes A_2$ 可交换, 因此 $G_1\times G_2$ 的状态转移矩阵为

$$H(t)=\exp(\mathrm{i}t(A_1\otimes I))\exp(\mathrm{i}t(I\otimes A_2))=\exp(\mathrm{i}tA_1)\otimes\exp(\mathrm{i}tA_2).$$

故我们有以下结论.

定理 8.11[69] 如果图 G 的两个的顶点 u,v 在时刻 τ 有 PST, 则笛卡儿积图 $G\times G$ 的两个顶点 $(u,u),(v,v)$ 在时刻 τ 有 PST.

已知道路 P_2 有 PST. n 个 P_2 的笛卡儿积是 n 维的超立方体, 并且它是一个距离正则图. 由定理 8.11 和定理 8.10 可知 n 维超立方体存在 PST, 并且仅在距离为 n 的顶点间存在 PST.

8.2　图的星集与状态转移

图的星集可以用于刻画 PST 的非存在性.

定理 8.12[147]　设 X 是图 G 的特征值 μ 的星集, 则 X 中任意两点都不存在 PST.

证明　对于任意 $u, v \in X$, 由定理 4.2 可知, μ 有一个特征向量 y 满足 $y^\top e_u \neq \pm y^\top e_v$. 由推论 8.3 可知 u 和 v 之间不存在 PST. □

连通图 G 的特征值一定有一个星集 X 使得星补 $G - X$ 连通. 如果 G 是树, 则这样的星集由悬挂点构成. 下面用星集给出树的一些顶点间 PST 的非存在性.

定理 8.13　设 X 是树 T 的特征值 μ $(\mu \neq 0, \pm 1)$ 的星集, 并且星补 $T - X$ 连通. 设 Y 是与 X 中的顶点邻接的顶点集合, 则 $X \cup Y$ 中任意两点之间都不存在 PST.

证明　已知 X 和 Y 都是特征值 μ 的星集[115]. 由定理 8.12 可知, X 或 Y 内部的顶点之间不存在 PST. 由 $T - X$ 连通可知 X 中每个点的度都是 1. 由 $\mu \neq 0, \pm 1$ 可知 T 的顶点数至少是 3, 故 Y 中每个点的度至少是 2. 对于任意 $u \in X, v \in Y$, $T - u$ 和 $T - v$ 不是同谱图. 由定理 8.4 可知, $X \cup Y$ 中任意两点之间都不存在 PST. □

下面用图的星集给出状态转移矩阵 $H(t)$ 的表达式.

定理 8.14　图 G 的邻接矩阵划分为 $M = \begin{pmatrix} A & B^\top \\ B & C \end{pmatrix}$, 其中 C 是 G 的特征值 μ 的一个星补的邻接矩阵, 则

$$H(t) = \exp(\mathrm{i}\mu t) \begin{pmatrix} I - B^\top W(\mu I - C)^{-1} B & B^\top W \\ (\mu I - C) W (\mu I - C)^{-1} B & I - (\mu I - C) W \end{pmatrix},$$

其中

$$\begin{aligned} W &= R^{-1}(I - \exp(-\mathrm{i}tR)), \\ R &= \mu I - C + (\mu I - C)^{-1} B B^\top. \end{aligned}$$

证明　注意到

$$\exp(-\mathrm{i}t(\mu I - M)) = \exp(-\mathrm{i}t\mu I) \exp(\mathrm{i}tM) = \exp(-\mathrm{i}\mu t) \exp(\mathrm{i}tM),$$

所以

$$H(t) = \exp(\mathrm{i}tM) = \exp(\mathrm{i}\mu t)\exp(-\mathrm{i}t(\mu I - M)).$$

由于 C 是 μ 的一个星补的邻接矩阵, 根据定理 4.2 可得

$$\mu I - A = B^\top(\mu I - C)^{-1}B.$$

因此

$$\begin{aligned}\mu I - M &= \begin{pmatrix} \mu I - A & -B^\top \\ -B & \mu I - C \end{pmatrix} \\ &= \begin{pmatrix} I & 0 \\ (\mu I - C)^{-1}B & I \end{pmatrix}\begin{pmatrix} 0 & -B^\top \\ 0 & R \end{pmatrix}\begin{pmatrix} I & 0 \\ -(\mu I - C)^{-1}B & I \end{pmatrix},\end{aligned}$$

其中

$$R = \mu I - C + (\mu I - C)^{-1}BB^\top = (\mu I - C)^{-1}[(\mu I - C)^2 + BB^\top].$$

由于 $(\mu I - C)^2$ 是正定的, 因此 R 非奇异. 故我们有

$$\mu I - M = \begin{pmatrix} I & 0 \\ (\mu I - C)^{-1}B & I \end{pmatrix}\begin{pmatrix} 0 & -B^\top \\ 0 & R \end{pmatrix}\begin{pmatrix} I & 0 \\ -(\mu I - C)^{-1}B & I \end{pmatrix},$$

$$\mu I - M = P\begin{pmatrix} 0 & 0 \\ 0 & R \end{pmatrix}P^{-1},$$

其中

$$\begin{aligned}P &= \begin{pmatrix} I & 0 \\ (\mu I - C)^{-1}B & I \end{pmatrix}\begin{pmatrix} I & -B^\top R^{-1} \\ 0 & I \end{pmatrix}, \\ P^{-1} &= \begin{pmatrix} I & B^\top R^{-1} \\ 0 & I \end{pmatrix}\begin{pmatrix} I & 0 \\ -(\mu I - C)^{-1}B & I \end{pmatrix}.\end{aligned}$$

因此

$$\begin{aligned}\exp(-\mathrm{i}t(\mu I - M)) &= \sum_{n=0}^{\infty}\frac{(-\mathrm{i}t)^n(\mu I - M)^n}{n!} = \sum_{n=0}^{\infty}\frac{(-\mathrm{i}t)^n P\begin{pmatrix} 0 & 0 \\ 0 & R \end{pmatrix}^n P^{-1}}{n!} \\ &= P\begin{pmatrix} I & 0 \\ 0 & \exp(-\mathrm{i}tR) \end{pmatrix}P^{-1}.\end{aligned}$$

通过直接计算可得

$$
\begin{aligned}
&\exp(-\mathrm{i}t(\mu I - M))\\
=&\begin{pmatrix} I & 0\\ (\mu I - C)^{-1}B & I\end{pmatrix}\begin{pmatrix} I & B^\top W\\ 0 & \exp(-\mathrm{i}tR)\end{pmatrix}\begin{pmatrix} I & 0\\ -(\mu I - C)^{-1}B & I\end{pmatrix}\\
=&\begin{pmatrix} I & B^\top W\\ (\mu I - C)^{-1}B & (\mu I - C)^{-1}BB^\top W + \exp(-\mathrm{i}tR)\end{pmatrix}\begin{pmatrix} I & 0\\ -(\mu I - C)^{-1}B & I\end{pmatrix},
\end{aligned}
$$

其中

$$
\begin{aligned}
W &= R^{-1}(I - \exp(-\mathrm{i}tR)),\\
R &= \mu I - C + (\mu I - C)^{-1}BB^\top.
\end{aligned}
$$

注意到

$$
\begin{aligned}
(\mu I - C)^{-1}BB^\top W + \exp(-\mathrm{i}tR) &= [R - (\mu I - C)]W + \exp(-\mathrm{i}tR)\\
&= I - (\mu I - C)W.
\end{aligned}
$$

因此

$$
\begin{aligned}
\exp(-\mathrm{i}t(\mu I - M)) &= \begin{pmatrix} I & B^\top W\\ (\mu I - C)^{-1}B & I - (\mu I - C)W\end{pmatrix}\begin{pmatrix} I & 0\\ -(\mu I - C)^{-1}B & I\end{pmatrix}\\
&= \begin{pmatrix} I - B^\top W(\mu I - C)^{-1}B & B^\top W\\ (\mu I - C)W(\mu I - C)^{-1}B & I - (\mu I - C)W\end{pmatrix}.
\end{aligned}
$$

由 $H(t) = \exp(\mathrm{i}tM) = \exp(\mathrm{i}\mu t)\exp(-\mathrm{i}t(\mu I - M))$ 可得到 $H(t)$ 的表达式. □

对于图 G 的星集 X, 令 $\overline{X}$ 表示星补 $G - X$ 的顶点集. 定理告诉我们星集 X 里的顶点之间不存在 PST, 因此只可能在星补的两个点有 PST 或者从 X 的一个点到 $\overline{X}$ 的一个点有 PST. 对于从 X 的一个点到 $\overline{X}$ 的一个点有 PST 的情况, 有如下性质.

定理 8.15　设 X 是图 G 的特征值 μ 的星集, 并且 G 的邻接矩阵分块表示为 $\begin{pmatrix} A & B^\top\\ B & C\end{pmatrix}$, 其中 A 是 X 对应诱导子图的邻接矩阵. 对于 $u \in X, v \in \overline{X}$, 如果 G 的顶点 u 和 v 之间在时刻 τ 有 PST, 则以下命题成立:

(1) $|(B^\top W)_{u,v}| = 1$, 其中 $W = R^{-1}(I - \exp(-\mathrm{i}\tau R))$, $R = \mu I - C + (\mu I - C)^{-1}BB^\top$.

(2) $e_v^\top(\mu I - C)^{-1}B = \pm e_u^\top$.

证明 由定理 8.14 可知 (1) 成立. 由定理 4.2 可知, 特征值 μ 的特征子空间为

$$\mathcal{E}(\mu) = \left\{ \begin{pmatrix} y \\ (\mu I - C)^{-1}By \end{pmatrix} : y \in \mathbb{R}^{|X|} \right\}.$$

由推论 8.3 可得

$$e_v^\top(\mu I - C)^{-1}B = \pm e_u^\top.$$

因此 (2) 成立. □

对于图的星补的两个点有 PST 的情况, 有如下性质.

定理 8.16 设 X 是图 G 的特征值 μ 的星集, 并且 G 的邻接矩阵分块表示为 $\begin{pmatrix} A & B^\top \\ B & C \end{pmatrix}$, 其中 A 是 X 对应诱导子图的邻接矩阵. 对于 $u, v \in \overline{X}$, 如果 G 的顶点 u 和 v 之间在时刻 τ 有 PST, 则以下命题成立:

(1) $|((\mu I - C)W)_{u,v}| = 1$, 其中 $W = R^{-1}(I - \exp(-\mathrm{i}\tau R))$, $R = \mu I - C + (\mu I - C)^{-1}BB^\top$.

(2) $e_u^\top(\mu I - C)^{-1}B = \pm e_v^\top(\mu I - C)^{-1}B$.

证明 由定理 8.14 可知 (1) 成立. 由定理 4.2 可知, 特征值 μ 的特征子空间为

$$\mathcal{E}(\mu) = \left\{ \begin{pmatrix} y \\ (\mu I - C)^{-1}By \end{pmatrix} : y \in \mathbb{R}^{|X|} \right\}.$$

由推论 8.3 可得

$$e_u^\top(\mu I - C)^{-1}B = \pm e_v^\top(\mu I - C)^{-1}B.$$

因此 (2) 成立. □

第 9 章　图矩阵与网络中心性

网络中心性是复杂网络的重要研究课题, 在大数据分析、社团划分和网络安全等方面有广泛应用. 本章介绍了图的特征向量中心性、图的子图中心性和图的电阻中心性的基本概念和性质, 内容涵盖了图矩阵在网络中心性度量中的应用以及作者近期的一些研究成果.

9.1　特征向量中心性

网络中心性研究的核心问题是“网络中哪些节点是最重要的或者如何对节点的重要程度排序?”. 为了解决这个问题, 产生了许多不同类型的中心性指标, 包括度中心性、特征向量中心性、closeness 中心性、betweenness 中心性和电阻中心性等等. 这些中心性度量是衡量网络节点重要性的数值指标, 在许多实际问题中都有广泛应用, 例如在社会网络中评估个人的影响力、在计算机网络中寻找关键节点以及 Google 搜索的网页排名等等. 网络的中心性指标是定义在顶点集上的实值函数, 通常可以按照顶点的函数值大小对顶点的重要程度进行排序.

历史上较早出现也是形式最简单的中心性指标是度中心性, 即把顶点度作为一个点的中心性度量. 度中心性指标通常用于描述在静态网络中节点所产生的直接影响力. 显然, 对于网络中度相等的顶点, 度中心性指标无法区分它们的重要程度, 这是度中心性指标的一个明显的缺陷.

closeness 中心性和 betweenness 中心性都是基于最短路距离定义的网络中心性指标. 顶点 i 到网络中所有其他顶点的最短路距离之和称为 i 的 closeness 中心性. 顶点 i 的 betweenness 中心性定义为 $BC(i)=\dfrac{2}{(n-1)(n-2)}\sum\limits_{s,t\in V}\dfrac{\sigma_{st}(i)}{\sigma(s,t)}$, 其中 $\sigma_{st}(i)$ 表示从点 s 到 t 的经过点 i 的最短路个数, $\sigma(s,t)$ 表示从 s 到 t 的所有最短路个数.

在社会网络 G 中, 如果和一个人有联系的所有人的中心性度量之和能决定这个人的中心性度量, 那么关于节点 u 的中心性度量 x_u 可以建立如下数学模型[10]

$$x_u=\alpha\sum_{v\in N(u)}x_v,\quad u\in V(G),$$

其中 α 是一个常数, $N(u)$ 是点 u 的所有邻点的集合. 设 x 是中心性度量向量, 则

该模型等价于矩阵方程

$$x = \alpha Ax,$$

其中 A 是网络的邻接矩阵. 因此人们自然把图的特征向量作为网络的中心性度量向量. 根据 Perron-Frobenius 定理, 连通图的邻接矩阵的谱半径一定存在一个正特征向量, 该正向量的每个分量被定义为相应节点的特征向量中心性. Google 的网页排名就是基于特征向量中心性的思想设计的.

特征向量中心性的模型 $x = \alpha Ax$ 只受网络内部结构的影响, 没有考虑网络外部因素的影响. 在通信网络中, 节点通常会有自己独有的信息资源, 这些外部因素会对节点的中心性度量产生影响. 此时我们可以考虑如下数学模型[10]

$$x = \alpha Ax + y,$$

其中 x 是中心性度量向量, 向量 y 是网络外部因素对中心性度量的修正. 上述矩阵方程等价于

$$(I - \alpha A)x = y.$$

设 A 的谱半径为 ρ. 如果 $|\alpha| < \rho^{-1}$, 则

$$(I - \alpha A)^{-1} = \sum_{k=0}^{\infty}(\alpha A)^k.$$

此时中心性度量向量满足

$$x = (I - \alpha A)^{-1}y = \sum_{k=0}^{\infty}\alpha^k A^k y.$$

由于 A^k 的 (u,v) 元素是图中从 u 到 v 长度为 k 的通路个数, 因此 $x = (I-\alpha A)^{-1}y$ 可以看作是一种通路中心性度量.

9.2 子图中心性

2005 年, Estrada 和 Rodríguez-Velázquez 介绍了图的子图中心性度量, 即图 G 中点 u 的子图中心性指标定义为[57]

$$C_S(u) = (\exp(A_G))_{uu} = \sum_{k=0}^{\infty}\frac{1}{k!}(A_G^k)_{uu}.$$

由于 $(A_G^k)_{uu}$ 等于以 u 为起点长度为 k 的通路个数, 因此子图中心性指标 $C_S(u)$ 可以看作是这些闭通路个数的加权和.

图 G 的 Estrada 指标定义为 $EE(G)=\sum_{i=1}^{n}e^{\lambda_i}$, 其中 $\lambda_1,\lambda_2,\cdots,\lambda_n$ 是图 G 的全体特征值. 图的 Estrada 指标在化学、量子力学和复杂网络等领域有广泛应用. 注意到图的 Estrada 指标可表示为

$$EE(G)=\sum_{i=1}^{n}e^{\lambda_i}=\operatorname{tr}(\exp(A))=\sum_{u\in V(G)}C_S(u),$$

即 $EE(G)$ 等于所有子图中心性指标的和.

设 $V(G)=V_1\cup V_2\cup\cdots\cup V_k$ 是图 G 的一个点集划分. 如果存在常数 b_{ij} 使得 V_i 中的每个点在 V_j 中都有 b_{ij} 个邻点 $(i,j=1,\cdots,k)$, 则称该划分为均匀划分, 常数 b_{ij} 形成的矩阵 $(b_{ij})_{k\times k}$ 称为均匀划分的 divisor 矩阵. 由于图 G 的自同构群的轨道划分是均匀划分, 因此任意图都存在均匀划分. 已知 divisor 矩阵的特征多项式能整除图 G 的特征多项式[41].

对于图 G 的均匀划分 $V(G)=V_1\cup V_2\cup\cdots\cup V_k$, 以顶点子集 $V_1,\cdots,V_k$ 的 k 个指示向量 (characteristic vector) 作为列向量, 形成的 $n\times k$ 矩阵称为该均匀划分的指示矩阵.

下面是图的邻接矩阵、divisor 矩阵和指示矩阵之间的关系.

引理 9.1[41] 设 B 和 C 分别是图 G 的一个均匀划分的 divisor 矩阵和指示矩阵, 则

$$A_GC=CB.$$

下面我们给出图的子图中心性指标的一个均匀划分公式, 该公式将子图中心性指标化简为一个更小阶数矩阵的对角元素.

定理 9.2[138] 设 $V(G)=V_1\cup V_2\cup\cdots\cup V_k$ 是图 G 的均匀划分, 且 $V_1=\{u\}$ 是一个单点集, 则

$$C_S(u)=(\exp(B))_{V_1V_1},$$

其中 B 是均匀划分的 divisor 矩阵.

证明 设 B 和 C 分别是图 G 的均匀划分 $V(G)=V_1\cup V_2\cup\cdots\cup V_k$ 的 divisor 矩阵和指示矩阵. 由引理 9.1 可得

$$\exp(A_G)C=\sum_{k=0}^{\infty}\frac{1}{k!}(A_G)^kC=C\sum_{k=0}^{\infty}\frac{1}{k!}B^k=C\exp(B).$$

由于 $V_1=\{u\}$ 是一个单点集, 因此

$$(\exp(A_G))_{uu}=(\exp(A_G)C)_{uV_1}=(C\exp(B))_{uV_1}=(\exp(B))_{V_1V_1}.$$

故

$$C_S(u) = (\exp(A_G))_{uu} = (\exp(B))_{V_1V_1}. \qquad \square$$

推论 9.3 设 $H = K_1 \vee G$, 其中图 G 是 n 个顶点的 d 正则图. 令 u 是 H 中不属于 $V(G)$ 的顶点, 则图 H 中点 u 的子图中心性指标为

$$\begin{aligned} C_S(u) = & \frac{-d+\sqrt{d^2+4n}}{2\sqrt{d^2+4n}} \exp\left(\frac{d+\sqrt{d^2+4n}}{2}\right) \\ & + \frac{d+\sqrt{d^2+4n}}{2\sqrt{d^2+4n}} \exp\left(\frac{d-\sqrt{d^2+4n}}{2}\right). \end{aligned}$$

证明 图 H 有均匀划分 $V(H) = \{u\} \cup V(G)$, 该均匀划分的 divisor 矩阵为 $B = \begin{pmatrix} 0 & n \\ 1 & d \end{pmatrix}$. 令 $P = \begin{pmatrix} \dfrac{-d+\sqrt{d^2+4n}}{2} & -\dfrac{d+\sqrt{d^2+4n}}{2} \\ 1 & 1 \end{pmatrix}$, 则

$$P^{-1} = \begin{pmatrix} \dfrac{1}{\sqrt{d^2+4n}} & \dfrac{d+\sqrt{d^2+4n}}{2\sqrt{d^2+4n}} \\ -\dfrac{1}{\sqrt{d^2+4n}} & \dfrac{-d+\sqrt{d^2+4n}}{2\sqrt{d^2+4n}} \end{pmatrix}$$

并且

$$B = P \begin{pmatrix} \dfrac{d+\sqrt{d^2+4n}}{2} & 0 \\ 0 & \dfrac{d-\sqrt{d^2+4n}}{2} \end{pmatrix} P^{-1}.$$

经过计算得到

$$\begin{aligned} & \exp(B) \\ = & P \begin{pmatrix} \exp\left(\dfrac{d+\sqrt{d^2+4n}}{2}\right) & 0 \\ 0 & \exp\left(\dfrac{d-\sqrt{d^2+4n}}{2}\right) \end{pmatrix} P^{-1} \\ = & \begin{pmatrix} \dfrac{-d+\sqrt{d^2+4n}}{2} \exp\left(\dfrac{d+\sqrt{d^2+4n}}{2}\right) & -\dfrac{d+\sqrt{d^2+4n}}{2} \exp\left(\dfrac{d-\sqrt{d^2+4n}}{2}\right) \\ \exp\left(\dfrac{d+\sqrt{d^2+4n}}{2}\right) & \exp\left(\dfrac{d-\sqrt{d^2+4n}}{2}\right) \end{pmatrix} P^{-1}. \end{aligned}$$

由定理 9.2 可得

$$C_S(u) = (\exp(B))_{11}$$

$$= \frac{-d+\sqrt{d^2+4n}}{2\sqrt{d^2+4n}} \exp\left(\frac{d+\sqrt{d^2+4n}}{2}\right) + \frac{d+\sqrt{d^2+4n}}{2\sqrt{d^2+4n}} \exp\left(\frac{d-\sqrt{d^2+4n}}{2}\right). \qquad \square$$

我们用推论 9.3 可以得到友谊图的所有子图中心性指标.

例 9.1　友谊图 F_v 由 $v>1$ 个边不交的三角形构成, 这些三角形恰有一个公共点. 已知 F_v 有特征值 $\frac{1\pm\sqrt{8v+1}}{2}$, ±1, 其中 -1 的重数是 v (见 [34]). 注意到 $F_v = K_1 \vee G$, 其中 G 是 $2v$ 个顶点的 1 正则图. 由推论 9.3 可知, F_v 中最大度顶点的子图中心性指标为

$$\frac{-1+\sqrt{8v+1}}{2\sqrt{8v+1}} \exp\left(\frac{1+\sqrt{8v+1}}{2}\right) + \frac{1+\sqrt{8v+1}}{2\sqrt{8v+1}} \exp\left(\frac{1-\sqrt{8v+1}}{2}\right).$$

友谊图 F_v 的 Estrada 指标为

$$EE(F_v) = \exp\left(\frac{1+\sqrt{8v+1}}{2}\right) + \exp\left(\frac{1-\sqrt{8v+1}}{2}\right) + v\exp(-1) + (v-1)\exp(1).$$

由于 F_v 中所有度为 2 的顶点有相同的子图中心性指标, 因此度为 2 的顶点的子图中心性指标为

$$\frac{1}{2v}\left(c_1\exp(c_2) + c_3\exp(c_4) + v\exp(-1) + (v-1)\exp(1)\right),$$

其中 $c_1 = \frac{1+\sqrt{8v+1}}{2\sqrt{8v+1}}, c_2 = \frac{1+\sqrt{8v+1}}{2}, c_3 = \frac{-1+\sqrt{8v+1}}{2\sqrt{8v+1}}, c_4 = \frac{1-\sqrt{8v+1}}{2}$.

下面我们用图的星集给出子图中心性指标的另一个公式.

定理 9.4[138]　设 X 是图 G 的特征值 λ 的一个星集, 且 $A_G = \begin{pmatrix} A_X & B^\top \\ B & C \end{pmatrix}$, 其中 A_X 是子集 X 对应诱导子图的邻接矩阵. 令 $T = (C-\lambda I)^{-1}(BB^\top + (C-\lambda I)^2)$, $H = T^{-1}(\exp(T) - I)$, 则图 G 的子图中心性指标有如下公式:

(1) 对于 $u \in X$, 我们有

$$C_S(u) = \exp(\lambda)\left(1 + \sum_{v_1,v_2\in N_u(\overline{X})} (H(C-\lambda I)^{-1})_{v_1v_2}\right),$$

其中 $N_u(\overline{X})$ 是点 u 在 $\overline{X} = V(G)\setminus X$ 中所有邻点的集合.

(2) 对于 $u \in \overline{X} = V(G) \setminus X$, 我们有

$$C_S(u) = \exp(\lambda)\left((\exp(T))_{uu} - ((C-\lambda I)^{-1}BB^\top H)_{uu}\right).$$

证明 由定理 4.2 可知 $A_X - \lambda I = B^\top (C-\lambda I)^{-1}B$, 那么

$$\begin{aligned} A_G - \lambda I &= \begin{pmatrix} A_X - \lambda I & B^\top \\ B & C-\lambda I \end{pmatrix} \\ &= \begin{pmatrix} I & 0 \\ -(C-\lambda I)^{-1}B & I \end{pmatrix} \begin{pmatrix} 0 & B^\top \\ 0 & T \end{pmatrix} \begin{pmatrix} I & 0 \\ (C-\lambda I)^{-1}B & I \end{pmatrix}, \end{aligned}$$

其中

$$\begin{aligned} T &= (C-\lambda I)^{-1}BB^\top + C - \lambda I \\ &= (C-\lambda I)^{-1}(BB^\top + (C-\lambda I)^2). \end{aligned}$$

由于 $BB^\top + (C-\lambda I)^2$ 正定, 因此 T 非奇异, 并且

$$\begin{aligned} A_G - \lambda I &= \begin{pmatrix} I & 0 \\ -(C-\lambda I)^{-1}B & I \end{pmatrix} \begin{pmatrix} 0 & B^\top \\ 0 & T \end{pmatrix} \begin{pmatrix} I & 0 \\ (C-\lambda I)^{-1}B & I \end{pmatrix} \\ &= U \begin{pmatrix} 0 & 0 \\ 0 & T \end{pmatrix} U^{-1}, \end{aligned}$$

其中

$$\begin{aligned} U &= \begin{pmatrix} I & 0 \\ -(C-\lambda I)^{-1}B & I \end{pmatrix} \begin{pmatrix} I & B^\top T^{-1} \\ 0 & I \end{pmatrix}, \\ U^{-1} &= \begin{pmatrix} I & -B^\top T^{-1} \\ 0 & I \end{pmatrix} \begin{pmatrix} I & 0 \\ (C-\lambda I)^{-1}B & I \end{pmatrix}. \end{aligned}$$

令 $H = T^{-1}(\exp(T) - I)$, 则

$$\begin{aligned} \exp(A_G - \lambda I) &= \sum_{k=0}^{\infty} \frac{1}{k!}(A(G) - \lambda I)^k = U \begin{pmatrix} I & 0 \\ 0 & \exp(T) \end{pmatrix} U^{-1} \\ &= \begin{pmatrix} I & 0 \\ -(C-\lambda I)^{-1}B & I \end{pmatrix} \begin{pmatrix} I & B^\top T^{-1} \\ 0 & I \end{pmatrix} \begin{pmatrix} I & 0 \\ 0 & \exp(T) \end{pmatrix} \\ &\quad \begin{pmatrix} I & -B^\top T^{-1} \\ 0 & I \end{pmatrix} \begin{pmatrix} I & 0 \\ (C-\lambda I)^{-1}B & I \end{pmatrix} \end{aligned}$$

$$
\begin{aligned}
&= \begin{pmatrix} I & 0 \\ -(C-\lambda I)^{-1}B & I \end{pmatrix} \begin{pmatrix} I & B^\top H \\ 0 & \exp(T) \end{pmatrix} \begin{pmatrix} I & 0 \\ (C-\lambda I)^{-1}B & I \end{pmatrix} \\
&= \begin{pmatrix} I & 0 \\ -(C-\lambda I)^{-1}B & I \end{pmatrix} \begin{pmatrix} I + B^\top H (C-\lambda I)^{-1}B & B^\top H \\ \exp(T)(C-\lambda I)^{-1}B & \exp(T) \end{pmatrix}.
\end{aligned}
$$

对任意 $u \in X$, 我们有

$$
\begin{aligned}
C_S(u) &= (\exp(A_G))_{uu} \\
&= \exp(\lambda)(\exp(A_G - \lambda I))_{uu} \\
&= \exp(\lambda)\left(1 + (B^\top H(C-\lambda I)^{-1}B)_{uu}\right) \\
&= \exp(\lambda)\left(1 + \sum_{v_1, v_2 \in N_u(\overline{X})} (H(C-\lambda I)^{-1})_{v_1 v_2}\right),
\end{aligned}
$$

其中 $N_u(\overline{X})$ 是点 u 在 $\overline{X} = V(G) \setminus X$ 中所有邻点的集合.

对任意 $u \in \overline{X}$, 我们有

$$
\begin{aligned}
C_S(u) &= (\exp(A_G))_{uu} \\
&= \exp(\lambda)(\exp(A_G - \lambda I))_{uu} \\
&= \exp(\lambda)\left((\exp(T))_{uu} - ((C-\lambda I)^{-1}BB^\top H)_{uu}\right).
\end{aligned}
$$

□

下面是定理 9.4 的一个例子.

例 9.2　在图 9.1 中, 彼得森图的顶点被标记为 $1, \cdots, 10$. -2 是彼得森图的重数为 4 的特征值 (见 [41]), 并且彼得森图的邻接矩阵可分块表示为

$$
M = \begin{pmatrix} A_X & B^\top \\ B & C \end{pmatrix},
$$

其中

$$
A_X = \begin{pmatrix} 0 & 0 & 1 & 1 \\ 0 & 0 & 0 & 1 \\ 1 & 0 & 0 & 0 \\ 1 & 1 & 0 & 0 \end{pmatrix}, \quad B = \begin{pmatrix} 0 & 1 & 1 & 0 \\ 1 & 0 & 0 & 0 \\ 0 & 1 & 0 & 0 \\ 0 & 0 & 1 & 0 \\ 0 & 0 & 0 & 1 \\ 0 & 0 & 0 & 0 \end{pmatrix}, \quad C = \begin{pmatrix} 0 & 0 & 0 & 0 & 0 & 1 \\ 0 & 0 & 1 & 0 & 0 & 1 \\ 0 & 1 & 0 & 1 & 0 & 0 \\ 0 & 0 & 1 & 0 & 1 & 0 \\ 0 & 0 & 0 & 1 & 0 & 1 \\ 1 & 1 & 0 & 0 & 1 & 0 \end{pmatrix}.
$$

由于 -2 不是 C 的特征值, 因此顶点子集 $X=\{1,2,3,4\}$ 是特征值 -2 的一个星集. 经过计算, 定理 9.4 中的矩阵 T 等于

$$T=(C+2I)^{-1}(BB^{\top}+(C+2I)^2)=\begin{pmatrix} 4 & 1 & \frac{1}{2} & \frac{3}{2} & \frac{1}{2} & 1 \\ 1 & 4 & \frac{1}{2} & \frac{3}{2} & \frac{1}{2} & 1 \\ 0 & 0 & 3 & 0 & 0 & 0 \\ 0 & 0 & \frac{1}{2} & \frac{5}{2} & \frac{1}{2} & 0 \\ 1 & 1 & 0 & 1 & 3 & 1 \\ -1 & -1 & 0 & -2 & 0 & 2 \end{pmatrix}.$$

令 $H=T^{-1}(\exp(T)-I)$ 是定理 9.4 中定义的矩阵. 对任意顶点 $i\in\{1,2,3,4\}$, 由定理 9.4 可得

$$C_S(i)=\exp(-2)\left(1+\sum_{k_1,k_2\in N_i(\overline{X})}(H(C+2I)^{-1})_{k_1k_2}\right)\approx 3.4218.$$

对任意顶点 $j\in\{5,6,7,8,9,10\}$, 由定理 9.4 可得

$$C_S(j)=\exp(-2)\left((\exp(T))_{jj}-((C+2I)^{-1}BB^{\top}H)_{jj}\right)\approx 3.4218.$$

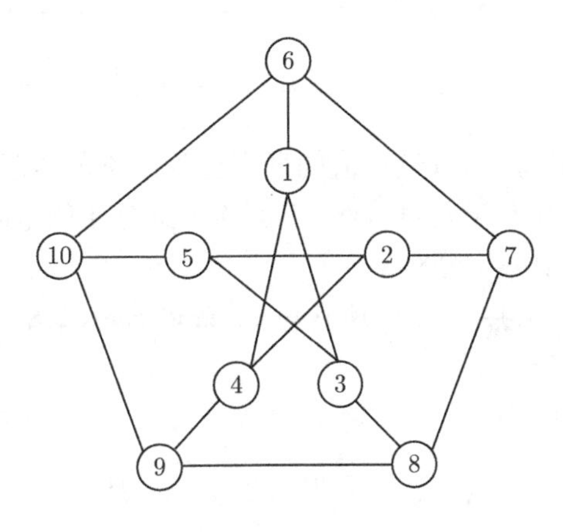

图 9.1 彼得森图

9.3 电阻距离与网络分析

2013 年, E. Bozzo 和 M. Franceschet 在 [14] 中基于电阻距离提出了网络的电阻中心性指标的概念. 设 G 是一个具有 n 个节点的连通网络. 对于 $i\in V(G)$,

其电阻距离中心性指标定义为 $Kf_i(G)=\sum_{j=1}^n r_{ij}(G)$. 根据电阻的串并联法则, 通常 $Kf_i(G)$ 较小时点 i 与其他顶点间的通路数量较多. 因此 $Kf_i(G)$ 可以作为一种网络中心性指标, $Kf_i(G)$ 越小点 i 在网络中的影响力越强.

与传统的中心性指标相比, 电阻距离中心性有其独特的优势. 度中心性和特征向量中心性更侧重网络的局部性质, 而电阻距离中心性综合考虑了顶点间的通路长度与数量, 更侧重反映网络的整体性质.

定理 7.14 已经给出电阻中心性指标的广义逆公式, 下面再次回顾一下该公式.

定理 9.5 设 G 是一个具有 n 个顶点的连通图, 则

$$Kf_i(G)=n(L_G^{\#})_{ii}+\operatorname{tr}(L_G^{\#}),\quad i=1,\cdots,n.$$

基于上述公式可以导出联图 $G_1\vee G_2$ 的电阻中心性指标的如下公式.

定理 9.6 设 G_1 和 G_2 分别为具有 n_1 和 n_2 个顶点的图, 则

(1) 对任意 $i,j\in V(G_1)$, 有

$$\begin{aligned}Kf_i(G)=&\operatorname{tr}\left(L_{G_1}+n_2I\right)^{-1}+\operatorname{tr}\left(L_{G_2}+n_1I\right)^{-1}\\&+(n_1+n_2)(L_{G_1}+n_2I)_{ii}^{-1}-\frac{2n_1+n_2}{n_1n_2}.\end{aligned}$$

(2) 对任意 $i,j\in V(G_2)$, 有

$$\begin{aligned}Kf_i(G)=&\operatorname{tr}\left(L_{G_1}+n_2I\right)^{-1}+\operatorname{tr}\left(L_{G_2}+n_1I\right)^{-1}\\&+(n_1+n_2)(L_{G_2}+n_1I)_{ii}^{-1}-\frac{n_1+2n_2}{n_1n_2}.\end{aligned}$$

网络中电阻中心性指标取最小值的顶点称为网络的电阻中心点, 电阻中心点可以看作是网络中影响力较大的顶点. 下面给出细分图的电阻中心性指标的公式, 并分析细分图的电阻中心点分布.

定理 9.7 设 G 是具有 n 个顶点和 m 条边的连通图, 则 $S(G)$ 的电阻距离中心性指标具有如下公式:

(1) 对任意 $u\in V(G)$, 有

$$Kf_u(S(G))=2Kf_u(G)+\frac{m-n+1}{2}+\sum_{i\in V(G)}d_ir_{iu}(G).$$

(2) 对任意 $e=ij\in E(G)$, 有

$$\begin{aligned}Kf_e(S(G))=&Kf_i(G)+Kf_j(G)+\frac{2m-1}{2}-\frac{m+n}{2}r_{ij}(G)\\&+\frac{1}{2}\sum_{k\in V(G)}d_k(r_{ki}(G)+r_{kj}(G)).\end{aligned}$$

如果 G 是正则的并且对任意 $ij \in E(G)$ 均有 $r_{ij}(G) \leqslant \frac{m+n-2}{m+n}$, 则 G 的电阻中心点都是 $S(G)$ 的电阻中心点.

证明 由定理 7.21可知 (1) 和 (2) 成立. 设 u 是 G 的电阻中心点. 如果 G 是 d 正则的并且任意 $e = ij \in E(G)$ 均满足 $r_{ij}(G) \leqslant 1 - \frac{2}{m+n}$, 则

$$
\begin{aligned}
Kf_u(S(G)) &= (d+2)Kf_u(G) + \frac{m-n+1}{2} \\
&\leqslant \frac{d+2}{2}[Kf_i(G) + Kf_j(G)] + \frac{2m-1}{2} - \frac{m+n}{2}r_{ij}(G) \\
&= Kf_e(S(G)).
\end{aligned}
$$

因此 G 的电阻中心点都是 $S(G)$ 的电阻中心点. □

推论 9.8 设 G 是具有 n 个顶点和 $m \geqslant 2$ 条边的边传递连通正则图, 则 G 的电阻中心点都是 $S(G)$ 的电阻中心点.

证明 由于 G 正则并且 $m \geqslant 2$, 因此 $m \geqslant n$. 由于 G 是边传递的, 由定理 7.11可知 $r_{ij}(G) = \frac{n-1}{m}$, 其中 $ij \in E(G)$ 是 G 的任意一条边. 经计算我们有

$$
\frac{m+n-2}{m+n} - \frac{n-1}{m} = \frac{(m-n)(m+n-1)}{m(m+n)} \geqslant 0.
$$

由定理 9.7可知, G 的电阻中心点都是 $S(G)$ 的电阻中心点. □

最后介绍一下图的电阻距离在二分结构研究中的应用. 网络的二分结构在蛋白质交互网络的研究中有重要应用[125], 如何度量网络的二分性自然成为一个重要问题. 图 G 的最小无符号拉普拉斯特征值被称为 G 的代数二分度, 记为 $q_b(G)$. 图 G 的点二分度是指将 G 变为二部图所需要删去的最小顶点数, 记为 $v_b(G)$. 如果 G 是二部图, 则 $q_b(G) = v_b(G) = 0$. 代数二分度和点二分度都是衡量网络二分性的重要指标, 它们数值越小网络越接近二分结构.

对于非二部图 G, Fallat 和范益政证明了 $q_b(G) \leqslant v_b(G)$, 并且刻画了等号成立的条件, 即下面的定理.

定理 9.9[58] 设 G 是一个具有 n 个顶点的非二部图, 则 $q_b(G) \leqslant v_b(G)$, 取等号当且仅当以下条件成立:

(1) $G = G_0 \vee (G_1 \cup G_2 \cup \cdots \cup G_m)$, 其中 G_0 是具有 $v_b(G)$ 个顶点的图, $G_i (i = 1, \cdots, m)$ 是连通的平衡二部图.

(2) 如果 $v_b(G) > \frac{n+1}{2}$, 则 $v_b(G_0) > 2v_b(G) - n - 1$, 或者如果 $v_b(G) > \frac{n-2}{3}$,

则 G_0 的独立数小于 $\dfrac{n-v_b(G)}{2}+1$.

(3) $Q_{G_0}+(n-2v_b(G))I-\left(\sum_{i=1}^{m}e^\top Q_{G_i}^{\#}e\right)J$ 半正定, 其中 e 表示全 1 列向量, J 表示全 1 矩阵.

注意到 $e^\top Q_{G_i}^{\#}e$ 在上述定理的 (3) 中起到了关键作用, 因此需要估计 $e^\top Q_{G_i}^{\#}e$ 的大小. 下面我们通过电阻距离给出参数 $e^\top Q_{G_i}^{\#}e$ 的一个表示.

定理 9.10 设 G 是一个连通的平衡二部图, 并且 G 的无符号拉普拉斯矩阵为 $Q_G=\begin{pmatrix} D_1 & B \\ B^\top & D_2 \end{pmatrix}$, 其中 $A_G=\begin{pmatrix} 0 & B \\ B^\top & 0 \end{pmatrix}$ 是 G 的邻接矩阵. 参数 $e^\top Q_G^{\#}e$ 可表示为

$$e^\top Q_G^{\#}e=\sum_{\{u,v\}\subseteq V(G)}(-1)^{d_{uv}(G)+1}r_{uv}(G)=e^\top D_1^{-1}(D_1+BS^{\#}B^\top)D_1^{-1}e,$$

其中 $S=D_2-B^\top D_1^{-1}B$. 如果 G 是一个平衡树, 则

$$e^\top Q_G^{\#}e=\sum_{\{u,v\}\subseteq V(G)}(-1)^{d_{uv}(G)+1}d_{uv}(G).$$

证明 图 G 的拉普拉斯矩阵具有块形式

$$L_G=\begin{pmatrix} D_1 & -B \\ -B^\top & D_2 \end{pmatrix}=\begin{pmatrix} I & 0 \\ 0 & -I \end{pmatrix}Q_G\begin{pmatrix} I & 0 \\ 0 & -I \end{pmatrix}.$$

设 $Q_G^{\#}=\begin{pmatrix} X & Y \\ Y^\top & W \end{pmatrix}$, 其中 Y 是与 B 同阶的方阵. 由于 L_G 和 Q_G 相似, 因此

$$L_G^{\#}=\begin{pmatrix} I & 0 \\ 0 & -I \end{pmatrix}Q_G^{\#}\begin{pmatrix} I & 0 \\ 0 & -I \end{pmatrix}=\begin{pmatrix} X & -Y \\ -Y^\top & W \end{pmatrix}.$$

由于 $L_G^{\#}e=0$, 因此 $Xe=Ye, We=Y^\top e$. 经计算可得

$$e^\top Q_G^{\#}e=e^\top Xe+2e^\top Ye+e^\top We=4e^\top Ye.$$

设 $V(G)=V_1\cup V_2$ 是顶点集的平衡二划分. 由定理 7.3和定理 7.16可知

$$\sum_{u\in V_1,v\in V_2}r_{uv}(G)=2e^\top Ye+|V_1|\mathrm{tr}(L_G^{\#})=2e^\top Ye+\frac{1}{2}Kf(G).$$

因此

$$e^\top Q_G^{\#}e=4e^\top Ye=-Kf(G)+2\sum_{u\in V_1,v\in V_2}r_{uv}(G)$$

$$= \sum_{\{u,v\}\subseteq V(G)} (-1)^{d_{uv}(G)+1} r_{uv}(G).$$

如果 G 是一个平衡树, 则

$$e^\top Q_G^\# e = \sum_{\{u,v\}\subseteq V(G)} (-1)^{d_{uv}(G)+1} d_{uv}(G).$$

由定理 1.83 可得

$$Y = D_1 R^{-1}(D_1 + BS^\# B^\top)R^{-1}BS^\pi - D_1 R^{-1} BS^\#,$$

其中 $R = D_1^2 + BS^\pi B^\top$, $S = D_2 - B^\top D_1^{-1} B$.

注意到 S 也是 $L_G = \begin{pmatrix} D_1 & -B \\ -B^\top & D_2 \end{pmatrix}$ 的 Schur 补. 因此 $Se = 0, S^\# e = 0$ 并且 $S^\pi = \frac{1}{n}J$, 其中 n 是 B 的阶数. 因此

$$\begin{aligned} R &= D_1^2 + \frac{1}{n}BJB^\top = D_1^2 + \frac{1}{n}D_1 J D_1 = D_1\left(I + \frac{1}{n}J\right)D_1, \\ R^{-1} &= D_1^{-1}\left(I + \frac{1}{n}J\right)^{-1} D_1^{-1} = D_1^{-1}\left(I - \frac{1}{2n}J\right)D_1^{-1} = 4e^\top Ye \\ &= 4e^\top\left(I - \frac{1}{2n}J\right)D_1^{-1}(D_1 + BS^\# B^\top)D_1^{-1}\left(I - \frac{1}{2n}J\right)D_1^{-1}Be. \end{aligned}$$

由于 $e^\top\left(I - \frac{1}{2n}J\right) = \frac{1}{2}e^\top$ 并且 $\left(I - \frac{1}{2n}J\right)D_1^{-1}Be = \left(I - \frac{1}{2n}J\right)e = \frac{1}{2}e$, 因此

$$e^\top Q_G^\# e = e^\top D_1^{-1}(D_1 + BS^\# B^\top)D_1^{-1}e. \qquad \square$$

下面应用定理 9.10给出一些联图的代数二分度取极值的条件.

定理 9.11 设 G_i 是具有 $n_i(i = 1, \cdots, m)$ 个顶点的连通二部图, 并且令 $G = G_0 \vee (G_1 \cup G_2 \cup \cdots \cup G_m)$, 其中 G_0 是具有 n_0 $(n_0 \leqslant m)$ 个顶点的连通 k 正则图. 图 G 的代数二分度 $q_b(G) \leqslant n_0$, 取等号当且仅当 $G_1, \cdots, G_m$ 是平衡的并且

$$\sum_{i=1}^m \sum_{\{u,v\}\subseteq V(G_i)} (-1)^{d_{uv}(G_i)+1} r_{uv}(G_i) \leqslant \frac{2k + \sum\limits_{i=1}^m n_i}{n_0} - 1.$$

证明 由定理 9.9可得 $q_b(G) \leqslant n_0$, 取等号当且仅当 $G_1, \cdots, G_m$ 都是平衡的二部图并且

$$Q_0 + \left(\sum_{i=1}^{m} n_i - n_0\right) I - \left(\sum_{i=1}^{m} e^{\top} Q_{G_i}^{\#} e\right) J$$

半正定, 其中 Q_0 是 G_0 的无符号拉普拉斯矩阵.

由于 G_0 是一个连通 k 正则图, $2k$ 是 Q_0 的单特征值, 并且具有特征向量 e. 因此 Q_0 有谱分解

$$Q_0 = 2k\frac{1}{n_0}J + q_2 E_2 + \cdots + q_{n_0} E_{n_0},$$

其中 $2k > q_2 \geqslant q_3 \geqslant \cdots \geqslant q_{n_0} \geqslant 0$ 是 Q_0 的所有特征值, $\frac{1}{n_0}J + \sum_{i=2}^{n_0} E_i = I$, $E_i^2 = E_i = E_i^{\top}$, $E_i J = J E_i = 0$ $(i = 2, \cdots, n_0)$ 并且 $E_i E_j = 0$ $(i \neq j)$. 因此 $Q_0 + \left(\sum_{i=1}^{m} n_i - n_0\right) I - \left(\sum_{i=1}^{m} e^{\top} Q_{G_i}^{\#} e\right) J$ 半正定当且仅当 $2k + \sum_{i=1}^{m} n_i - n_0 - n_0 \sum_{i=1}^{m} e^{\top} Q_{G_i}^{\#} e \geqslant 0$, 即

$$\sum_{i=1}^{m} e^{\top} Q_{G_i}^{\#} e \leqslant \frac{2k + \sum\limits_{i=1}^{m} n_i}{n_0} - 1.$$

由定理 9.10可得

$$\sum_{i=1}^{m} \sum_{\{u,v\} \subseteq V(G_i)} (-1)^{d_{uv}(G_i)+1} r_{uv}(G_i) \leqslant \frac{2k + \sum\limits_{i=1}^{m} n_i}{n_0} - 1. \qquad \square$$

定理 9.12 设 G_i 是具有 $n_i (i = 1, \cdots, m)$ 个顶点的连通二部图, 并且令 $G = K_1 \vee (G_1 \cup G_2 \cup \cdots \cup G_m)$. 图 G 的代数二分度 $q_b(G) \leqslant 1$, 取等号当且仅当 $G_1, \cdots, G_m$ 是平衡的并且

$$\sum_{i=1}^{m} \sum_{d_{uv}(G_i) > 1} (-1)^{d_{uv}(G_i)+1} r_{uv}(G_i) \leqslant m - 1.$$

证明 由定理 9.11可得 $q_b(G) \leqslant 1$, 取等号当且仅当 $G_1, \cdots, G_m$ 是平衡的并且

$$\sum_{i=1}^{m} \sum_{\{u,v\} \subseteq V(G_i)} (-1)^{d_{uv}(G_i)+1} r_{uv}(G_i) \leqslant \sum_{i=1}^{m} n_i - 1.$$

由定理 7.11可得

$$\sum_{i=1}^{m} \sum_{d_{uv}(G_i) > 1} (-1)^{d_{uv}(G_i)+1} r_{uv}(G_i) \leqslant m - 1. \qquad \square$$

由定理 9.12可得到如下推论.

推论 9.13 设 G 是一个连通的二部图, 则 $q_b(G \vee K_1) \leqslant v_b(G \vee K_1) = 1$, 取等号当且仅当 G 是平衡的并且

$$\sum_{d_{uv}(G)>1} (-1)^{d_{uv}(G)+1} r_{uv}(G) \leqslant 0.$$

例 9.3 设 T 为在道路 P_2 的两点分别接 s 个悬挂边和 t 个悬挂边得到的树, 则 $q_b(T \vee K_1) \leqslant 1$, 取等号当且仅当 $s = t \leqslant 6$.

证明 由推论 9.13可得 $q_b(T \vee K_1) \leqslant 1$, 取等号当且仅当 $s = t$ 并且

$$\sum_{d_{uv}(T)>1} (-1)^{d_{uv}(T)+1} r_{uv}(T) = 3s^2 - 4s - 2s(s+1) \leqslant 0.$$

因此 $q_b(T \vee K_1) = 1$ 当且仅当 $s = t \leqslant 6$. □

例 9.4 设 C_6 是 6 个顶点的圈, 则 $q_b(C_6 \vee K_1) = 1$.

证明 将 C_6 的顶点按圈上顺时针顺序标记为 $1, 2, 3, 4, 5, 6$, 则

$$r_{14}(C_6) = r_{25}(C_6) = r_{36}(C_6) = \frac{3}{2},$$
$$r_{13}(C_6) = r_{15}(C_6) = r_{24}(C_6) = r_{26}(C_6) = r_{35}(C_6) = r_{46}(C_6) = \frac{4}{3}.$$

因此

$$\sum_{d_{uv}(G)>1} (-1)^{d_{uv}(G)+1} r_{uv}(G) = 3 \times \frac{3}{2} - 6 \times \frac{4}{3} < 0.$$

由推论 9.13可知

$$q_b(C_6 \vee K_1) = 1.$$ □

参考文献

[1] Acharya B D, Las Vergnas M. Hypergraphs with cyclomatic number zero, triangulated graphs, and an inequality. J. Combin. Theory Ser. B, 1982, 33: 52-56.

[2] Bai H. The Grone-Merris conjecture. Trans. Amer. Math. Soc., 2011, 363: 4463-4474.

[3] Bapat R B. Resistance matrix of a weighted graph. MATCH Commun. Math. Comput. Chem., 2004, 50: 73-82.

[4] Bapat R B. Graphs and Matrices. London: Springer, 2010.

[5] Bell F K, Rowlinson P. On the multiplicities of graph eigenvalues. Bull. London Math. Soc., 2003, 35: 401-408.

[6] Ben-Israel A, Greville T N E. Generalized Inverses: Theory and Applications. New York: Springer-Verlag, 2003.

[7] Berman A, Plemmons R J. Nonnegative Matrices in the Mathematical Sciences. New York: Academic Press, 1979.

[8] Berman A, Zhang X D. On the spectral radius of graphs with cut vertices. J. Combin. Theory Ser. B, 2001, 83: 233-240.

[9] Biggs N L. Algebraic Graph Theory. 2nd ed. Cambridge: Cambridge University Press, 1993.

[10] Bonacich P, Lloyd P. Eigenvector-like measures of centrality for asymmetric relations. Social Networks, 2001(23): 191-201.

[11] Boulet R. The centipede is determined by its Laplacian spectrum. C.R. Acad. Sci. Paris, Ser. I, 2008, 346: 711-716.

[12] Boulet R. Disjoint unions of complete graphs characterized by their Laplacian spectrum. Electron. J. Linear Algebra, 2009, 18: 773-783.

[13] Boulet R, Jouve B. The lollipop graphs is determined by its spectrum. Electron. J. Combin., 2008, 15: R74.

[14] Bozzo E, Franceschet M. Resistance distance, closeness, and betweenness. Social Networks, 2013, 35: 460-469.

[15] Brouwer A E, Haemers W H. A lower bound for the Laplacian eigenvalues of a graph-proof of a conjecture by Guo. Linear Algebra Appl., 2008, 429: 2131-2135.

[16] Brouwer A E, Haemers W H. Spectra of Graphs. New York: Springer, 2012.

[17] Brualdi R A. Matrices, eigenvalues, and directed graphs. Linear and Multilinear Algebra, 1982, 11: 143-165.

[18] Brualdi R A, Schneider H. Determinantal identities: Gauss, Schur, Cauchy, Sylvester, Kronecker, Jacobi, Binet, Laplace, Muir, and Cayley. Linear Algebra Appl., 1983, 52/53: 769-791.

[19] Bu C, Li M, Zhang K, et al. Group inverse for the block matrices with an invertible subblock. Appl. Math. Comput., 2009, 215: 132-139.

[20] Bu C, Sun L, Zhou J, Wei Y. A note on block representations of the group inverse of Laplacian matrices. Electron. J. Linear Algebra, 2012, 23: 866-876.

[21] 卜长江, 魏益民. 广义逆的符号模式. 北京：科学出版社, 2014.

[22] Bu C, Zhang X, Zhou J. A note on the multiplicities of graph eigenvalues. Linear Algebra Appl., 2014, 442: 69-74.

[23] Bu C, Zhou J. Signless Laplacian spectral characterization of the cones over some regular graphs. Linear Algebra Appl., 2012, 436: 3634-3641.

[24] Bu C, Zhou J. Starlike trees whose maximum degree exceed 4 are determined by their Q-spectra. Linear Algebra Appl., 2012, 436: 143-151.

[25] Bose S. Quantum communication through an unmodulated spin chain. Physical Review Letters, 2003, 91: 207901.

[26] Cámara M, Haemers W H. Spectral characterizations of almost complete graphs. Discrete Appl. Math., 2014, 176: 19-23.

[27] Cameron P J, Goethals J M, Seidel J J, et al. Line graphs, root systems, and elliptic geometry. J. Algebra, 1976, 43: 305-327.

[28] Chaiken S. A combinatorial proof of the all minors matrix tree theorem. SIAM J. Algebraic Discrete Methods, 1982, 3: 319-329.

[29] Chen H. Random walks and the effective resistance sum rules, Discrete Appl. Math., 2010, 158: 1691-1700.

[30] Chen H, Zhang F J. Resistance distance and the normalized Laplacian spectrum. Discrete Appl. Math., 2007, 155: 654-661.

[31] Christandl M, Datta N, Dorlas T, et al. Perfect transfer of arbitrary states in quantum spin networks. Physical Review A, 2005, 71: 032312.

[32] Chung F R K, Langlands R P. A combinatorial Laplacian with vertex weights. J. Combin. Theory Ser. A, 1996, 75: 316-327.

[33] Cioabă S M, Gregory D A, Nikiforov V. Extreme eigenvalues of nonregular graphs, J. Combin. Theory, Ser. B, 2007, 97: 483-486.

[34] Cioabă S M, Haemers W H, Vermette J, Wong W. The graphs with all but two eigenvalues equal to ± 1. J. Algebr. Comb., 2015(41): 887-897.

[35] Coolsaet K, Jurišić A, Koolen J. On triangle-free distance-regular graphs with an eigenvalue multiplicity equal to the valency. European J. Combin., 2008, 29: 1186-1199.

[36] Cvetković D. Graphs and their spectra. Publ. Elektrotehn. Fak. Ser. Mat. Fiz., 1971, 354-356: 1-50.

[37] Cvetković D. New theorems for signless Laplacian eigenvalues. Bull. Acad. Serbe Sci. Arts Cl. Sci. Math. Natur. Sci. Math., 2008, 137: 131-146.

[38] Cvetković D, Lepović M. Cospectral graphs with least eigenvalue at least -2. Publ. Inst. Math. (Beograd), 2005, 78: 51-63.

[39] Cvetković D, Rowlinson P, Simić S. Graphs with least eigenvalue −2: the star complement technique. J. Algebraic Combin., 2001, 14: 5-16.

[40] Cvetković D, Rowlinson P, Simić S. Spectral Generalizations of Line Graphs. Cambridge: Cambridge University Press, 2004.

[41] Cvetković D, Rowlinson P, Simić S. An Introduction to the Theory of Graph Spectra. Cambridge: Cambridge University Press, 2010.

[42] Cvetković D, Simić S. Towards a spectral theory of graphs based on the signless Laplacian II. Linear Algebra Appl., 2010, 432: 2257-2272.

[43] Dalfó C, Van Dam E R, Fiol M A, et al. On almost distance-regular graphs, J. Combin. Theory Ser. A, 2011, 118: 1094-1113.

[44] van Dam E R, Haemers W H. Which graphs are determined by their spectrum? Linear Algebra Appl., 2003, 373: 241-272.

[45] van Dam E R, Haemers W H. Developments on spectral characterizations of graphs. Discrete Math., 2009, 309: 576-586.

[46] Das K C. On conjectures involving second largest signless Laplacian eigenvalue of graphs. Linear Algebra Appl., 2010, 432: 3018-3029.

[47] Deng C, Yao H, Bu C. The bounds on spectral radius of nonnegative tensors via general product of tensors. Linear Algebra Appl., 2020, 602: 206-215.

[48] Dong F M, Yan W G. Expression for the number of spanning trees of line graphs of arbitrary connected graphs. J. Graph Theory, 2017, 85: 74-93.

[49] Doob M, Cvetković D. On spectral characterizations and embeddings of graphs. Linear Algebra Appl., 1979, 27: 17-26.

[50] Doob M, Haemers W H. The complement of the path is determined by its spectrum, Linear Algebra Appl., 2002, 356: 57-65.

[51] Drazin M P. Pseudo-inverses in associative rings and semigroups. Amer. Math. Monthly, 1958, 65: 506-514.

[52] Duval A M, Klivans C J, Martin J L. Simplicial matrix-tree theorems. Trans. Amer. Math. Soc., 2009, 361: 6073-6114.

[53] Ellingham M N. Basic subgraphs and graph spectra. Australas. J. Combin., 1993, 8: 247-265.

[54] Erdélyi I. On the matrix equation $Ax = \lambda Bx$. J. Math, Anal. Appl., 1967, 17: 119-132.

[55] Erdös P, Goodman A W, Pósa L. The representation of a graph by set intersections, Canadian J. Math., 1966, 18: 106-112.

[56] Estrada E, Hatano N. Resistance Distance, Information Centrality, Node Vulnerability and Vibrations in Complex Networks//Estrada E, Fox M, Higham D, Oppo G L. Network Science. London: Network Science, Springer, 2010.

[57] Estrada E, Rodríguez-Velázquez J A. Subgraph centrality in complex networks. Phys. Rev. E., 2005(71): 056103.

[58] Fallat S, Fan Y Z. Bipartiteness and the least eigenvalue of signless Laplacian of graphs. Linear Algebra Appl., 2012(436): 3254-3267.

[59] Favaron O, Mahéo M, Saclé J F. Some eigenvalue properties in graphs (conjectures of Graffiti, II). Discrete Math., 1993, 111: 197-220.

[60] Farzan M, Waller D A. Kronecker products and local joins of graphs. Canadian J. Math., 1977, 29: 255-269.

[61] Fiedler M. Algebraic connectivity of graphs. Czech. Math. J., 1973, 23: 298-305.

[62] Fredholm I. Surune classed équations fonctionnelles. Acta Math., 1903, 27: 365-390.

[63] Gao X, Luo Y, Liu W. Kirchhoff index in line, subdivision and total graphs of a regular graph. Discrete Appl. Math., 2012, 160: 560-565.

[64] Geršgorin S. Über die abgrenzung der Eigenwerte einer matrix. Izv. Akad. Nauk SSSR Ser. Fiz-Mat., 1931, 6: 749-754.

[65] Ghareghani N, Ramezani F, Tayfeh-Rezaie B. Graphs cospectral with starlike trees. Linear Algebra Appl., 2008, 429: 2691-2701.

[66] Ghorbani E. Spanning trees and even integer eigenvalues of graphs. Discrete Math., 2014, 324: 62-67.

[67] Godsil C D. Equiarboreal graphs. Combinatorica, 1981, 1: 163-167.

[68] Godsil C D. Periodic graphs. Electron. J. Combin., 2011, 18: P23.

[69] Godsil C D. State transfer on graphs, Discrete Math., 2012, 312: 129-147.

[70] Godsil C D, McKay B D. Constructing cospectral graphs. Aequationes Math., 1982, 25: 257-268.

[71] Gong H, Jin X. A simple formula for the number of spanning trees of line graphs. J. Graph Theory, 2018, 88: 294-301.

[72] Graham R L, Lovász L. Distance matrix polynomials of trees. Adv. Math., 1978, 29: 60-88.

[73] Graham R L, Pollak H O. On the addressing problem for loop switching. Bell System Technical Journal, 1971, 50: 2495-2519.

[74] Graham R L, Pollak H O. On embedding graphs in squashed cubes//Graph Theory and Applications, Berlin: Springer, 1972: 99-110.

[75] Grone R, Merris R. The Laplacian spectrum of a graph, II. SIAM J. Discrete Math., 1994, 7: 221-229.

[76] Guo J M. On the third largest Laplacian eigenvalue of a graph. Linear and Multilinear Algebra, 2007, 55: 93-102.

[77] Gutman I, Feng L, Yu G. Degree resistance distance of unicyclic graphs. Trans. Combin., 2012, 1: 27-40.

[78] Haemers W H. Interlacing eigenvalues and graphs. Linear Algebra Appl., 1995, 226-228: 593-616.

[79] Haemers W H, Spence E. Enumeration of cospectral graphs. European J. Combin., 2004, 25: 199-211.

[80] Harary F. The determinant of the adjacency matrix of a graph. SIAM Review, 1962, 4: 202-210.

[81] Hilbert D. Grundzüge Einer Allgemeinen Theorie der Linearen Integralgleichungen. Teubner: Leipzig, 1912.

[82] Horn R A, Johnson C R. Matrix Analysis. Cambridge: Cambridge University Press, 1985.

[83] Hou Y P, Shiu W C. The spectrum of the edge corona of two graphs. Electron. J. Linear Algebra, 2010, 20: 586-594.

[84] Huang J, Li S. On the normalised Laplacian spectrum, degree-Kirchhoff index and spanning trees of graphs. Bull. Aust. Math. Soc., 2015, 91: 353-367.

[85] Huang S, Zhou J, Bu C. Some results on Kirchhoff index and degree-Kirchhoff index. MATCH Commun. Math. Comput. Chem., 2016, 75: 207-222.

[86] Huang S, Zhou J, Bu C. Signless Laplacian spectral characterization of graphs with isolated vertices. Filomat, 2016, 30: 3689-3696.

[87] Hurwitz W A. On the pseudo-resolvent to the kernel of an integral equation. Trans. Amer. Math. Soc., 1912, 13: 405-418.

[88] Kel'mans A K, Chelnokov V M. A certain polynomial of a graph and graphs with an extremal number of trees. J. Combin. Theory Ser. B, 1974, 16: 197-214.

[89] Kirchhoff G. Über die Auflösung der Gleichungen, auf welche man bei der Untersuchung der linearen Verteilung galvanischer Ströme geführt wird. Ann. Phys. Chem., 1847, 72: 497-508.

[90] Kirkland S J, Molitierno J J, Neumann M, et al. On graphs with equal algebraic and vertex connectivity. Linear Algebra Appl., 2002, 341: 45-56.

[91] Kirkland S, Neumann M, Shader B. Distances in weighted trees and group inverse of Laplacian matrices. SIAM J. Matrix Anal. Appl., 1997, 18: 827-841.

[92] Klein D J, Randić M. Resistance distance. J. Math. Chem., 1993, 12: 81-95.

[93] Lepović M, Gutman I. No starlike trees are cospectral. Discrete Math., 2002, 242: 291-295.

[94] Li J S, Zhang X D. On the Laplacian eigenvalues of a graph. Linear Algebra Appl., 1998, 285: 305-307.

[95] de Lima L S, Nikiforov V. On the second largest eigenvalue of the signless Laplacian. Linear Algebra Appl., 2013, 438: 1215-1222.

[96] Lin Y, Shu J, Meng Y. Laplacian spectrum characterization of extensions of vertices of wheel graphs and multi-fan graphs. Comput. Math. Appl., 2010, 60: 2003-2008.

[97] Van Lint J H. Notes on Egoritsjev's proof of the van der Waerden conjecture. Linear Algebra Appl., 1981, 39: 1-8.

[98] Lyons R. Asymptotic enumeration of spanning trees. Combin. Probab. Comput., 2005, 14: 491-522.

[99] Liu X, Wang S. Laplacian spectral characterization of some graph products. Linear Algebra Appl., 2012, 437: 1749-1759.

[100] Longuet-Higgins H C. Resonance structures and MO in unsaturated hydrocarbons. J. Chem. Phys., 1950, 18: 265-274.

[101] Lovász L, Pelikán J. On the eigenvalues of trees. Period. Math. Hungar., 1973, 3: 175-182.

[102] Maden A D G, Gutman I, Çevic A S. Bounds for resistance distance spectral radius. Hacet. J. Math. Stat., 2013, 42: 43-50.

[103] Merris R. The distance spectrum of a tree. J. Graph Theory, 1990, 14: 365-369.

[104] Minc H. Nonnegative Matrices. New York: Wiley, 1988.

[105] Mirzakhah M, Kiani D. The sun graph is determined by its signless Laplacian spectrum. Electron. J. Linear Algebra, 2010, 20: 610-620.

[106] Moore E H. On the reciprocal of the general algebraic matrix. Bull. Amer. Math. Soc., 1920, 26: 394-395.

[107] Motzkin T S, Straus E G. Maxima for graphs and a new proof of a theorem of Turán. Canadian J. Math., 1965, 17: 533-540.

[108] Nikiforov V. Some inequalities for the largest eigenvalue of a graph. Combin. Probab. Comput., 2002, 11: 179-189.

[109] Omidi G R, Tajbakhsh K. Starlike trees are determined by their Laplacian spectrum. Linear Algebra Appl., 2007, 422: 654-658.

[110] Omidi G R. On a signless Laplacian spectral characterization of T-shape trees. Linear Algebra Appl., 2009, 431: 1607-1615.

[111] Omidi G R, Vatandoost E. Starlike trees with maximum degree 4 are determined by their signless Laplacian spectra. Electronic Journal of Linear Algebra, 2010, 20: 274-290.

[112] Penrose R. A generalized inverse for matrices. Proc. Cambridge Philos. Soc., 1955, 51: 406-413.

[113] Pirzada S, Ganie H A, Gutman I. On Laplacian-energy-like invariant and Kirchhoff index. MATCH Commun. Math. Comput. Chem., 2015, 73: 41-59.

[114] Rowlinson P. Eutactic stars and graph spectra//Brualdi R A, Friedland S, Klee V. Combinatorial and Graph-Thoeretical Problems in Linear Algebra. New York: Springer-Verlag, 1993: 153-164.

[115] Rowlinson P. On multiple eigenvalues of trees. Linear Algebra Appl., 2010, 432: 3007-3011.

[116] Sato I. Zeta functions and complexities of a semiregular bipartite graph and its line graph. Discrete Math., 2007, 307: 237-245.

[117] Sato I. Zeta functions and complexities of middle graphs of semiregular bipartite graphs. Discrete Math., 2014, 335: 92-99.

[118] Schwenk A J. Almost all trees are cospectral//Harary F. New Directions in the Theory of Graphs. New York: Academic Press, 1973: 275-307.

[119] Schwenk A J. Computing the characteristic polynomial of a graph//Bary R, Harary F. Graphs and Combinatorics. New York: Springer-Verlag, 1974: 153-172.

[120] Smith J H. Some properties of the spectrum of a graph//Guy R, Hanani H, Sauer N, et al. Combinatorial Structures and Their Applications. New York: Gordon and Breach, 1970: 403-406.

[121] So W. Commutativity and spectra of Hermitian matrices. Linear Algebra Appl., 1994, 212-213: 121-129.

[122] Sun L, Wang W, Zhou J, et al. Some results on resistance distances and resistance matrices, Linear and Multilinear Algebra, 2015, 63: 523-533.

[123] Sun L, Wang W, Zhou J, et al. Laplacian spectral characterization of some graph join. Indian J. Pure Appl. Math., 2015, 46: 279-286.

[124] Teufl E, Wagner S. Determinant identities for Laplace matrices. Linear Algebra Appl., 2010, 432: 441-457.

[125] Thomas A, Cannings R, Monk N, Cannings C. On the structure of protein-protein interaction networks. Biochem. Soc. Trans., 2003(31): 1491-1496.

[126] Wang G R, Wei Y M, Qiao S Z. Generalized Inverses: Theory and Computations. Beijing: Science Press, 2004.

[127] Wang J F, Belardo F, Huang Q X, et al. On the two largest Q-eigenvalues of graphs. Discrete Math., 2010, 310: 2858-2866.

[128] Wang J F, Huang Q X, Belardo F, et al. On graphs whose signless Laplacian index does not exceed 4.5. Linear Algebra Appl., 2009, 431: 162-178.

[129] Wang J F, Huang Q X, Belardo F, et al. On the spectral characterizations of ∞-graphs. Discrete Math., 2010, 310: 1845-1855.

[130] Wang J F, Huang Q X, Belardo F, et al. Spectral characterizations of dumbbell graphs. Electron. J. Combin., 2010, 17: R42.

[131] Wang W, Xu C X. On the spectral characterization of T-shape trees. Linear Algebra Appl., 2006, 414: 492-501.

[132] Xiao W J, Gutman I. On resistance matrices. MATCH Commun. Math. Comput. Chem., 2003, 49: 67-81.

[133] Xiao W J, Gutman I. Resistance distance and Laplacian spectrum. Theor. Chem. Acc., 2003, 110: 284-289.

[134] Xiao W J, Gutman I. Relations between resistance and Laplacian matrices and their applications. MATCH Commun. Math. Comput. Chem., 2004, 51: 119-127.

[135] Wilf H S. The eigenvalues of a graph and its chromatic number. J. London Math. Soc., 1967, 42: 330-332.

[136] Yan W G. On the number of spanning trees of some irregular line graphs. J. Combin. Theory Ser. A, 2013, 120: 1642-1648.

[137] Yan W G. Enumeration of spanning trees of middle graphs. Appl. Math. Comput., 2017, 307: 239-243.

[138] Yang Y, Zhou J, Bu C. Equitable partition and star set formulas for the subgraph centrality of graphs. Linear and Multilinear Algebra, DOI:10.1080/03081087.2020.1825609.

[139] Yang Y J. The Kirchhoff index of subdivisions of graphs. Discrete Appl. Math., 2014, 171: 153-157.

[140] Yang Y J, Klein D J. Resistance distance-based graph invariants of subdivisions and triangulations of graphs. Discrete Appl. Math., 2015, 181: 260-274.

[141] Zhang F J, Chen Y C, Chen Z B. Clique-inserted graphs and spectral dynamics of clique-inserting. J. Math. Anal. Appl., 2009, 349: 211-225.

[142] Zhang F. The Schur Complement and Its Applications. New York: Springer-Verlag, 2005.

[143] Zhang X D, Luo R. The spectral radius of triangle-free graphs. Australas. J. Comb., 2002, 26: 33-39.

[144] Zhou B. Trinajstić N. On resistance-distance and Kirchhoff index. J. Math. Chem., 2009, 46: 283-289.

[145] Zhou J, Bu C. Laplacian spectral characterization of some graphs obtained by product operation. Discrete Math., 2012, 312: 1591-1595.

[146] Zhou J, Bu C. Spectral characterization of line graphs of starlike trees. Linear and Multilinear Algebra, 2013, 61: 1041-1050.

[147] Zhou J, Bu C. State transfer and star complements in graphs. Discrete Appl. Math., 2014, 176: 130-134.

[148] Zhou J, Bu C. The enumeration of spanning tree of weighted graphs. J. Algebr. Comb., 2021, 54: 75-108.

[149] Zhou J, Bu C, Shen J. Some results for the periodicity and perfect state transfer. Electron. J. Combin., 2011, 18: P184.

[150] Zhou J, Sun L, Bu C. Resistance characterizations of equiarboreal graphs. Discrete Math., 2017, 340: 2864-2870.

[151] Zhou J, Sun L, Wang W, et al. Line star sets for Laplacian eigenvalues. Linear Algebra Appl., 2014, 440: 164-176.

[152] Zhou J, Sun L, Yao H, et al. On the nullity of connected graphs with least eigenvalue at least -2. Appl. Anal. Discrete Math., 2013, 7: 250-261.

[153] Zhou J, Wang Z, Bu C. On the resistance matrix of a graph. Electron. J. Combin., 2016, 23: P141.

[154] Zhu D. On upper bounds for Laplacian graph eigenvalues. Linear Algebra Appl., 2010: 432: 2764-2772.

索　引

《运筹与管理科学丛书》已出版书目

1. 非线性优化计算方法　袁亚湘　著　2008年2月
2. 博弈论与非线性分析　俞建　著　2008年2月
3. 蚁群优化算法　马良等　著　2008年2月
4. 组合预测方法有效性理论及其应用　陈华友　著　2008年2月
5. 非光滑优化　高岩　著　2008年4月
6. 离散时间排队论　田乃硕　徐秀丽　马占友　著　2008年6月
7. 动态合作博弈　高红伟　〔俄〕彼得罗相　著　2009年3月
8. 锥约束优化——最优性理论与增广 Lagrange 方法　张立卫　著　2010年1月
9. Kernel Function-based Interior-point Algorithms for Conic Optimization　Yanqin Bai　著　2010年7月
10. 整数规划　孙小玲　李端　著　2010年11月
11. 竞争与合作数学模型及供应链管理　葛泽慧　孟志青　胡奇英　著　2011年6月
12. 线性规划计算(上)　潘平奇　著　2012年4月
13. 线性规划计算(下)　潘平奇　著　2012年5月
14. 设施选址问题的近似算法　徐大川　张家伟　著　2013年1月
15. 模糊优化方法与应用　刘彦奎　陈艳菊　刘颖　秦蕊　著　2013年3月
16. 变分分析与优化　张立卫　吴佳　张艺　著　2013年6月
17. 线性锥优化　方述诚　邢文训　著　2013年8月
18. 网络最优化　谢政　著　2014年6月
19. 网上拍卖下的库存管理　刘树人　著　2014年8月
20. 图与网络流理论(第二版)　田丰　张运清　著　2015年1月
21. 组合矩阵的结构指数　柳柏濂　黄宇飞　著　2015年1月
22. 马尔可夫决策过程理论与应用　刘克　曹平　编著　2015年2月
23. 最优化方法　杨庆之　编著　2015年3月
24. A First Course in Graph Theory　Xu Junming　著　2015年3月
25. 广义凸性及其应用　杨新民　戎卫东　著　2016年1月
26. 排队博弈论基础　王金亭　著　2016年6月
27. 不良贷款的回收：数据背后的故事　杨晓光　陈暮紫　陈敏　著　2017年6月

28. 参数可信性优化方法　刘彦奎　白雪洁　杨凯　著　2017 年 12 月

29. 非线性方程组数值方法　范金燕　袁亚湘　著　2018 年 2 月

30. 排序与时序最优化引论　林诒勋　著　2019 年 11 月

31. 最优化问题的稳定性分析　张立卫　殷子然　编著　2020 年 4 月

32. 凸优化理论与算法　张海斌　张凯丽　编著　2020 年 8 月

33. 反问题基本理论——变分分析及在地球科学中的应用　王彦飞　V. T. 沃尔科夫　A. G. 亚格拉　著　2021 年 3 月

34. 图矩阵——理论和应用　卜长江　周　江　孙丽珠　著　2021 年 8 月